U0063165

从计算机集成制造到智能制造

循序渐进与突变

朱文海　施国强　林廷宇　著

電子工業出版社
Publishing House of Electronics Industry
北京・BEIJING

内容简介

本书作者从人类文明、生产方式、组织方式、科技进化等多个视角，观察和总结了制造业需求的变化、先进制造模式的发展进化过程，以及制造业信息化的发展历程。作者从核心竞争力、价值链、现代生产力要素、先进制造模式等基本概念出发，选择了先进制造模式对比要素，并基于选定的要素对多种先进制造模式进行了对比，着力阐明多种先进制造模式循序渐进发展的路线图。作者沿着先进制造模式的进化脉络，初步勾画了未来智能制造的愿景。

随着云计算、大数据、物联网、移动互联网等飞速发展，21世纪制造业所处的生态环境发生了极大的变化，直接影响着生产者与消费者关系、产业价值链、核心竞争力要素等。为此，全球制造强国、大国纷纷制定先进制造发展战略和计划，旨在确保其制造业的优势地位。作者在多年研究、实践先进制造模式的基础上，对工业大数据、工业4.0和工业互联网等进行了粗浅剖析。结合复杂产品智能制造系统技术国家重点实验室在智能制造领域阶段研究和初步实践成果，总结提出一种面向复杂产品（系统）的未来智能制造模式。最后，作者展望了智能时代的未来，并对发展智能制造当下亟待解决的技术问题进行了简要论述。

图书在版编目（CIP）数据

从计算机集成制造到智能制造：循序渐进与突变 / 朱文海，施国强，林廷宇著 . —北京：电子工业出版社，2020.1

ISBN 978-7-121-38033-4

Ⅰ . ①从…　Ⅱ . ①朱… ②施… ③林…　Ⅲ . ①智能制造系统—研究　Ⅳ . ① TH166

中国版本图书馆 CIP 数据核字（2019）第 269629 号

责任编辑：雷洪勤
文字编辑：梁　涛
印　　刷：北京盛通印刷股份有限公司
装　　订：北京盛通印刷股份有限公司
出版发行：电子工业出版社
　　　　　北京市海淀区万寿路173 信箱　　邮编　100036
开　　本：720×1000　1/16　印张：19.5　字数：304千字
版　　次：2020 年 1 月第 1 版
印　　次：2020 年 1 月第 1 次印刷
定　　价：96.00元

凡所购买电子工业出版社图书有缺损问题，请向购买书店调换。若书店售缺，请与本社发行部联系，联系及邮购电话：（010）88254888，88258888。

质量投诉请发邮件至zlts@phei.com.cn，盗版侵权举报请发邮件至dbqq@phei.com.cn。

本书咨询联系方式：（010）88254210，influence@phei.com.cn，微信：yingxianglibook。

序 1

PREFACE

当前，新的科技革命与产业革命正在全球展开。21世纪以来，新的信息环境、新的发展目标以及新的使能技术（特别是大数据及其处理技术的迅猛发展、高性能计算能力的大幅提升、以深度学习为代表的人工智能模型与算法的创新突破等），正在催生人工智能技术的发展进入一个新的进化阶段。围绕“创新、协调、绿色、开放、共享”的时代发展新理念，新互联网技术、新信息通信技术、新一代人工智能技术的快速发展及与应用领域专业技术的深度融合，正引发人类社会“国民经济、国计民生和国家安全”等各领域模式、手段和业态的重大变革——“智能+”时代正在到来。

制造业是国民经济的主体，是立国之本，兴国之器，强国之基。它同样面临全球新技术革命和产业变革的挑战。随着我国经济的发展开始步入新常态，制造业加快转型升级并带动其他实体经济快速稳定发展是国家对制造业的根本要求。当前，国家推出新一代人工智能发展战略和制造强国战略，对制造业的发展指明了方向。中国的制造业要实现又大又强，必须加快推进“五个转型”：由要素驱动向创新驱动战略转型；由传统制造向数字化网络化智能化制造转型；由粗放型制造向质量效益型制造转型；由资源消耗型、环境污染型制造向绿色制造转型；由生产型制造向生产+服务型制造转型。

以此为目标，一场以“制造业信息化”为特征的制造业发展方式转变多年来已经在我国积极、持续地开展。早在20世纪80年代，我国即从国外引入计算机集成制造/计算机集成制造系统（Computer Integrated Manufacturing/Computer Integrated Manufacture System，CIM/CIMS）的理念，我国的专家学者先后开展了信息集成、过程集成以及企业集成，在应用基础研究、重大关键技术、产品开发、应用示范等层次上取得了重大进展，进而总结提出了新CIM/CIMS理念，即现代集成制造/现代集成制造系统（Contemporary Integrated Manufacturing/Contemporary Integrated Manufacturing System，CIM/CIMS）的理念、技术、工具与实施方法。此后，并行工程、精益生产、敏捷制造、智能制造等理念不断被引进和发展。本书的一个重要内容就是很好地总结了国内外制造业信息化的发展历程，综述了典型制造业信息化模式、手段、业态的发展及其特点，分析了制造业信息化螺旋上升的发展趋势。

近几年，随着美国“工业互联网”、德国“工业4.0”的提出，制造业信息化的发展兴起了一股新的热潮，大量的研究学者和解决方案公司参与其中，也引起了社会大众的关注和兴趣。但是，不论面向制造的工业互联网还是“工业4.0”所提到的智能制造，都不是从零开始，它们都是在传统制造业信息化模式、手段、业态等基础之上发展起来的，其根本目标都是致力于使企业（或集团）产品研制全系统、全生命周期活动中的人/组织、技术/设备、管理、数据、材料、资金（六要素），以及人才流、技术流、管理流、数据流、物流、资金流（六流）集成优化，进而改善企业（或集团）产品（P）及其开发时间（T）、质量（Q）、成本（C）、服务（S）、环境清洁（E）和知识含量（K），提高企业（或集团）的市场竞争能力。本书作者结合他们在一线的工作实践，介绍了我国在2009年首次提出并持续发展的“云制造”理念，它是针对中国制造业向数字化、网络化、云化、智能化转型升级而提出的一种具有中国特色的先进制造模式、手段和业态。目前，云制造的实施已经发展到了2.0的阶段，即智慧云制造的阶段。本书以深入浅出的方式，对智慧云制造和智慧云制造平台进行了论述，有助于加深读者对云制造2.0的认识。

“智能+”时代正在到来。我们认为，在时代新需求的牵引下，在新一代人工智能技术引领下，借助新一代智能科学技术、新制造科学技术、新信息通信科学技术以及新制造应用领域专业技术等四类新技术的深度融合，云制造的技术手段、模式、业态、特点、实施内容、体系架构、技术体系还将持续地发展。目前，云制造3.0系统的雏形已经问世。我们的实践表明，持续发展中的云制造能够适应中国制造的土壤，为中国制造的转型升级、创新发展提供有力支撑。

希望更多从事制造业信息化的人士读到本书，能进一步了解和认识云制造，从而参与到云制造的技术、产业和应用发展的队伍中，为我国制造业从制造大国向制造强国的转型升级做出积极的贡献。

李伯虎

中国工程院院士

复杂产品智能制造系统技术

国家重点实验室学术委员会主任

2019年9月30日

序 2

PREFACE

当前，全球范围内的科技革命和产业变革已经把人类社会推进到了网络信息时代，数字化、网络化、云化、智能化已经成为时代大趋势，深刻影响着“国民经济、国计民生和国家安全”等各领域。基于新一代的互联网络，融合云计算、物联网、区块链、大数据等新一代信息通信技术以及深度强化学习、群体智能等新一代人工智能技术，将在以制造业为代表的各领域发展出人、信息（赛博）空间与物理空间深度融合的新一代网络信息系统，推动人、机、物、环境、信息等各要素深度的协同化，并发展出自组织、自学习、自成长的高度的智慧化，从而极大提升人类社会的创新发展能力。

制造业是国民经济的主体，是立国之本，兴国之器，强国之基。当前，全球产业竞争格局正在发生重大调整，制造业重新成为全球各国经济竞争的战略制高点，以航天为代表的高端装备制造更发展成为大国角力的重要领域。制造业虽然是传统产业，但是正在面临全球新技术革命和产业变革的挑战，特别是新一代信息通信技术及新一代人工智能技术的快速发展及与制造业的深度融合，正引发制造业发展理念、发展模式、发展手段、发展生态等影响深远的重大变革。这对中国制造业而言，既要看到这是重要的挑战，同时也要看到这是转型升级、创新发展、由大变强的重要机遇。

本书的主题正好契合了当前工业互联网、智能制造的发展热点，但是并不随波逐流、人云亦云、囿于常见的观点和思路。本书的作者们颇费心力，从文明的进化和生产方式的变迁开始着墨，综述了典型制造业信息化模式、手段、业态的发展及其特点，站在较高的高度重新认识早期的计算机集成制造理念，最后重点介绍了中国专家学者在国际上率先提出的云制造、智慧云制造理念，尝试针对中国制造业的特点给出一种解决方案。

对于业余读者来说，可以将此书作为了解制造业信息化发展的科普读物，有助于读者搞清楚中国制造如今能在国际上拥有一席之地的原因；对于专业人员来说，可以将此书作为理解制造业信息化背后逻辑和发展趋势的思想读物，有助于读者找到工业互联网、智能制造等研究和实践的切入点。期待本书能够影响更多的人投身并推动中国制造业的蓬勃发展。

张德翔

中国航天科技集团有限公司副总经理

2019年12月15日

序 3

PREFACE

制造业是一个国家国民经济的支柱，是综合国力的重要体现。世界各国在经济上的竞争主要是制造业的竞争。近年来，云计算、大数据、物（务）联网、移动互联、人工智能（含工业机器人），特别是以工业4.0为代表的智能制造等研究与应用实践正如火如荼地进行着，正在深刻影响着制造业的模式、手段和业态。在当前信息化和工业化深度融合过程中，如何准确把握从计算机集成制造到智能制造的制造模式进化过程，如何充分利用长期以来制造业信息化的发展成果，是我们冷静思考制造业发展方向、热情拥抱新一代信息技术和探索变革路径时必须面对的问题。

本书提出研究和掌握制造业的先进制造模式及其运作规律是一项重要的理论和实践课题，明确指出我们对未来制造模式进行合理预测，首先需要对已有先进制造模式进行研究对比，摸清主要先进制造模式的背景、内涵、特征和进展，并在当今技术进步的基础上，梳理未来制造模式要素的构成，促进形成一种未来先进制造的模式。同时指出，制造业除了关注的核心竞争力和价值链外，还应了解生产力要素随着新兴科学技术的发展而产生的变化。

本书创造性地引入多视角的综合分析方法，从核心竞争力、价值链、生产力要素、先进制造模式等多个视角对不同的制造模式进行观察，尤其是通过精心选择，最终选定“人/组织、经营过程、技术”作为多种先进制造模式的对比要素，观察并研究这几个要素的具体变化。通过比较和判断，作者对于未来的先进制造模式进行预测：未来的组织应该是“无边界的”；未来的价值创造由开放的价值链转向价值循环；未来的智能制造系统是具有自主感知、自学习、自我诊断和自修复的智能化的系统。

作者多年来从事制造业信息化工作，从国家863计划CIMS主题项目到当前的国家重点研发计划智慧云制造相关项目，亲历了制造模式的不断变革，在当前智能制造的浪潮中不断积极探索和实践。本书是作者多年研究与实践的体会和总结，是对制造模式的系统梳理、冷静思考和积极预测。

作者和本人共事多年，尤其是从2015年起，都参与了国家科技部复杂产品智能制造系统技术国家重点实验室的建设。该实验室依托北京电子工程总体研究所，以我国复杂产品制造业需求为牵引，以构建航天飞行器智能制造研究平台和云制造研究平台为主要内容，围绕智能制造基础理论、智能虚拟样机、智慧云制造、智能集成装配系统四个研究方向积极开展研究实践。我们的目标是通过智慧云制造模式的研究和实践，努力形成复杂产品智能制造系统整体解决方案，能够推动复杂产品制造业信息化的不断发展。本书是实验室在基础理论和模式研究过程中的重要工作成果。

期望本书为推动我国制造业信息化的发展做出有益的探索和积极的贡献。

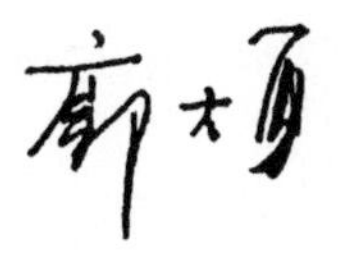

复杂产品智能制造系统技术国家重点实验室主任

2019年11月30日

序 4

PREFACE

作为一名制造业信息化的从业者，当看到本书的标题时，脑海中不禁浮现从20世纪90年代参与科技部现代集成制造系统（CIMS）主题项目到当前从事工业互联网相关项目过程中制造模式的发展历程。

过去几十年，伴随着全球经济和科学技术的不断变革，制造业已经逐渐进入深度重构和调整期，从计算机集成制造、并行工程、网络化制造到当前热门的智能制造，制造业的模式一直在不断创新、不断发展。多年来，信息化和工业化融合一直是我国加快新型工业化发展步伐、建设制造强国的重要方针。党的十九大明确指出，要加快建设制造强国，加快发展先进制造业，推动互联网、大数据、人工智能和实体经济深度融合。如何探索和实践一套适合我国国情的制造模式，需要不断创新。创新已经成为信息化和工业化融合与发展的灵魂。

相比较计算机集成制造（CIM），20世纪90年代提出的“CIMS”内涵本身就是创新，是一种基于CIM理念构成的数字化、虚拟化、网络化、智能化、绿色化、集成优化的制造系统，是信息时代的一种新型制造模式。回顾1999年至2000年，航天科工集团公司启动实施CIMS工程，先后下发了《关于在集团内实施现代集成制造系统工程的决定》《关于加速试点型号CIMS实施的通知》等文件，同时加强组织管理，集团公司建立了行政指挥与工程技术线，集结形成了经验丰富、高技术水平的“一把手工程”队伍。当前，航天科工集团正大力开展“三类制造”（智能制造、协同制造、云制造），打造工业互联网平台INDICS，加快信息化和工业化的深度融合，创新发展新的制造模式、手段及业态，推动包括系统体系结构、技术体系、典型技术特征等的深刻变革。

在这个制造模式快速变革的过程中，从多个视角，全面、准确地回顾和总结制造业需求的变化、先进制造模式的发展进化过程，以及制造业信息化的发展历程，成为制造业尤其是制造业信息化从业者越来越需要重视的问题。这本专著的出版正当其时。

本书对于制造模式的发展变革进行了详细的分析和讨论。从制造业提高产品质量、市场竞争力、生产效率等目标出发，详细阐述了先进制造模式是如何从传统的制造生产模式中发展、深化和不断创新的。抽丝剥茧之后，传统制造技术逐步向高新技术发展、渗透、交汇和演变的过程，尤其是一系列先进制造模式的产生过程，逐渐清晰。

这里面对多个模式的比较和分析是本书的亮点和重点。通过对多种先进制造模式从人/组织、经营过程、技术等方面的分析和比较，总结归纳出“人/组织、经营过程、技术”三个要素随着市场环境、客户需求变化而发生的变化，并给出对比结果，在此基础上给出模式发展的预测。在对工业4.0和工业互联网进行分析之后，本书阐述了智慧云制造的理念，为制造业的未来描绘了愿景，指出通过制造模式、手段和业态的创新将实现制造业竞争能力的跃升和突变。

我和作者共事多年。本书是作者多年来在制造业信息化领域研究与实践的体会和总结，是对传统制造模式发展到先进制造模式的详细梳理和系统分析。在技术发展的道路上，朱文海总师始终是一个勇攀高峰的人，也是一个不满足于现状的人，尤其是在先进模式的探索方面，充分体现了他的务实态度和创新精神。

期望本书为推动我国制造业模式的创新和发展提供参考，对制造业信息化的发展做出积极的贡献。

柴旭东

航天云网科技发展有限责任公司总经理

2019年12月10日

前　言

PREFACE

近年来，云计算、大数据、人工智能、移动互联网，特别是以工业4.0为代表的智能制造和工业互联网等研究与应用实践正如火如荼地进行着。与这些主题相关的研究成果、整体解决方案、最佳实践等有关的报道、文献、书籍如雨后春笋般出现。各式各样的高层论坛、工业展令人眼花缭乱、目不暇接。其中，首屈一指，备受学术界、科研机构、制造企业关注的当属德国“工业4.0”。自它被提出以来，就披上了第四次“工业革命”的华丽外衣。一瞬间，花样百出的工业机器人、自动运输机械（AGV）、立体仓库，以及各式各样的全面解决方案、平台纷纷亮相，强烈地吸引着大家的眼球，给关注者带来了巨大的震撼。仿佛一夜之间，工业4.0指日可待。如果说今天各大公司、科研机构提出的解决方案和最佳实践代表了对工业4.0诠释或注解，所有成功的案例无不二至，大都使用了多种多样的工业机器人。在过去的几年里，“互联网经济”“共享经济”“机器换人”呼声曾是那样喧嚣，但实践证明，建立在简单的“机器换人”概念上的、片面的智能制造只能使制造执行端更加高效和自动化，不可能从根本上解决智能制造的核心问题。智能制造是一项复杂的系统工程，涉及企业的人、组织、管理、技术、知识、环境等诸多生产要素，而建立几条自动化生产线只能解决局部自动化问题。

科学技术的飞速发展，带动了制造业的发展，制造企业的生产规模和生产效率都有了极大的提高。强大的制造业为人们创造出多种多样、功能齐全、品质卓越的产品，显著提高了人类的生活水平。大家都知道：制造业是国民经济和国家安全的重要支柱。没有强大的制造业，一个国家的经济将无法实现快速、健康、稳定的发展，人民生活水平难以普遍提高。没有强大的制造业，也就没有今天的计算机、存储设备、网络交换机，以及互联网协议、工业软件，根本谈不上互联网基础设施，就不会有今天的消费互联网平台，更不要奢谈什么"共享经济"了。最值得一提的是，没有强大的制造业，中国将如何实现从制造大国走向制造强国？面对美国对中兴和华为的"制裁"，当下的互联网企业、快递公司是否有能力为制造业提供"卡脖子"的高技术与尖端产品，帮助像华为这样的制造企业继续昂首挺胸走向全球呢？

回顾历史，不难发现，历史是何其惊人的相似。记得二十多年前，863自动化领域CIMS主题专家在国内研究和推广计算机集成制造系统（CIMS）技术时，特别是我国先后获得国际工业领先奖和大学领先奖之际，欧、美发达国家的计算机系统、大型应用软件、自动化工艺设备公司已纷纷进军中国市场。各种讲座、展览接连不断，热闹非凡。20世纪90年代，北京第一机床厂（工业领先奖）、清华大学CIMS国家工程研究中心（ERC）（大学领先奖）等企业和高校在研究、探索和实践CIMS时，大型数字化设计/分析工具（CAD/CAE/CAPP/CAM）、自动化生产线、自动运输机械、立体仓库等就已闪亮登场，解决方案大行其道。只是，当时的技术、产品水平与当今无法同日而语罢了。那时，中国的互联网还处于概念萌芽期，国际上智能制造还在概念酝酿中，所有应用也局限在企业内的某个局部。今天，工业4.0、大数据、智能制造、工业互联网等接二连三地“闪亮登场”，面对花样繁多的工业智能装备和完整解决方案，许多制造企业既看到了新的希望，又感到难以抉择。制造企业都迫切希望能通过数字化转型，快速实现核心竞争力提升。一些企业甚至有些“迫不及待”，恨不得“揠苗助长”。解决方案提供商更是伺机抢滩，占领利润制高点，从而推波助澜。曾几何时，学术界、工业界、解决方案提供商都暴露出“亢奋”的情绪。然而，“丰满的理想、骨感的现实”给了大家当头一棒。著名预言家雷·库兹韦尔在《机器之心》一书中说道：“技术界的‘新贵’威胁着要排挤那些老技术，其追随者过早地宣布了胜利的消息。尽管新技术能带来一些独特的益处，但仔细思考之后会发现其功能和质量方面存在着关键元素缺失的问题。”我们都知道，实现最初的突破之后，任何新技术都有一段缓慢发展的阶段。对制造业而言，新技术从概念提出到成熟应用需要走过一段很长的路。

半个世纪以来，为了提升制造企业的生产能力、降低产品成本、提高产品质量，为消费者提供丰富多彩的产品和服务，美、日、法、德等发达国家根据制造业发展的需要，以及不断变化的消费需求，制订了许多发展规划，陆续开展了计算机集成制造（CIM）、并行工程（CE）、精益生产（LP）、敏捷制造（AM）等先进制造模式、技术研究和应用实践，形成了多种先进制造模式、技术体系和制造集成系统，为其本国制造企业赢得全球化的市场竞争提供了强有力的理论、技术、集成系统产品和服务支持。通过研究这些先进制造模式的产生、发展过程，不难发现它们之间的联系和清晰的进化脉络，也更加体会了唯有科学技术才是能够获得叠加性进步的力量。先进制造模式进化论思想为新的制造模式的提出奠定了基础。随着云计算、大数据、物（务）联网、人工智能、移动互联网等技术的进步，催生了德国“工业4.0”、美国工业互联网等，为未来的智能制造做好了必要的思想和技术储备。

研究总结先进制造模式，在尝试解读“工业4.0”和工业互联网时，不得不令人对计算机集成制造（CIM）刮目相看，也更加重了对CIM理念提出人约瑟夫·哈林顿博士的敬仰。早在1973年，哈林顿博士就提出：“企业的生产组织和管理应该强调系统观点和信息观点，即企业的各种生产经营活动是不可分割的，需要统一考虑；整个生产制造过程实质上是信息的采集、传递和加工处理的过程。”与当年的CIM相比，德国的“工业4.0”、美国的工业互联网在制造模式上并没有颠覆性的变化，差别大多表现在技术和平台（工具）的能力提升上。依据技术进化和重组创新的观点，每种先进制造模式中都能看到CIM的身影，新的制造模式是在旧的制造模式基础上的进化、重组优化的，这也恰恰印证了辩证法中事物发展的普遍规律，即“螺旋式上升”。进化是一个过程，基于之前的成果创造更先进的成果。为了更好地理解、研究和实践“工业4.0”、工业互联网的理念和技术，深刻领会未来智能制造的内涵与精髓，有必要对已有先进制造模式、21世纪制造业面临的挑战进行分析。对当前已有的先进制造模式进行研究，旨在探索出一条高效继承先进制造领域已有技术、基础设施、集成系统等成果，并进行扩展、优化和完善的有效途径，持续发展以“工业4.0”、云制造等为代表的智能制造模式、技术体系，助力制造企业提升产品创新能力，提高核心竞争力，构建企业、供应商、消费者协同优化的价值网络和价值创造空间，提升用户的价值体验，在全球化的激烈市场竞争中立于不败之地。

虽然21世纪才刚刚走过十几个年头，但生物、智能、纳米等科学技术得到了迅猛发展，除了支撑制造企业创造丰富多彩的产品和服务，还使人类的“生活方式”“价值空间”发生了巨大的变化，制造企业的生态环境也随之发生了巨大变化。探索新的生态环境下制造企业健康、蓬勃发展之路，助力中国由制造大国迈向制造强国，研究、探索一种本土化、适应新业态的智能制造模式、技术体系等是摆在我们面前的首要任务。

由于作者水平有限，书中难免有错漏之处，敬请读者指正。

复杂产品智能制造系统技术
国家重点实验室总技术负责人

2019年8月

致 谢

ACKNOWLEDGE

首先感谢李伯虎院士，感谢他多年来带领我们进行先进制造模式、技术研究与实践探索。无论是计算机集成制造、并行工程、虚拟采办等，还是今天的智慧云制造，李院士一直都在为我们指引技术研究、突破的方向，并身体力行地坚持研究与探索工作。

感谢复杂产品智能制造系统技术国家重点实验室的于道林副主任、鲍新郁主任（重点实验室办公室）、王瑾主管、周军华高工、肖莹莹博士、邢驰博士、曲慧杨博士、薛俊杰博士等为本书撰写提出宝贵的意见和建议，以及为本书付梓给予的帮助。感谢在复杂产品智能制造系统技术国家重点实验室建设、理论研究和初步实践中付出辛勤劳动与汗水的团队所有成员！感谢北京电子工程总体研究所领导与机关同事们长期的支持和帮助！感谢我国制造领域领导与专家们多年来的关心和鼓励！

感谢电子工业出版社梁涛编辑为本书顺利出版做出的贡献。

最后，感谢我们的家人，感谢他们为我们默默地付出。

复杂产品智能制造系统技术

国家重点实验室总技术负责人

目 录

CONTENTS

新工业革命与智能制造

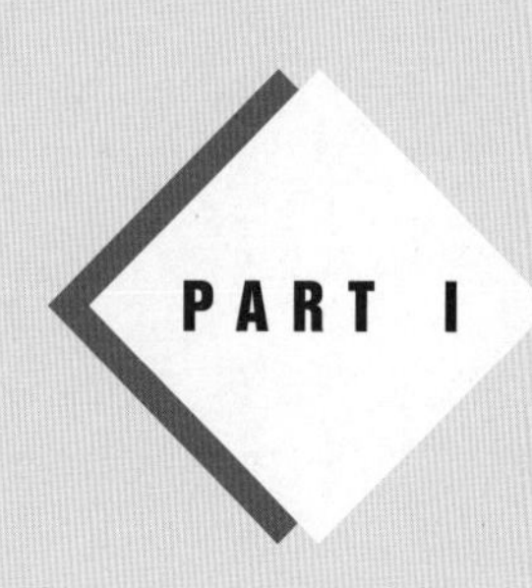

先进制造模式的演变

前事不忘，后事之师。

——《战国策·赵策一》

回溯往昔，你向后能看多远，你向前就能看多远。

——温斯顿·丘吉尔

第1章 CHAPTER 1 人类文明的进化

文明是人类审美观念和文化现象的传承、发展、糅合和分化过程中所产生的生活方式、思维方式的总称；是人类社会雏形基本形成后出现的一种现象；是较为丰富的物质基础上的产物，同时也是人类社会的一种基本属性。文明是人类在认识世界和改造世界的过程中所逐步形成的思想观念以及不断进化的人类本性的具体体现。文明有三层含义：一是指有人居住、有一定经济文化的地区；二是指同一历史时期的不以分布地点为转移的遗迹、遗物的综合体；三是指人类在社会历史发展过程中所创造的物质财富和精神财富的总和（物质文明和精神文明），特指精神财富，如文字、艺术、教育、科学等。

英文中的文明（Civilization，拉丁语为Civilitatem）一词来源于词根Civil，即“城市”的意思。另一个同源词“Civic”，中文译作“市民”，本意是不同于野蛮人和原始人的人。文明的本质含义是指人民和睦地生活在城市和社会集团中的能力。引申意义为：一种先进的社会和文化发展状态，以及到达这一状态的过程。借鉴美国民族学家摩尔根关于文明分期的界定，恩格斯在《家庭、私有制和国家的起源》中将人类社会发展划分为蒙昧时代、野蛮时代和文明时代。恩格斯指出人类“从铁矿冶炼开始，并由于文字的发明及其应用于文献记录而过渡到文明时代”，“文明时代是社会发展的一个阶段，其间，分工、由分工产生的交换行为，以及把这个过程结合起来的商品生产，得到了充分发展，完全改变了先前的社会。”可以把迄今为止人类文明历史形态划分为农业文明和工业文明（包含孕育于工业文明之中、初见端倪的“第四次工业革命”）。研究农业文明对于研究工业文明具有引领性学术价值，因为它是“本来意义上的文明”（马克思语），贯穿人类文明的始终，并促成人类文明向更高级水平迈进。

文明产生的标志是近年来考古学界和古代历史学界讨论的热点问题。大多数学者都同意这样一个观点，即一种文明的开始必须要有城市的遗迹为佐证。文明的另一个佐证是文字记载，对于没有文字记载的历史，常常被称为“史前”。目前学术界较为推崇荷兰学者鲁克荷恩的判断方法，其标准是在三个基本条件中只要具备其中两个，便可称为“文明”。这三个条件是：（1）在一定区域的聚落中已经有好几个相互联系的、人口至少在5000以上的城镇、集镇或城市；（2）已有独立创造的文字体系或借用部分外族文字而形成的自己的文字；（3）已有纪念性的建筑遗迹和进行仪典活动的中心场所。其中第一条直接与生产规模和经济水平相关。有人估计，以文明产生时的农业生产条件衡量，要保证一个人能脱产从事脑力劳动或过不劳而获的生活，从社会整体需要看，至少必须集中剥削数十人的劳动。当组成国家时，这类脱产的人必然数以千百计，那么被统治的人口至少在数万以上。第二条则表明此时已有较史前时代更为复杂的经济统计、行政管理、文化活动与信息交流，因为文字正是为它们服务的最重要和最有代表性的工具。第三条则表明已存在一区一国的集中管理机构和统治阶级，例如豪华的宫室反映了国王、贵族、祭司等人物的活动，高大宏伟的神庙、仪典中心、城防工程等则是统治人民的象征。若以此法衡量，便会看到埃及和两河流域大约在公元前3500年就开始脱离史前时代而进入了文明时代；中国和印度在大约公元前2500年至公元前2000年进入了文明时代[1~5]。

最早的文明究竟起源于何时，现在不可考，事实上也不重要。过去两百年的考古发现，把人类文明史向前推进了两千多年，而且今后这个时间有可能还会继续向前推移。重要的是，我们知道人类最早的文明始于非洲尼罗河下游，即现在的埃及地区，或者是美索不达米亚（古希腊对两河流域的称谓）。

追溯人类文明（农业文明和工业文明）的历史，不是为了追根溯源人类文明历史自身，而是为了透过几千上万年人类社会发展、生活方式的变化，特别是制造业生产方式的进化，帮助我们更清晰地掌握现代工业时期先进制造模式的理念、发展过程，进而帮助我们能够精准把握第四次工业革命时代先进制造（智能制造）模式的理念和发展动向，以便更好地为提升制造业的能力而努力追求。

1.1 农业文明

农业活动作为现代工业出现之前人类的主要经济活动，对人类的存在和发展具有重要意义。农业活动从更深的意义上体现了人类在自身发展过程中对自然界的主观能动性的改造，它是人类文明产生的基础。农业取代原本作为基本食物来源的狩猎和采集经济，从而改变了人类的历史，改变了基本的经济组织（距今约1万年前，人类开始栽培粮食作物和驯养野生动物以取代采集和渔猎，从而进入农耕时代）。农业的产生就诞生在人类采集过程中对自然界认识的不断探索与深化。

人类在长期的采集过程中，逐步观察和熟悉了某些植物的生长过程，慢慢懂得了如何栽培植物。世界各地的人们在采集经济的基础上积累了经验，各自独立地发展了农业。人类只有在能够获得稳定的农业收成后，才有可能定居下来，先形成村落，再形成城镇，进而建立城市，再由王国或商业网把它们紧紧连在一起。

一、农业的起源与传播

农业首先在少数几个存在可以驯化的动植物的地区成为主业。在这一驯化过程中，野生动植物长得越来越大，从而提供了更多的食物。因此，靠捕猎为生的原始人也就花费越来越多的时间去作为食物的生产者，而不是采集者，最后他们就变成了居住在村庄中的农民。而这种全新的生活方式，也从农业革命最初的几个中心逐步传播到全球大部分地区。

从最早的植物栽培过渡到农业革命，是一个渐进的、漫长的过程，它被称为“原始农业”阶段。从采集走向农业的转变，始于大约公元前9500年至公元前8500年，发源于土耳其东南部、伊朗西部和地中海东部的丘陵地带（该地带被称作侧翼丘陵区，它是南亚一个跨越底格里斯河、幼发拉底河以及约旦河谷的弧形带）。那里的地理条件有利于具有驯化潜力的大谷粒草种和大型哺乳动物的进化。到了公元前8500年，饱满的谷物种子在整个地区都已经很常见了。公元前8000年，牧羊人在现在的伊朗西部成功养殖了山羊。公元前7000年，牧人把欧洲野牛驯养成了今天温驯的奶牛，把野猪驯养成了家猪。

除侧翼丘陵区之外，农业发展得最早也最明显的地方就是中国。公元前8000年—公元前7500年，长江流域的人们开始种植水稻，到了公元前6500年，野生水稻已经消失。在长江流域，可辨别的稻田可以追溯到公元前5700年。公元前7000年，黄河流域的人们已经开始种植小麦。公元前6500年，中国北部的人们开始种植粟。野猪也在公元前6000年—公元前5000年被驯化。在中国北部的渭河流域，考古学家发现，公元前5000年之后，开始慢慢从狩猎转向农业。

研究人员曾经以为农业就是起源于中东，再传布到全球各地，但现在则认为农业是同一时间在各地独自发展，而不是由中东的农民传到世界各地。这意味着当侧翼丘陵地区的农耕者驯化了小麦、大麦、豆子、绵羊、山羊和牛的时候，东亚的农耕者驯化了小米、大米、猪和水牛；中美洲的农耕者驯化了南瓜和玉米；安第斯山脉的农耕者驯化了南瓜、花生、土豆、美洲鸵和羊驼；而新几内亚的农耕者驯化了香蕉和芋头。

为什么农业革命发生在中东、中国和中美洲，而不是在其他地区？原因很简单，在我们远古祖先狩猎采集的成千上万的物种中，适合农牧的只有极少数几种。这几种物种只生长在特定的地方，而这些地方正是农业革命的起源地。地理环境在农业文明里的决定性作用由生物学家、地理学家兼历史学家贾雷德·戴蒙德（Jared Diamond）最先发现。他指出全世界大约有20万种不同的植物，只有差不多2000种可以食用，而其中大概一两百种可以被人工养殖。人类今天摄入能量的一半来源于谷物，最主要的是小麦、玉米、大米、大麦和高粱，而这些谷物的野生原种在全球分布既不广泛也不均衡。自然界中一共有56种颗粒大、营养丰富、可以食用的野生植物。在西南亚，侧翼丘陵区拥有32种，在东亚、中国附近有6种，中美洲有5种，非洲撒哈拉沙漠以南有4种，北美有4种，澳大利亚和南美各有两种，整个西欧只有一种。如此看来，在侧翼丘陵区最早出现农业的概率要远远超过其他地方。再看畜牧业的条件：世界上超过100磅的哺乳动物有148种，到1900年只有14种被人类驯养，其中有7种原生野生动物在西南亚。今天世界上最重要的畜养动物：羊、山羊、牛、奶牛、猪和马，除了马之外，原种都在西南亚，东亚有五种，南美只有一种，北美、澳大利亚、撒哈拉沙漠以南一种都没有。虽然非洲的动物很多，可是绝大多数无法驯养，比如狮子、长颈鹿等。因此从农业资源的分布来看，侧翼丘陵区是最幸运的地方，其次是中国的黄河流域和长江流域。

人类学会了驯化动植物，从而完成了农业革命。由于农耕者对驯化农作物的精心栽培，食物产量不断提高，导致中东、中美洲、中国北部等农业核心地区人口激增。人口增长，则需要更大量的可耕种土地，迫使人们带着这些核心地区驯化的动植物向外迁徙，寻找新的农田，生产更多的粮食。人口增长的压力，导致了农业革命，而农业革命反过来又导致了更大规模的人口增加。就这样，一次又一次的迁移使农业传播到全球各地。

农业革命最明显的影响是产生了定居这种生活方式。为了照料新驯化的动植物，人类不得不定居下来。于是，新石器时代的村庄取代了旧石器时代的流浪团体而成为人类最基本的经济文化单位。事实上，它构成了18世纪末期之前一直居统治地位的一种生活方式的基础。这种生活方式即使到今天也还存在于世界上许多经济不发达的地区。

二、农业文明的起源

人类在几百万年的演化进程中，在农业革命之前一直都只是几十人的小部落。但从农业革命之后，随着农业生产率的提高，人口不断增加，村庄扩展成城镇，城镇又扩展成拥有巨大宫殿和庙宇以及聚敛财富的帝国。

大约在公元前8500年，全球最大的聚落（settlement）大概就是杰里科[1]（位于约旦河谷）那样的永久村落，大概有几百个村民。考古学家认为，杰里科是世界上最古老的、一直以来有人居住的地方。而到了公元前7000年，位于土耳其安纳托利亚高原南部的加泰土丘（新石器时代人类聚居地遗址）城镇大约有5000 ~ 10000人，很有可能是当时世界上最大的聚落。再到公元前5世纪到公元前4世纪，肥沃月湾（Fertile Crescent）一带有了许多人口达万人的城市。

美索不达米亚的文明是城市文明，始于公元前3500年左右，苏美尔人在两河流域下游建立了乌鲁克城[5]。乌鲁克城规模不大，人口有好几千，乌鲁克是真正意义上的城市，而不是村落。乌鲁克时期的各个城市里都有令人瞩目的神庙，神庙是苏美尔人社会活动的中心。继乌鲁克之后，苏美尔出现了大大小小几千个城市，并且出现了12个以主要城市为中心发展起来的城市联邦。城市的周围是发达的农业社会，城市之间贸易兴盛，政治、文化和艺术也有了高度发展。大约在公元前2250年，萨尔贡大帝建立起第一个帝国：阿卡德帝国，号称拥有超过100万的子民。再到公元前1776年，巴比伦是当时最大的城市，而巴比伦帝国也很可能是当时最大的帝国，子民超过百万，统治着大半个美索不达米亚平原，包括现在大半的伊拉克地区和部分的叙利亚和伊朗。公元前3500年—公元前3000年，美索不达米亚南部的苏美尔人发明了一套系统，专门处理大量的数字数据。从此苏美尔人的社会秩序不再受限于人脑的处理能力，而开始能走向城市、王国和帝国。最早的苏美尔文字就像现代的数学符号和音乐符号，只有部分表意。在公元前3000年至公元前2500年，苏美尔文字系统逐渐加入越来越多的符号，成为能够完整表意的文字，如今它们被称为楔形文字（见图1-1、图1-2）。

图1–1 苏美尔文明

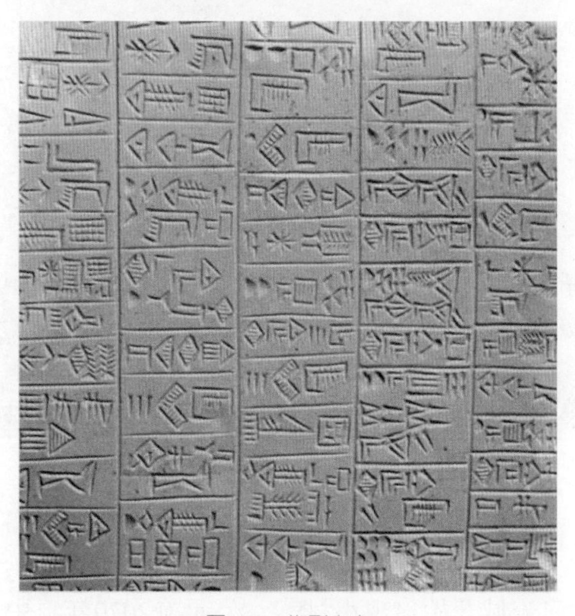

图1–2 楔形文字

古埃及的文明是一种帝国文明而非城市文明。埃及是一个长时间处于同一王朝统治下的大河流域国家。在公元前3100年，一名叫纳尔迈（Narmer）的国王统一了埃及，建立了埃及的第一个王朝，这是人类历史上第一个王国。法老王统治的领土有数千平方公里，人口达数十万。19世纪末出土的纳尔迈石板上有最古老的象形文字，这些文字比中国出土的最早的甲骨文还早了一千多年。埃及最大的三个金字塔：胡夫金字塔、海夫金字塔和孟卡拉金字塔都修建于埃及的古王国时期（公元前27世纪到公元前22世纪）。金字塔不仅是古埃及的象征，而且体现了全世界古代文明的最高成就（见图1-3）。

图1-3　金字塔

中华文明与埃及文明类似，也是帝国文明。在中国，大约在公元前7000年，在黄河流域开始出现小村落。公元前2070年，中国建立了第一个王朝——夏。商朝（公元前1600年—约公元前1046年）是继夏朝后中国历史上第二个朝代，是中国第一个有直接的、同时期的文字记载的王朝。在公元前221年，由秦始皇统一天下，建立了秦王朝。秦朝约有4000万人，税收得以支持数十万士兵，以及共有超过10万官员的复杂朝廷系统。公元后的大部分时间里，中国城市的水平在世界上都是首屈一指。中国文明不仅古老，也是欧亚大陆所有文明中最与众不同的，即所有入侵者皆被中国同化。古埃及文明、美索不达米亚文明、印度文明早已不复存在，但是中国文明不间断地延续了下来。在殷商废墟中发现的复杂的表意文字，对中国和整个东亚后来的历史极为重要。甲骨文是现代汉语的直系祖先，也可以用来说明中国文明的连续性[2, 4]（见图1-4）。

图1-4 甲骨文

农业疆域的拓展使文明核心区的范围也获得了相应的扩大。文明核心区在公元前1000年—公元前500年的发展，比过去公元前4000年—公元前1000年的发展要快得多。其根本原因在于这时的生产获得了惊人的进步。

三、技术进步与能源的利用

苏美尔人是世界上最早开始冶炼金属的民族，他们在公元前3300年便进入了青铜时代。青铜的产生，说明人类社会已经有了采矿业和简单的制

图1-5 青铜鼎

造业了（见图1-5），而在此之前，人们主要从事农业和畜牧业。苏美尔人更重要的一项发明是轮子，时间大约在公元前3200年。轮子的出现，使得人类不仅有可能远行，而且可以运输较重的物件，从而建造大规模的城市。这比大金字塔建成的时间还早了六百年。到公元前3000年时，犁已在整个美索不达米亚和埃及得到普遍使用，并传入印度等地。牛拉犁的意义就在于，人类首次利用了自身体力以外的力量作为动力（见图1-6）。

图1-6 牛耕图拓片

公元前3000年，风力得到了利用，成为人类在某种情况下（如抽水时）可以借用的一种力量。当时波斯湾和尼罗河上已先后有了制作粗糙的横帆。风力的利用、横帆的出现，表明人类第一次成功地利用人造的力量作为动力。早期的帆船很粗糙，但对于繁重的交通运输来说也不失为一种比驮驴和牛车更经济的、更有效的工具。如图1-7所示为古代帆船画作。

农业文明时期的贸易大多取道水路。

图1–7 古代帆船画作

公元前2000年中叶，冶铁技术在亚细亚东北部发展起来，到公元前1200年赫梯帝国灭亡后，当地的铁匠分散到各地，使他们的技术广泛流传。冶铁技术的出现，标志着人类进入了铁器时代。铁制武器取代了青铜武器。从发明铁到日常生活中能大量使用铁器，期间经历了好几个世纪。[2] 对于铁器的使用，在印度，大约是在公元前800年；在中欧，是在公元前750年；在中国，是在公元前600年。当锄、斧、犁等农具和武器一样，也能用铁来制造时，立即对经济、社会和政治产生了深远的影响。铁制工具使人们能制造更大、性能更好的船舶，从而使航行的距离更远，贸易的规模更大，开拓的殖民地更多。如图1-8所示为古代冶炼图。

图1-8 古代冶炼图

一万年前的新石器时代，人类采用天然石料制作工具进行采集、狩猎、种植和放牧，以利用自然为主。到了青铜、铁器时代，人们开始采矿、冶金、铸锻工具、织布成衣和打造车具，发明了像刀、耙、箭、斧之类的简单工具，满足以农业为主的自然经济，形成了家庭作坊式手工生产方式，生产动力（能源）主要是人力，部分利用畜力、水力和风力（能源扩展了）。这种生产方式使人类文明的发展产生了飞跃，促进了人类社会的向前发展。

四、社会分工、商业与手工业

大家先温习一个中国春秋时期的寓言故事，来粗略感受一下本节涉及的有关概念。“郑人买履”大家都很熟悉，出自《韩非子·外储说左上》。故事原文为：

郑人有欲买履者，先自度其足，而置之于坐。至之市，而忘操之。已得履，乃曰："吾忘持度！"反归取之。及反，市罢，遂不得履。人曰："何不试之以足？"曰："宁信度，无自信也。"

其实，我们并不关注这个寓言的寓意，而是通过这个故事涉及的人物、地点、事件来粗略地了解社会分工、商业和手工业的意思。故事里面的人物：主人公（郑人，未知其职业）、小贩（商人）、制鞋人、旁观者等。显而易见，每个角色的身份不同（社会分工）。发生的事件与地点：去集市上买鞋。集市是商品交换的地方，因此必然涉及小贩（商人）和商业。至于是以物换物，还是以货币购买，文中虽未交代，但可以认定是用货币购买。那么，进一步联想鞋从何而来，由谁制作？就必然引出制鞋的场所（手工作坊），那时鞋是在手工作坊用手工制作的。集市上的鞋出自家庭手工作坊或规模大一些的私人手工作坊（雇有多个鞋匠），而非宫廷手工作坊（其产品为非卖品）。从这个寓言故事的里里外外，可以清晰地读出：当时的社会分工、商品交换（集市贸易）、手工业（手工生产方式），以及配套的生产组织形式等。

农业革命一开始，大多数人的生活形态仍然是小而紧密的社群，一如狩猎采集者的部落，每个村都是自给自足的经济体，靠的是相互帮忙、互通人情，再加上一点点与外界以物易物的交易。村中可能有人特别擅长做鞋，某位可能懂得治病，所以村民知道没鞋穿或身体不舒服时该找谁。只不过，各村的经济规模都很小，所以还养不起专职的鞋匠或医生。传统社会里由于分工水平低，人们过着"男耕女织"的自给自足的生活。所有人都不买必然使所有人都无法卖，结果是市场规模狭小，生产效率低下，生活水平长期徘徊在糊口水平上。人类在很长一段时间里是没有商业的，后来生产力提高了，有了社会分工，并且产生剩余物，才有不同物品之间的交换，这便是商业的最早形式。剩余产品的出现和社会分工的发展是生产力发展的结果，因此，商业产生的根源在于生产力发展。

随着技术的发展和社会制度的变革，农业生产率快速提高，意味着这时可以取得足够的剩余粮食来发展经济和建立国家。等到城市和王国兴起，交通基础设施改善，终于带来了专业化的新契机。人口稠密的城市开始能够养活专业工作者，除了鞋匠、医生，还能有木匠、牧师、战士、律师等，于是产生了社会分工。社会分工是指人类从事各种劳动的社会划分及其独立化、专业化。社会分工是人类文明的标志之一，也是商品经济发展的基础。社会分工是在自然分工的基础上随着生产力的发展而逐渐形成的。对于人类来说，没有社会分工，就没有交换，市场经济也就无从谈起。人类社会分工的优势就是让擅长的人做自己擅长的事，使平均社会劳动时间大大缩短，生产效率显著提高。

畜牧业和农业的分离是人类历史上第一次社会大分工。随着金属冶炼技术的出现，促进了农业的发展和劳动生产率的提高，也使手工业向多样化发展，专门从事生产工具制造的手工业逐渐从农业中分离出来，从而出现了农业和手工业相分离的人类历史上第二次社会大分工。手工业是指依靠手工劳动、使用简单工具的小规模工业生产。手工业刚开始从属于农业，主要表现为家庭手工业。一般不雇佣工人或只雇佣辅助性工作的助手和学徒，并以本人的手工劳动为生活的主要来源。农民把自己的农副产品作为原料进行加工，或者制造某些劳动工具和日常器皿。除满足自己的需要外，多余的予以出卖。这次大分工出现了专门以交换为目的的商品生产。为适应商品生产和交换发展的需要，社会中开始出现了专门从事商品买卖的商人阶层，也出现了规模较大的私营手工作坊（雇佣多个工匠），以及官营手工作坊（规模较大，生产的产品为非卖品，仅供皇家、各级官员使用）。于是又有了人类历史上第三次社会大分工。在手工业者与商人活动的集中地，逐渐形成了市场经济，又有了城乡的分工。分工带来了生产力的进步和剩余产品的增加，使得一部分人完全摆脱了体力劳动，专门从事监督生产、管理国家及科学、艺术等活动，最终形成了脑力劳动和体力劳动的分工。

随着生产力的发展和社会分工的出现，贸易量也有了增长，尤其是构成现成的交通干线的大河沿岸一带。各种工匠也越来越多地涌现，为新起的农民社群提供所需的服务，为新兴的贸易提供所需的产品。最初，商品和劳务的交换是物物交换的方式，这对买卖双方来说，显然有不便之处。于是，交换媒介开始发展，比如，以谷物（更常见的是以贵重金属的条块）为支付手段。为了避免贵重金属重量不足或形成欺骗，约公元前700年，小亚细亚西部的吕底亚人开始在贵重金属块上加盖印戳，以保证其质量和重量。不久，希腊各城邦又加以改进，铸造扁平的圆形硬币，在硬币的正反两面印上戳记[2]。金币和银币为大规模的批发贸易或地区间的贸易提供了便利条件；铜币使农夫们可以出卖自己的产品而无须物物交换，使工匠能以自己的劳动换取工资而不是食物。最后结果，是大大促进了各种商业，进而相应地促进了制造业和农业的发展，并使经济专业化随着效率和生产率的提高而全面深化。这时，廉价商品的制造者第一次得到了一个巨大的市场，而小土地所有者则能从自给性农业转向专门性农业。

其实，早在公元前2800年，苏美尔人就有了发达的手工业和以金银为交易媒介的商业，开创了一种集贸易和掠夺为一体的商品文化模式。腓尼基人继承了苏美尔人的商品经济文化传统，并将它发展到了海上，成为西亚诸民族中集贸易、海盗和殖民于一体的典型“海上骑马民族”。

手工业发展缓慢，并持续了几千年，一直延续到工业革命的早期阶段。虽然说那时已经出现手工工场，为工业革命创造了必要的条件，可以生产出较大量的产品（相对而言），但依旧是靠手工劳动为主。事实上，时至今日，手工生产方式在经济不发达地区依然存在。另外，许多奢侈品的定制生产仍然采用手工生产方式，只要消费者愿意支付高昂的制造费用，例如手工生产的豪华运动跑车。

五、小结

发生在大约1万年前的人类生活方式的首次深度转变，人类通过驯养动植物，从采集时代过渡到了农耕时代（农业革命）。农业生产的周期性劳动要求人们较长时间居住在一个地方，以便播种、管理和收获。这样，人类从迁徙生活逐渐转变为定居生活。粮食的增长有效促进了人口增长和人类聚居面积的扩大，并由此催生了城市化和城市的崛起。随着城市、王国的出现，文字的发明，以及农业、冶金技术的发展，还催生了商业，这标志着人类从蒙昧时代走入了文明时代（农业文明）。这次农业革命使得畜力和人力得到结合，推动了生产、运输和交通的发展，极大地提高了社会生产力。农业革命促使人类生活发生了根本性变化。人类经济从以采集、狩猎为基础的攫取性经济转变为以农业、畜牧业为基础的生产性经济。

人类如果没有进入农业社会，就不会有农业文明，而农业文明是人类社会发展的第一文明，也是迈向其他高阶文明的第一块基石。农业革命为以后一系列社会变革创造了物质基础。人类从事农耕和畜牧后，才可能比较稳定地获得较丰富的食物来源，而且第一次有可能生产出超过维持劳动力所需的食物并存储它，并可使一部分人去从事生存以外的活动，从而产生新的社会分工和物品的交换，还使某些人有可能积聚财富，导致原始社会的崩溃。

农业文明是人类文明史上一个重要的发展阶段。其间，人类社会的生产力获得了巨大解放，人与自然的关系也发生了巨大的转变。人类已经不再像原始时代那样消极被动地适应自然，而是利用自身的力量去影响、改造自然，甚至为了获得食物和资源而大肆地毁坏自然，使得人与自然的关系出现了局部性和阶段性紧张。但由于这一时期人口密度相对还比较小，人类的生活方式以农牧为主，活动范围受到很大限制，人类开发和利用自然的能力也十分有限，对自然界的影响力、改造力和破坏力还不是很大。因此，总体上说，人类对自然资源的开发利用和对自然的影响仍处在生态系统所能承受的范围之内，没有超出自然界的调节能力和再生能力，自然秩序也没有发生明显的紊乱，人与自然的关系基本上仍能保持相对的和谐（虽然只是一种满足生存意义上的低水平和谐）。

1.2 工业文明

18世纪中叶，能源（化石燃料）的大规模开发和利用、蒸汽机的发明和使用所引发的工业革命，把人类历史推进了以大机器生产为标志的工业文明时代，从而实现了人类文明史上又一次伟大的飞跃。工业革命是近代工业化的开端，是传统农业社会向近代工业社会过渡的转折点。工业革命所建立起的工业文明，成为延续几千年的传统农业文明的终结者，它不仅从根本上提高了社会生产力，创造出巨量的社会财富，而且从根本上变革了农业文明的所有方面，完成了社会的重大转型。

一、工业文明的起源

工业文明是以工业化为重要标志、机械化大生产占主导地位的一种社会文明状态。迄今为止两百多年的工业文明被划分为四个阶段，即所谓四次工业革命。第一次工业革命（大约从1760—1850年）是以机器取代人力、以大规模工厂化生产取代工场手工生产的一场生产与技术革命。它以利用机器操作代替手工劳动为开始的主要标志，以利用机器制造机器为完成的主要标志。也就是说，手工劳动是第一次工业革命的对象，机器生产是这次革命的结果，机械化是这次革命的中心。由于机器的发明和运用成为这个时代的标志，因此历史学家称这个时代为“机器时代”。

工业革命开始于18世纪60年代[1~4]。通常认为它起源于英格兰的中部地区，是指资本主义工业化的早期历程，即资本主义生产完成了从工场手工业向机器大工业过渡的阶段。第一次工业革命发生的背景是依靠人力为主要力量的生产系统遇到了发展瓶颈，人类社会在不断重复着周期性的增长规律长达数千年，依然没有突破生产力发展的瓶颈，急需新的技术带来生产力的解放。这种由需求引起发明的模式在工业革命的进程中表现得十分明显。1765年，英国人哈格里夫斯发明了珍妮纺纱机，掀开了工业革命的序幕，标志着工业革命首次在英国出现。1785年，英国人詹姆斯·瓦特制成的改良型蒸汽机投入使用，提供了更加便利的动力，推动了机器的普及和发展，人类社会进入了“蒸汽时代”。1807年，美国人富尔顿制成以蒸汽为动力的汽船试航成功。1814年，英国人史蒂芬孙发明了“蒸汽汽车”；1825年，史蒂芬孙的火车试验成功。1830年，第一条连接利物浦与曼彻斯特的商业化铁路开通，从此人类的交通运输业进入一个以蒸汽为动力的时代。工业革命不但在交通运输方面，而且在通讯联络方面也引发了一场革命。1838年，美国人塞缪尔·莫尔斯在发明莫尔斯电码后，研制出无电线发报机。电报的发明不仅在通信史上具有划时代的意义，也是人类文明史上的一件大事件，从此人类进入即时通信的时代。然而，工业革命并未随着铁路、跨大西洋汽船和电报通信的出现而结束，它一直持续到今天。

1840年，英国成为世界上第一个工业国家[2~4]。工业革命为什么会出现在英国？这有其历史的必然性。比如英国长期以来的民主传统，通过全球贸易已积累了一个世纪的财富，重商主义的国策使得它有动力提高劳动生产率，牛顿等人的贡献也帮助英国人在思想上完成了变革的准备。当然还有其他各种条件，包括水力资源、煤矿资源、市场、劳动力、银行信贷系统，以及英国资产阶级革命后建立的有利于资产阶级发展的政治制度和社会环境。英国在劳动力方面占有优势，圈地运动为工厂提供了大量的劳动力，也为城市提供了粮食。圈地可看作工业在19世纪居首位的一种先决条件。英国还拥有更多的、可作工业革命资金用的流动资本。殖民地的掠夺和海外事业的蓬勃发展，源源流入英国的商业利润比其他任何国家的都多。还有一个非常重要的原因，就是人的因素，即需要有一大批人开启工业革命的大门，包括大批科学家、发明家、企业家等。通俗地说，牛顿找到了开启工业革命大门的钥匙，瓦特等人拿着这把钥匙开启了工业革命之门。从瓦特改良蒸汽机开始的半个世纪，大部分工业领域的发明都来自英国。英国工业革命使它的社会生产力得到飞速发展，工业革命在短短几十年内使英国由一个落后的农业国家一跃成为世界上最先进的资本主义头号工业强国，号称“世界工厂”，称霸世界达半个世纪之久。始于英国的工业革命从本质上说是人类使用动力的一次大飞跃。机械作为新的动力来源不仅取代人力和畜力，为生产和生活提供了更多、更强大的动能，而且作为人类手和脚的延伸，它让人类做到了过去做不到的事情，比如制造需要精密加工的工业品，或将人和物迅速送达远方。

英国工业革命使欧洲各国感到震惊，并引起了各国的兴趣。欧洲大陆的工业化，并不像英国那样是一声晴天霹雳，而是一个缓慢卷入的过程。美国的工业化进程开始也很缓慢，但是在南北战争后，国家分裂的危险被消除，生产力得到了解放，国家的资源得到了充分利用，工业化进程极其迅速。到20世纪初，美国已成为世界第一工业强国。这样，工业文明在欧洲和美国得到了确立。工业革命以世界性的规模有效地利用了人力资源和自然资源，使生产率得到了史无前例的提高。工业革命还带来了剩余资本，剩余资本又致使各强国去寻找殖民地作为其投资场所。资本在国内积累得愈多，利润降得愈多，对国外更有利可图的投资市场的需求也就愈大。总之，工业化带来了各国社会发展的深刻变化，如经济的进步、社会经济结构的变革、政治上层建筑的演变、新社会阶级分层的形成、人们思想和观念的更新等。

二、工业革命的根源

近代以来，欧洲经历了科学、商业和消费三大革命，这三个相互关联、协同发展的革命导致了工业革命，促使整个社会从农业文明迈向工业文明。至19世纪中期工业化完成之时，历经数百年的历史发展，终于实现了这一社会转型。

第一，文艺复兴带来人类思想的大解放，引起人们对旧世界的怀疑和对新知识的探索，产生了近代科学，为工业文明奠定了科学基础[2，6~8]。

说到科学革命，不得不提及几个著名的科学家。勒内·笛卡儿（公元1596—1650年）是法国著名的哲学家、物理学家、数学家。笛卡儿除了对数学的直接贡献外，其哲学思想，尤其是方法论对近代科学的发展影响深远。而把近代科学的发展归纳起来上升为科学体系的则是英国最伟大的数学家和物理学家牛顿（公元1642—1727年）。他把占星术、天文学、炼金术与化学结合起来，总结了前人的成就，使之达到科学的高峰。著名化学家安托万·拉瓦锡（公元1743—1794年）的主要贡献是发现了氧气，并且提出了氧气的助燃学说。在研究燃烧过程中，拉瓦锡确定了精确的定量实验和分析在自然科学研究上的重要性。其另一个重要贡献在于通过实验证实了科学史上极为重要的质量守恒定律。拉瓦锡奠定了化学的基础，1789年发表了《化学基础论》。荷兰生物学家利文胡克（公元1632—1723年）发现了活细胞，找到了构成生命的基本单位。而真正完善细胞学说的是德国科学家施莱登（公元1804—1881年）和施旺（公元1810—1882年）。细胞学不但在生物学和医学上意义重大，奠定了这两门学科的研究方法，而且确定了唯物论的科学基础。英国物理学家詹姆斯·普雷斯科特·焦耳（公元1818—1889年）在研究热的本质时，发现了热和功之间的转换关系，并由此得到了能量守恒定律，最终发展出热力学第一定律。达尔文（公元1809—1882年）的《物种起源》提出了完整的进化论思想，说明物种是在不断变化，由低级到高级、由简单到复杂的演变过程。《物种起源》第一次把生物学完全建立在科学的基础上，以全新的生物进化思想，推翻了神创论和物种不变的理论。进化论解开了人们对思想的禁锢，让人们从宗教迷信中走出来。恩格斯在他的《路德维希·费尔巴哈和德国古典哲学的终结》一书中，把细胞学说、能量的转换（与守恒）和进化论誉为19世纪的三大发现。

从占星术、炼金术到科学研究，从经验的摸索到科学方法的形成，在欧洲培养了一种充满求知欲、严格的科学探究气氛，为近代欧洲工业文明奠定了科学基础。掌握实际知识与渴望了解潜在原因的结合，奠定了科学的基础，推进了科学的发展，使科学成为今日的支配力量。科学技术的发展显著提高了社会生产力，导致工业化产生了大量剩余资本，而资本进一步反哺科技，形成了正反馈循环。与此同时，地理大发现和海外殖民地的开辟也促进了科学的发展。

第二，商业革命为欧洲的工业提供了很大的、不断扩展的市场，也为工业革命提供了必需的大量资本[2~4]。

16世纪，世界所有地区的主要贸易路线已经开通。西班牙等老牌殖民国家在荷兰、英国和法国等新兴殖民国家的排挤下，不得不进行全球范围的撤退。欧洲各国划分了不同的贸易路线，地中海地区仍然属世界贸易的一个重点。到17世纪末，由于荷兰与英国的兴起，海上贸易取代了陆上贸易，欧洲和亚洲的贸易转到了海上。商业优势很快从地中海转移到北欧，全球范围的商品市场已经初步形成。到18世纪，远距离的贸易已经把世界各地区逐步连成统一的市场，商业革命把世界初步连成一个整体，为欧洲的工业提供了很大的、不断扩展的市场。南北美洲和东欧生产原材料，非洲提供人力，亚洲提供各种奢侈品，而西欧则指挥这些全球性活动，并日益倾全力于工业生产。欧洲人征服美洲的时候，积极开采金矿银矿。除了从殖民地掠夺大量的金银之外，欧洲也因众多海外事业变得更加富有。富有的欧洲银行家们组织了很多合股公司，控制了所有海上贸易，获得了源源不断的利润。世界贸易被东印度公司、地中海东部公司、莫斯科公司以及哈德逊湾公司等所控制。利润从奴隶贸易、香料贸易、殖民地的进出口贸易，乃至海上掠夺中源源而来。世界贸易的发展为工业革命储备了大量的资金，带来了大机器制造业的发展、贸易组织和管理手段的创新，使经济效率大大提高。

一位美国历史学家这样总结到：在欧洲的海外扩张中最重要的人物不是哥伦布、达·伽马和麦哲伦，而是那些拥有资本的企业家们。他们虽是留在国内港口的商人，但他们负责建立了很多殖民地，开辟了新的市场，找到了新的土地，使整个欧洲富裕起来。

第三，消费革命改变了欧洲人的生活方式，提高了生活质量。反过来又刺激工业生产的规模化，也进一步促进了世界贸易的发展[2~4]。

处于社会顶层的少数人和底层的多数人的收入增长，使得消费社会在人类历史上第一次在英国出现成为可能。这主要归功于圈地运动后的农业革命、海外殖民地开拓利润的大量涌入，以及工业革命导致生产率大大提高而带来的国民收入的提高。收入的增加致使国内市场的迅速发展，这种市场比过去仅有上层少数人才有购买力时的市场要大得多，市场的发展又进一步刺激生产规模化扩大。新消费主义使得各阶层开始购买他们从前从未有机会购买的，甚至比以前更大范围的商品。大众消费主义正是以这种方式出现在18世纪的英国，它已变成全球20世纪的社会标志。消费选择自然就导致了消费的革命，从全球涌入欧洲的各种各样的新商品改善了欧洲人的生活质量，茶叶、糖、咖啡、杜松子酒、烟草和甜酒等新产品深受欧洲人欢迎。在17世纪中期以前，欧洲几乎还没有人享用过这些东西。消费革命改变了欧洲人的生活习惯，使他们的生活品质得以提高，除了工业革命的福利之外，当然也有通过向外扩张和掠夺而提高的。

三、工业文明的基本原则

未来学家阿尔温·托夫勒在《第三次浪潮》中将工业文明称为第二次浪潮文明[10]。工业文明贯穿着劳动方式最优化（标准化）、劳动分工精细化（专业化）、劳动节奏同步化、劳动组织集中化、生产规模化和经济集权化六大基本原则。随着大规模生产方式日趋成熟，工业文明的基本原则逐步向社会经济的各类组织渗透，如企业、学校、政府等，与之相适应的科层制的组织管理体系也得以相伴而行。这六条原则都是从生产与消费的分裂和市场不断扩大的基础上产生和发展起来的。它们和谐一致、相互强化、相互补充。这些原则如此之强大，以至于在很长时间里它已经成为几乎所有组织和个人都熟知并自觉遵从的默认常识，统治、统摄、统一了工业时代的生产与消费、工作与生活、苦恼与快乐。

标准化

标准化是工业化的第一基础，是工业化开端的标志。标准的形成是工业社会分工的基础，因为有了这个基础，手工业作坊才能转变为工厂，才能生产标准化的零部件、产品，实现社会化工业大生产。西奥多·伐尔（Theodore Vail）是一位伟大的标准化专家，可以说是他塑造了工业化社会。他在20世纪初创建美国电话电报公司时，实现了产品、服务和管理的标准化。另一位伟大人物是费得里克·温斯罗·泰勒（Frederick Winslow Taylor，1856—1915），科学管理之父。他在1911年出版了《科学管理原理》。他认为："只有每个工人在劳动中每个动作实现了标准化，劳动才是科学的。每项工作只有一个最好的（标准的）方法，一种最好的（标准的）工具，和在一个明确的（标准的）时间里完成。"泰勒提出了以劳动分工为基础的科学管理，其主要思想是：作业的标准化管理，在科学的基础上制定工时定额；对工人实行差别计件工资制；计划与执行分离；实行例外管理；实行标准化管理。泰勒指出："科学管理的根本目的是谋求最高的生产效率。管理要科学化、标准化；要倡导革命精神，劳资双方利益一致。""只有每个工人在劳动中的每一个动作实现了标准化，劳动才是科学。"[11]可以得出：泰勒管理思想的核心是"标准化"。标准化影响工业化社会的许多方面，不仅（同样的）产品、流程以及行政管理实现标准化，统一的货币、价格、度量单位、质量检测、人事考核制度、工资等级等也是标准化的产物。

苏联电影《命运的捉弄》虽然是批评、讽刺配给制的，但里面的情节可让大家深刻体会标准化对生活的影响和神奇的力量。除夕之夜，家住莫斯科的外科医生叶夫盖尼·卢卡申在结婚前夜与几个好友喝得酩酊大醉，本来要飞往莫斯科的他乘错了飞机，来到了列宁格勒。飞机抵达后，出租车司机将他送到了本城与莫斯科同一街名、且同一编号的大楼前。卢卡申走上楼梯，找到相同的门牌号，打开相同的门锁，便一头栽在床上酣睡。如果预料不错的话，主人公对室内环境也一定不陌生，室内的家具应该也是相同的，甚至连摆放的位置都会一模一样。

专业化

说到专业化，我们从一个古代笑话开始，故事出自江盈科《雪涛小说》。原文为：

> 有医者，自称善外科。一裨将自阵回，中流矢，深入膜内，延使治。乃持并州剪，剪去矢管，跪而请酬。裨将曰："簇在膜内须亟治。"医者曰："此内科事，不意皆责我。"裨将曰："呜呼，世直有如是欺诈之徒。"

虽是笑话，却道出了内科、外科专业的存在及其"区别"，由此可以粗略了解分工的含义。分工是指按不同技能或社会要求，分别做各不相同而又相互补充的工作，这是这种社会劳动力的划分与独立化、群居动物所特有的。对于所有群居动物都是一样的（例如，蚁群、蜂群社会），分工的产生是为了群体能更好地生存下去。而通过分工来提高效率是群居的一大优势，也是人类社会的主要标志。

专业化源自社会劳动分工。1776年3月，亚当·斯密在《国富论》中第一次提出了劳动分工的观点，并系统全面地阐述了劳动分工对提高生产力和增进国民财富的巨大作用。亚当·斯密在《国富论》中指出："分工是国民财富增进的源泉。这是由于，一方面，分工提高了专业化水平和劳动生产率，增加了商品的总供给量。另一方面，由于劳动生产率的提高使得人们的收入提高，从而增加社会的总需求。"他进一步指出："分工依赖于市场，市场需求容量制约着社会分工程度，因而市场决定了分工水平[12]。"随着大机器的广泛使用，分工越来越细，专业化也日趋发展。专业化经历了从低级到高级的发展过程。在工业化初期，是从部门专业化、产品专业化开始，其水平较低。到工业化中期和后期，发展到零部件专业化、工艺专业化等，不但形式多样，而且水平也大为提高。

专业化是工业的先进组织形式，它具有较好的经济效果。生产专业化集中同类产品，组织大批量生产，能采用先进的专用设备和工艺、工人、工程技术人员和管理人员的专长，有利于提高劳动生产率和管理水平，有利于更快地发展新产品、提高质量和降低成本。工业生产专业化是工业内部企业和行业逐渐分离、形成新的独立的企业和行业的过程，也是同类产品的分散生产趋于集中生产、变小批量为大批量生产的过程。这些分离出来的和新形成的企业和行业，有的专门生产一定成品或零部件，有的只完成生产过程的某一工艺或工业性作业。工业生产的分离和同类产品的集中，都是专业化过程的表现。工业生产专业化是社会劳动分工的必然结果，是社会化大生产和商品经济发展的产物，是现代科学技术发展的直接结果。例如，美国在20世纪初出现了以拖拉机、汽车和机床等为对象的专业化企业。

工业生产专业化基本形式有：（1）部门和行业的专业化。前者是工业化早期水平较低的专业化形式。它的进一步发展，就出现了行业专业化。（2）产品专业化，其特征是以产品为对象，一个企业只生产、装配品种相同或工艺相近的少数几种产品。（3）零部件专业化，是产品专业化的继续和发展，其特点是以产品的零部件为对象，一个企业只生产整个产品中的某一种或几种零部件。（4）工艺专业化，是将产品专业化工厂和零部件专业化工厂中的同类工艺集中起来，组织专业生产，一个企业只完成产品的部分工艺和某些工序。（5）辅助、服务生产专业化，也称技术后方专业化，是把某些辅助性生产和服务性生产分化出来成为专门化工厂。

同步化

作为工业文明的整体，除了标准化和专业化以外，它还运用了同步化的原则。说到同步化，笔者不禁想起《伊索寓言》中的一则故事：龟兔赛跑。我们先不去管它原来的寓意如何，只是想借用这两种速度、节奏反差大的动物，来比喻同步化的意义。如果用龟兔赛跑来比喻生产线上不同能力、技能的工人不按节拍、各自为战地工作，那么后果怎样将是可想而知的。遵纪守时、协调一致是同步化的先决条件，无论是赛跑能力超强的兔子，还是行动缓慢的乌龟，一旦上了同一条“跑步带”（流水线），就必须按照规定的节拍“跑步”，不协调一致者将被淘汰出局。

工厂生产的发展，高价机器和与它密切相依的劳动，要求非常精密的同步化。同步化的最典型代表是生产同步化。例如：在流水线作业上，如果一个小组不能按时完成一项任务，其他人就无法干活，而整个流水线就耽误下来。生产同步化又称生产顺畅化，是指前一工序的加工刚结束，就立即转到下一道工序中去。生产现场要实现均衡、连续生产，就必须保持生产现场的每道工序同步生产即同步化节拍生产。这要求后道工序出现异常，前道工序自动停止作业。每个工序只储备标准在制品量，不超量制造，消除工序无效劳动和产品损伤现象。生产不同步容易造成中间库积压、生产不顺畅、生产周期长等问题，同步化生产有利于提高整体效率，减少浪费。

应工业革命中同步化的要求，钟表出现并大量运用，严守时刻成为同步化的突出表现。工人按时上下班，在流水线上按照生产节拍进行协同的操作；学生按时上课、放学；统一的假期、休息日；在部分工业国家甚至连家庭作息也不例外。

集中化

集中力量办大事的观念已经深深刻入人类脑海里，融入人类的血液中，工业化国家都应该有过这样的“认识”。工业革命全部依靠集中储藏的化石燃料能源；将农村人口逐渐集中到大城市；将许多劳动从田间集中到车间；将成千上万的工人集中在一起，在一个屋檐下工作；将学生集中到学校；将疯子关入精神病院。诸如此类都是工业文明中集中化原则的具体体现。集中也发生在资本的流通上，导致大公司、托拉斯和垄断组织的形成，而且高度集中的工业组织一直在不断增加。总之，集中化渗透到了工业化社会的方方面面。苏联的计划经济就是集中化的典型代表。

工业生产的集中化是工业企业规模不断扩大、生产越来越集中于大企业的过程。它包括两个相互联系的方面：一个是骨干企业的规模扩大，即生产的绝对集中；另一个是大企业的产量在部门和整个工业总产量中所占比重的增大，即生产的相对集中。工业生产集中化是由社会分工深化、技术进步以及经济效益的需要引发的。生产集中程度反映规模的增长及劳动资料的集中。衡量工业生产集中化水平的指标通常有：职工人数、固定资产价值、产品产量、生产能力、产值等。随着生产技术的进步，企业规模的标准不断变化，反映了现代化生产越来越集中的过程。但生产规模的集中化不是绝对的，当它扩大到一定阶段后，将导致企业经济效益停滞和下降，失去集中化带来的规模效益，即为规模经济门槛。

集中有三种形式，第一种是建立在专业化基础上的集中和垄断（横向一体化）；第二种是以一定的社会分工转化的企业内部的分工为特点的集中（纵向一体化）；第三种为跨行业、跨部门的“混合联合”（混合一体化）。

规模化

阿尔温·托夫勒在《第三次浪潮》中称规模化为“好大狂”。俗话说“瘦死的骆驼比马大”，“大”在人们的心目中已经根深蒂固，“大”代表的就是好，就是规模，就是效率。全国、全洲际、全世界第一的声音不绝于耳，仿佛一切大的都是最好的。例如，世界上最大的摩天大楼、最大的水电站、最大的化工厂、最大的炼钢厂、最大的汽车厂。更有甚者，这是全球最大的疯人院……

人类社会需求增长要求工业生产必须具有一定的规模，即规模化生产，以便能够为市场提供充足的产品，使人们的生活水平不断提高。规模化生产是指工厂有组织、有秩序，按照固定模式进行大批量生产。企业以追求利润最大化为目标，既然生产线作业使单位成本降低，是企业提高经济效益的一种途径，那么扩大生产规模也是产生经济效益的一个有效途径。例如，在生产中，有些工序需要大型高效的设备，如采用小规模的生产，就会使单件产品对这些设备使用的分摊成本提高。大规模生产有利于实现标准化、专业化和简单化，从而可以充分发挥分工协作的效益，极大地节约劳动并提高劳动生产率。此外，如果一个生产需要多道工序，需要多种设备完成，这种多工序的生产更能体现规模经济的优势。大规模生产也可以深化分工，而细分工作岗位可以缩短工人熟悉工艺的时间，并使他们能够更为熟练、快速地完成工作。要发挥规模效应，离不开每一个岗位的各司其职和分工合作。

企业规模的扩大，有利于进行技术开发和创新，有利于提高市场占有率；企业资产总量的增大，有利于实现资产形式的多样化，有利于增强企业的市场竞争力和应付市场环境变化的能力。特别是在市场竞争日趋激烈的情况下，企业规模的扩大，有利于相对较大的资本投入到技术开发和广告宣传上。然而，物极必反，大企业也存在组织层级过多、管理链路过长、对市场需求变化反应迟钝等问题。

生产和经营规模扩大看中的是规模经济带来的红利。规模经济是指企业生产和经营规模扩大而引起的成本上的节约。规模经济的产生来自以下几个方面：第一，生产规模扩大，可以采用大型先进设备，使产量增加，投资减少，成本下降。第二，专业化分工带来的效益。生产规模扩大，在企业内可以实现充分的分工，从而提高劳动效率。第三，能够充分利用经营资源。企业在其发展过程中积累了大量的经营资源，如经营管理的经验、市场交易方法，以及收集信息和研究开发的力量等，这些资源可以在大企业中得到充分的利用。第四，融资上带来的效益。企业生产规模大，融资信度高，便于融资，可以以较低的费用取得贷款、发行股票和债券来筹集资金。

集权化

集权化是指组织中决策权的集中程度。在集权化组织中，高层的管理者保持着相对高的决策权力，几乎所有重大决策都由高层管理者决定。多种的、复杂的业务通过集权化，可以有效综合协作，并推动信息流动和知识分享，在公司内部实现有利于体现规模经济和范围经济的合作。集权型企业组织的优点是有利于集中领导、统一指挥，提高职能部门的管理专业水平和工作效率；缺点是限制了中下层人员积极性的发挥，延长了信息沟通的渠道，使组织缺乏对环境的灵活应变性。

中央集权成为工业革命各国先进的企业管理方法。所有工业国家都发展了中央集权化，形成了全国性综合经济，产生了全新的集权管理方式。集权化的典型示例：工业化国家中央银行的建立，集中控制货币与信贷。1694年，威廉·巴特松组建了英格兰银行；1800年，法兰西银行成立；德国的国家银行、美国的联邦银行（美联储的前身）也相继成立。

四、工业革命的阶段划分

18世纪下半叶，一系列工业革命相继而来。工业革命的本质是生产关系的变革，背后的根本原因是原有的生产关系束缚了生产力的发展。这些革命标志着肌肉力量逐渐被机械力量取代，并发展到今天的第四次工业革命，认知能力的提高正在促进人类生产力的进一步提升。四次工业革命如图1-9所示。

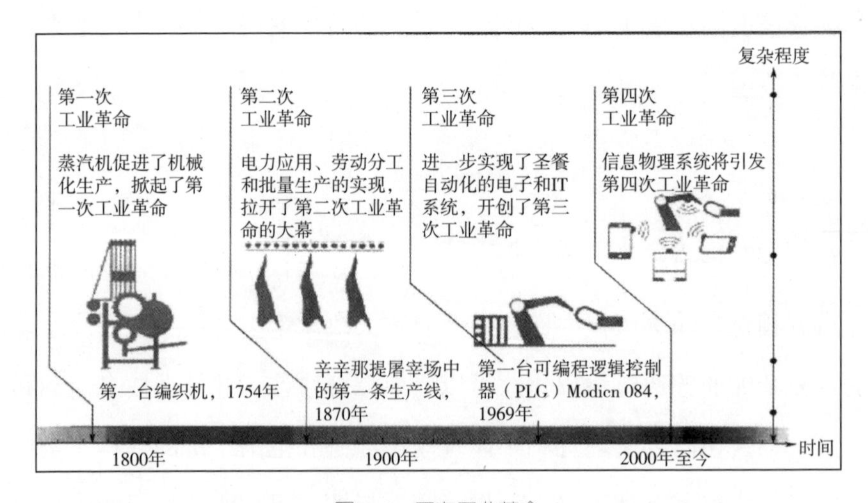

图1-9　四次工业革命

注：引自《把握德国工业的未来：实施“工业4.0”的建议》[13]

第一次工业革命（机械化）

第一次工业革命大约从1760年延续至1850年。由蒸汽机的发明和铁路建设触发的这次革命，引领人类进入机械生产的时代。

第一次工业革命发生的背景是依靠人力生产为主要系统遇到了发展的瓶颈，受限于人力的边际生产力，人类社会在不断重复着周期性的增长规律长达数千年后，依然没有突破生产力发展的瓶颈，急需新的技术带来生产力的解放。1773年，机械师约翰·凯伊发明了“飞梭”，大大提高了织布的速度，纺纱顿时供不应求。1765年，织工哈格里夫斯发明了“珍妮纺纱机”，首先在棉纺织业引发了发明机器，引起技术革新的连锁反应，揭开了工业革命的序幕。1785年，詹姆斯·瓦特制成的改良蒸汽机的投入使用（1789年获得专利），提供了更加便利的动力，得到迅速推广，大大推动了机器的普及和发展。新的棉纺机和蒸汽机要求增加钢、铁和煤的供应量，这一需求通过采矿和冶金技术方面的一系列革新得到了满足。纺织业、采矿业和冶金业的发展引起对改进运输工具的需求。1830年，第一条商业化铁路开通，连接了利物浦与曼彻斯特，从此人类的交通运输业进入一个以蒸汽为动力的时代。蒸汽机开启了工业革命的所有进程，这一进程催生了工厂和大规模生产、铁路和大规模运输时代的到来[2, 8]。

第二次工业革命（电气化）

第二次工业革命始于19世纪70年代，延续至20世纪初，以科学在工业上更直接的应用和大规模生产技术的发展为特征。

由于技术的局限性，离散化生产的效率很低，成本高昂，受这两个因素的制约，工业产品并没有真正成为大众消费品，这样的状况持续了一百多年。使更多的人享受工业革命的红利并释放这部分的市场潜能成为第二次革命的需求。1866年，德国人西门子制成了发电机，到了19世纪70年代，实际可用的发电机问世。19世纪七八十年代，人类进入了电气时代，电灯、自动电报记录机、电话、电影放映机等相继问世。电力大大提升了制造业的生产能力，不仅可以支持功能强大的机器，还可以点亮工厂、办公楼、仓库，并引领了进一步的创新——比如空调，它使闷热的工作场所变得凉爽舒适。以煤气和汽油为燃料的内燃机相继诞生，1885年德国人卡尔·本茨成功地制造了第一辆由内燃机驱动的汽车。内燃机的发明，推动了石油开采的发展和石油化工工业的产生。1908年，美国人亨利·福特在生产T型车时，实现了零件的互换和简单的连接操作。正是这样的生产创新，让组装线的建立变得有可能。1913年春，在底特律高地公园新工厂，引进流动组装线（流水线），开启了大批量生产的时代。流水线的使用，在生产效率和成本上实现了汽车的大规模生产，使汽车真正成为大众消费品。福特等人主导的流水线生产方式对现代工业的影响极大。从20世纪开始，流水线进入了制造业相关的各行各业，这给社会的经济结构带来了一系列的影响。到了20世纪五六十年代，规模化生产方式已成为制造业生产方式的主流。

以美国为例，汽车制造业一直是美国经济腾飞的主要动因。它生产规模大，创造了成千上万个工作岗位，为石油、钢材、轮胎、玻璃和机床打开了市场。随之兴起的还有其他服务型行业，比如汽车修理、交通运输、金融和汽车保险等。汽车工业的发展，刺激了社会对道路、桥梁、郊区制造基地、车库及停车场等实体基础设施建设的要求，使美国经济进一步发展。较之以往包括铁路运输在内的其他技术，汽车工业的发展给美国带来的影响更为深刻，它使美国的面貌焕然一新。

第三次工业革命（信息化）

第三次工业革命始于20世纪50年代。这一次革命以原子能、电子计算机、空间技术、生物工程的发明和应用为主要标志。

两次世界大战后开启的第三次工业革命开创了信息时代，全球信息和资源交换更为迅速，大多数国家和地区都被卷入到全球化过程中，世界政治经济格局进一步确立，人类文明的发达程度也达到了空前的高度。催生这场革命的是半导体技术、大型计算机（20世纪60年代）、个人计算机（20世纪70 ~ 80年代）和互联网（20世纪90年代）的发展。

1952年美国麻省理工学院试制成功世界上第一台数控（Numerical Control-NC）铣床，不同零件的加工只改变NC程序即可，有效地解决了工序自动化的柔性问题，揭开了柔性自动化生产的序幕。1958年数控加工中心问世。1962年在数控技术基础上研制成功第一台工业机器人，并先后研制成功自动化仓库和自动导引小车，实现了物料搬运的柔性自动化。与此同时，计算机辅助设计（CAD）、计算机辅助制造（CAM）等软件开发与应用，开启了数字化产品定义的时代。20世纪70年代初研制成柔性制造系统（FMS）。随着先进制造技术、装备的发展，以计算机集成制造系统（CIMS）为代表的先进制造模式应运而生，极大地提高了现代制造业的生产能力，为人类社会提供了种类丰富的产品，人民生活水平显著提高。在这次工业革命过程中，以可编程逻辑控制（PLC）和计算机数控为代表的数字化技术开始广泛应用于工业系统中，自动化集成系统开始逐渐代替人的操作。数字化、集成化、网络化、智能化等先进制造技术、系统支持制造业走向客户化定制生产。目前，工业机器人自动化生产线成套设备已成为自动化装备的主流及未来的发展方向，融入先进制造系统中，引领制造业开启了第四次工业革命的征程。

第三次工业革命以控制技术和信息技术为代表，使得生产效率进一步提高，自动化的设备取代了人的重复性劳动，加工精度和产品质量得到了革命性提升，生产的精细化和复杂程度得以提高，人与人之间的交流更加高效，运维和管理的成本得以降低，在进一步解放人的体力劳动的同时也代替了一部分脑力劳动。第三次工业革命带来了两项变革，即数字化和网络化。这两者的到来使得组织要素不再仅依靠制度和文化，协作的范围也从一个工厂内部扩展到全球，以信息和自动化系统实现全流程的管理和执行使得组织要素的边际生产力得到本质提升，信息成为核心的生产要素。

前三次工业革命发展过程带来的启示是，每一次工业革命的根本原因在于原有技术体系下的生产要素已经无法满足生产力的发展需求。在这种需求的推动下，新的使能技术的诞生帮助人们突破了限制生产力发展的瓶颈，同时，伴随着新的基础设施的发展，新技术的红利得以快速普及[14]。

第四次工业革命

第四次工业革命始于这个世纪之交，是在数字革命的基础上发展起来的，以人工智能、清洁能源、量子信息技术、生物技术等为主的技术革命。

第四次工业革命也称为工业4.0，这一概念最早在2011年的汉诺威工业展上提出，它描绘了制造业全球价值链将发生怎样的变革。第四次工业革命通过推动“智能工厂”的发展，在全球范围实现虚拟和实体生产体系的灵活协作。这有助于实现产品生产的彻底定制化，并催生新的运营模式。2013年，德国在汉诺威工业博览会上推出“工业4.0国家战略”，这被认为是人类第四次工业革命的开端，也开启了各个国家在新一轮产业革命中竞争的序幕。世界各主要经济体纷纷从自身的现状与优势出发，制定了新一轮制造业革命的国家战略。

第四次工业革命绝不仅限于智能互联的机器和系统，其内涵更为广泛。从基因测序到纳米技术，从可再生能源到量子计算，各领域的技术突破风起云涌。这些技术之间的融合，以及它们横跨物理、数字和生物几大领域的互动，决定了第四次工业革命与前几次革命有着本质不同。在这场革命当中，新兴技术和各领域的创新成果传播的速度和广度要远远超过前几次革命。事实上，在世界上部分地区，以前的工业革命还在进行之中。

第四次工业革命是以智能化为核心的工业价值创造革命，要解决的问题是生产力的进一步升级和解放导致生产过程和商业活动的复杂性和动态性已经超过了依靠人脑进行分析和优化的能力，因此需要智能化的技术代替人的智力进行复杂流程的管理、庞大数据的运算、决策过程的优化和行动的快速执行。它与前三次工业革命最大的区别在于：不再以制造端的生产力需求为起点，而是将用户端的价值需求作为整个产业链的出发点；改变以往的工业价值链从生产端向消费端；从上游向下游推动的模式，从用户端的价值需求出发提供定制化的产品和服务，并以此作为整个产业链的共同目标，使整个产业链的各个环节实现协同优化。

今天，制造业已经迈入智能制造的时代。同过去相比，互联网变得无所不在，移动性大幅度提高；传感器体积变得更小、性能更强大、成本也更低；与此同时，人工智能和机器学习也开始显露锋芒。制造业可以利用这些新的技术，解决知识的产生、利用效率以及规模化的瓶颈，使得整个工业系统以最优化的协同方式释放最大的能力，从而实现价值创造的突破。

五、小结

工业革命是近代工业化的实际开端，是传统农业社会向近代工业社会过渡的转折点。工业革命是以机器取代人力，以大规模工厂化取代个体工场生产的一场生产革命。工业革命是人类历史上伟大的飞跃，工业革命所建立的文明，成为延续了几千年的传统农业文明的终结者，并从根本上变革了农业文明的所有方面，完成了社会的重大转型。

进入工业文明时代，人类不仅从根本上提高了社会生产力，创造了农业文明时代无法比拟的巨量的物质财富和精神财富，完成了社会经济、政治、文化以及人的生存方式等方面的历史性变革，还从根本上改变了人与自然的关系，使人类有史以来第一次走出了自然笼罩的阴影，取得了对自然的伟大胜利，成为自然的主宰者和支配者。人类开始利用先进的工具、技术，尽情地享受大自然赋予的淡水、森林、土地、矿藏等资源，生活水平得到前所未有的提高。农业、牧业、渔业、交通、通信等的现代化，丰富了人类生存的物质基础，扩大了人类活动领域。每一次工业革命的根本原因在于原有技术体系下的生产要素已经无法满足生产力发展的要求，在这种需求的推动下，新技术的诞生会帮助人们突破限制生产力发展的瓶颈。经过二百多年的发展，工业文明为人类创造了空前的财富。以追求规模经济效益、强化人的作用为主要特征的工业文明依赖于各种资源，包括不可再生资源，不顾一切地掠夺自然资源。此时的人类已不再满足基本的生存需求，而是不断追求更为丰富的物质和精神享受。

未来，随着基因工程、纳米技术、人工智能等迅猛发展，以智能制造为代表的第四次工业革命将从根本上改变制造业的生产方式，大幅度提升制造业的生产能力，创造更大的价值空间，为人类提供丰富多彩、五花八门的产品与服务，为人类提供更加舒适、完美的价值体验。

1.3 文明的度量

多年来，西欧的许多专家、学者通过定量和定性的方法，建立许多数学模型，尝试解释西方缘何主宰世界的问题。伊恩·莫里斯认为这样做毫无意义，他提出真正需要讨论的问题是“社会发展”的问题，也就是社会通过影响物理、经济、智力等自然环境和知识环境以达到相应目标的能力[17]。伊恩·莫里斯所著的《西方将主宰多久》一书从独特的视角[18]，大胆地尝试了一种量化人类发展进程的方法，并在其姊妹篇《文明的度量》中给出了这种度量的计算和指数取值方法。莫里斯用4个指数来计算社会发展的量化指标，即能量获取（每个人从社会环境中获得的卡路里，主要用于食物消耗、家庭和商业消费、工农业生产，以及交通运输）、社会组织（最大城市规模）、战争能力（军队的数量、武器的发射速度和打击能力）以及信息技术（共享和处理信息的工具、能力以及使用程度）。当然，该度量方法也受到了专家、学者们的质疑。正如莫里斯在《文明的度量》中提及的：写此书的目的是给批评《西方将主宰多久》的人提供“炮弹”，他们需要这些“炮弹”对书中给出的结论进行系统的分析。

历史的经验告诉我们：科学技术的发展并非是匀速的，重大的科技突破常常酝酿很长的时间。在这段时间里，人们发现技术进步是一个缓慢的量的积累，有人把它称为相对停顿的状态，因为这个阶段一切发展都是平衡的。但是当这些量的积累到一定程度后，科技在短时间内获得单点突破，然后科技全面迸发，这便是拐点。在这些拐点上，原有的平衡被迅速打破，人类从此进入一个新的时代。为了理解技术拐点的含义，我们借用莫里斯的社会发展的度量方法。这样做，不是为了分析、评价该度量方法选择的影响因素是否合理、数值结果是否精确，更不是关注“西方”的发展是否快于“东方”，以及西方缘何主宰世界，而是将关注的重点放在该方法能否恰当地预示社会发展的趋势，展示社会发展与科学技术发展的关系。用该方法绘制的图表可形象、直观、量化地显示科学技术在不同的历史时期发挥的作用（特别是在某个特定的时期，如瓦特改造了蒸汽机），并有助于进一步预测人类社会未来的走向和科学技术的发展趋势。

依据埃里克·布莱恩约弗森的《第二次机器革命：数字化技术将如何改变我们的经济与社会》一书中提供的数据图表[19]，对照莫里斯《西方将主宰多久》的分析说明，我们可以获悉：人类社会发展呈指数形式，在数千年的漫长时间内它的增长是十分缓慢的，可是到了某一年（天），量变积累到一定程度产生了质变，“拐点”出现了。莫里斯用借黑贷未能及时偿还而累积到“800万美元”（每周翻1倍）的一杯咖啡，形象地阐明了指数增长曲线的发展规律。未来学家雷·库兹韦尔在“*The Age of Spiritual Machines: When Computers Exceed Human Intelligence*”①中讲述了一个古老的故事——国际象棋发明者与国王的故事，同样强调了当进入“棋盘”的另一半时，数据的量级将会变得无法想象。

---

① 该书的中文版《机器之心：当计算机超越人类，机器拥有了心灵》由中信出版社2016年出版发行。

如图1-10、图1-11所示，经历了数千年的农业革命后，大约在二百多年前的某个时候，剧变发生，拐点出现了，人口和社会发展使人类历史的发展曲线几乎弯曲了90度，引发那个拐点的是詹姆斯·瓦特和他的伙伴。

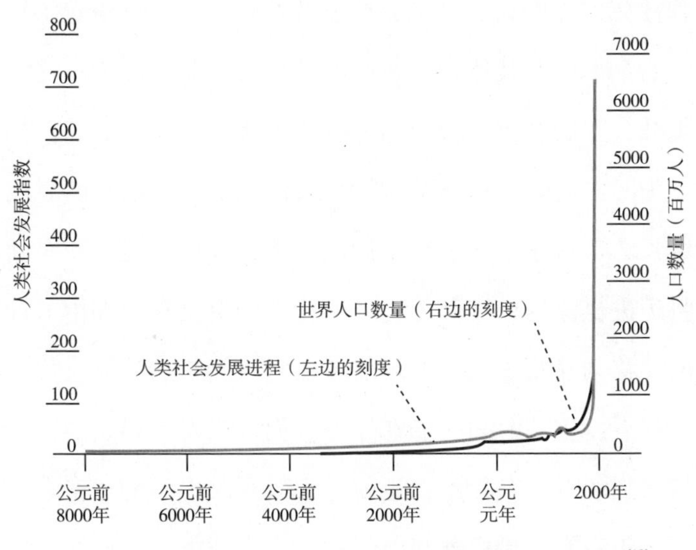

图1-10 从数据上看，人类历史的大部分时期都是让人乏味的[19]

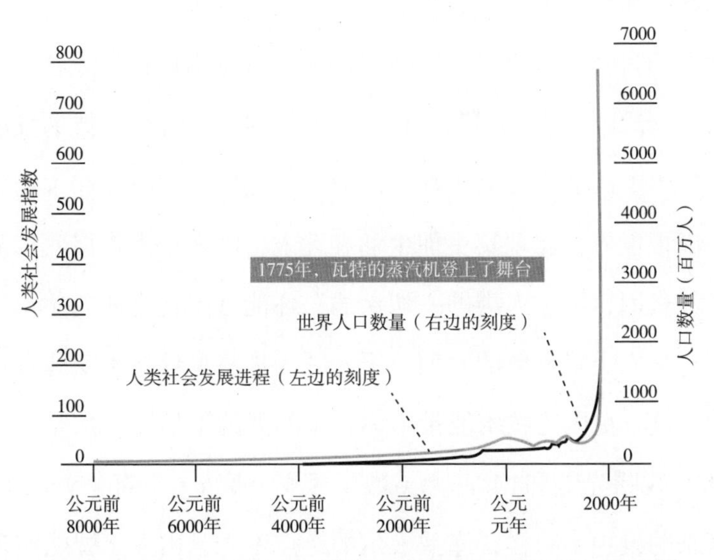

图1-11 是什么大大改变了人类历史发展的曲线？答案是工业革命[19]

改良的蒸汽机开启了工业革命的所有进程，它超越了所有的技术进步，克服了人类与动物肌肉力量的限制，让人类可以随心所欲地使用能源产生的动力，开启了人类现代意义上的生产和生活。18世纪末期的这一突然的转折，也和社会大发展契合：工业革命开始了，它几乎集聚了机械工程、化学工业、冶金术以及其他行业所有的社会发展刺激因素。这些技术发展推动了人类社会发展突然、快速而持续性进步。按照此方法，如果以第一次工业革命为时间起点，重新绘制社会发展曲线，相信开始时该曲线也是相对缓慢增长的。科学技术迅猛发展的今天，我们正迈向一个新的时代，相当于即将迈进棋盘的后半部分，新的拐点将要出现，即由云计算、大数据、物联网、移动互联等引发的智能革命将人类带入智能时代。与前一个拐点相比：拐点发生的时间间隔在缩短，而未来发生拐点的时间间隔将会更短。即将来临的下一个拐点，也就是大家耳熟能详的“奇点”将何时发生？也许数十年后有一天机器智能将超过人类智能，并最终从根本上改变我们的存在（如果人类没有被终结）。

最优秀的科技预言家雷·库兹韦尔在《奇点临近：当计算机智能超越人类》（2005年）一书中写道，在未来40年的某个时候，技术发展迅猛异常，将从根本上改变人类的生存，撕裂历史的脉络。机器和生物会变得难分彼此；虚拟世界会比现实更加生动和迷人；纳米技术将促使按需制造，终结饥饿和贫困，治愈人类的一切疾病；你能够阻止身体老化，甚至实现逆转。那将是人类最重要的时期，不光因为你将见证技术变革真正让人目瞪口呆的速度，更因为技术能带给你长生不老的工具[25]。那是“奇点”时代传来的一线曙光。和I.J.古德（数学家）、弗诺·文奇（Vernor Vinge）对加速未来的设想不一样，库兹韦尔的奇点不光是由人工智能实现的，而是三种技术——基因工程、纳米技术和机器人技术（指人工智能）——共同进步，汇聚到一点。I.J.古德于1965年在论文《对一台超级智能机器的一些推测》（*Speculations Concerning the first Ultraintelligent Machine*）中提出“智能爆炸”。弗诺·文奇（讲演报告《即将到来的技术奇点》，1993）则是第一个正式使用“奇点”一词的人。詹姆斯·巴拉特（James Barrat）（《我们最后的发明：人工智能与人类时代的终结》的作者）说：发明家雷·库兹韦尔（Ray Kurzweil）和机器人先驱罗德尼·布鲁克斯（Rodney Brooks）将我们的未来与智能机器共存的前景描绘成了一幅浪漫热烈的图画[26]。

第四次工业革命（智能时代）已来临，埃里克·布莱恩约弗森把这次工业革命称为“第二次机器革命”。依据莫里斯的社会发展指数，这一场由智能技术引领的变革将会给社会带来巨大的收益，人类能够消费（物质和精神）的种类和体量都会大大增加，技术给人类带来更多的选择，使大家享受丰富多彩、完美的体验。当然，数字化、网络化、智能化也会给人类带来一些棘手的挑战。技术进步会把某一些人抛在后面，而且随着技术的不断进步，还会有更多的人被抛在后面。面对21世纪的全球化、网络化、协同化、智能化，制造业新商业模式、组织形式、生产方式、价值创造等将会发生什么样的变化呢？如果从生产力角度看，究竟是什么样的生产方式才能与智能时代的生产力相适应，从而保证社会经济繁荣、稳定、健康、持续发展，实现人类追求美好生活的愿景。

第2章 CHAPTER 2 生产方式的变迁

生产方式是企业资源的配置方式，管理方法和生产技术手段则应与之相适应。随着经济环境的变化，生产管理方法和生产技术手段必然随之发生变化，生产方式也不断发生变革。研究生产方式的变迁，对寻求提高生产系统效率的管理手段与方法、建立有效的生产系统管理体制具有重要意义。不同的社会发展历史阶段，其主要的生产方式也不同。生产方式的内涵应该包括两个方面的内容：第一是劳动者采用什么样的劳动资料进行物质生产（生产的技术方面）；第二是劳动者采取何种劳动组织形式进行生产活动（生产的社会方面）。这两个方面作为生产方式的两个具体内涵彼此之间不是孤立的，而是有机地联系在一起的，无论劳动者使用什么样的生产资料（劳动资料和劳动对象），他们的生产过程都必须通过一定的劳动组织来进行；无论生产过程以什么样的劳动组织来进行，它都必须以劳动者使用一定的生产资料为基础。也就是说，劳动者使用的生产资料的状况决定着生产过程中劳动组织形式的状况。

在人类社会之初，由于劳动资料极其简陋，人们在生产过程中的组织方式自然也就非常简单，仅仅是以性别和年龄的自然分工为基础的共同劳动。后来，随着劳动工具的发展，才逐渐产生了简单协作的生产组织形式。作为简单协作的典型形式的初期工场手工业，机器在各个生产部门中还不起重大的作用，所以那个时候的生产组织形式仅仅是“以人为机器的生产结构”。只有当社会中的主要劳动工具取得机器这种物质的存在方式以后，机器生产体系才逐渐代替了以人为机器的生产体系，生产过程的组织形式也逐步趋向于科学化和社会化。

生产方式的变迁是一个生产方式的替代、转换和交换过程。正如约瑟夫·派恩所言：“一种范式失败之日，就是转向另一种范式之时”，这里的范式即科学家托马斯·库恩所说的“得到公众认可的典型模式”。也就是说，一种生产方式的改变，意味着另一种生产方式的兴起与发展。例如：第一次世界大战之后，亨利·福特和通用汽车的阿尔弗雷德·斯隆将世界生产由几百年的手工艺生产方式（由欧洲企业主导），引导到大批量生产的时代。其最大的影响，就是美国很快统领全球经济。生产方式的变迁取决于很多因素：变化的市场需求，变化的客户需求，市场的经济周期及其不确定性，替代品的数量，消费者购买力的增强，科技进步，管理技术的不断创新，等等，这些都是会引起生产方式的某些改变，直到一种范式逐渐取代另一种范式（原生产方式不一定消亡，只是不再是社会经济生活的主宰）。机械化代替手工，大规模生产代替简单的机械化，多品种、小批量生产代替大规模生产，以及未来客户化定制的精益、敏捷、智能化生产等不断发展都是社会发展、科技进步的结果。

生产方式进化的动力因素主要由三方面组成：一是科技进步，二是经济发展，三是效益提高。效益提高对生产方式进化具有“驱动作用”，科技进步对生产方式进化具有“推动作用”，而经济发展对生产方式进化具有“拉动作用”。在以上三动力因素的共同作用下，生产方式发生着从低级到高级、从落后到先进的跃升。

2.1 手工生产方式

农业文明持续了数千年，经济发展水平相当落后，生活水平也相当低下。在生产工具和生产动力等因素的严重限制下，基本还是“刀耕火种”状况，生产制造也只能建立在当时极为落后的制造技术之上，制造技术是当时生产制造的最大“瓶颈”，“能够制造”也就成了当时最重要的生产策略。要多制造商品，就需要多雇人，而人能提供的动力是有限的。由于土地的束缚，从土地中解脱出来的人数也是有限的。在这样极为低下的生产制造条件下，组织生产活动只能采用家庭作坊式手工生产方式，人们的物质生活需求严重得不到满足。手工化时期，生产力的基本要素是：技能单纯的劳动者，粗糙简陋的生产工具，品种极少的劳动对象。生产力结构也很简单，在小农经济中，社会生产力整体近似于个体（家庭）生产力单元的简单相加之和。

单件手工生产方式，是人类经历的第一种生产方式。其主要特征是使用手工工具，以手工劳动和手工技艺为主。通常生产是建立在消费者需求的基础上一次完成的。手工艺生产商雇用非常熟练的工人，使用简单但非常灵活的工具，根据客户定制需求，每次只制作一件商品。在这一生产方式下进行的生产活动，生产动力（能源）主要是人力，局部利用水力和风力，多数在手工操作下完成，没有或很少使用机器生产。在制造技术制约下，依靠“能工巧匠”的专门技能只能加工较少种类的产品。因采用的是手工或简单的低级机械化生产，生产率极低，批量也很小，几乎都是单件生产。

家庭手工业组织形式简单，基本上不需要组织费用，具有一定的活力和动力，因而它是一种有效的组织形式。但是，随着生产力和分工的发展，工业生产内部开始出现了生产社会化的萌芽，主要表现在：手工工具的专门化，手工业生产过程可分性的明朗化，产品由独立手工业者的个人产品变成手工业者联合产品的条件逐步成熟。这样，客观上就要求微观经济组织形式必须进行变革，以适应社会生产力发展的需要，于是手工工场便应运而生了（见图2-1）。手工工场与家庭手工业相比，是企业制度的一种突破，因为它是建立在分工协作的基础上的，这时为了使生产过程能够连续下去，就必须组织协调各部分生产活动。从世界经济发展史来看，16世纪末期到18世纪中期，手工工场这种企业组织形式在工业生产中占主导地位。手工工场在生产过程中引进分工、发展分工，并把过去相互独立的手工业者结合在一起从事协作劳动，它推动生产发展与效率提高的同时，也促进了生产的进一步社会化。

图2-1 手工作坊
（选自《天工开物》）

直到18世纪中叶，工业生产过程才首次形成。1765年瓦特蒸汽动力机的发明，提供了比人力、畜力和自然力更强大的动力，促使纺织业、机器制造业取得了革命性的变化，引发了工业革命，并在亚当·斯密（Adam Smith）的劳动分工（ 1776 年）和工具机的基础上，出现了手工工场式的制造厂，生产率有了较大提高，拉开了近代工业化生产的序幕。由于人们将注意力集中于一两种简单的操作，来摆脱笨重艰苦的劳动，相比持续几千年的家庭手工业，提高了效率，改善了产品质量。机器的采用，使制造业由“家庭系统”的简单“劳动分工”发展到人们在“工场”中进行“专业化”生产。到了19世纪，随着机器工业发展，“工厂系统”已逐渐形成。

今天，从定制的家具、装饰艺术品，到限量版的运动跑车等，为大家提供了很好的手工工场生产实例。

不过，手工工场这种生产方式，以机械化通用设备为主，工人进行手工操作，机器自动化程度不高，与大批量生产相比，产品的产量仍然非常低，生产的品种也不多，质量没有保障，而制造成本很高。零部件之间互换性差，没有两件产品是完全一样的。这种生产方式在工业化初期非常盛行，主要因为其所需的管理简单，更是受生产力水平的限制。归纳起来，手工工场生产有以下特点[31]：

- 工作人员在设计、机器操作和装配方面都非常熟练。大多数个人从实习生开始，逐渐成长，能够掌握一系列手工技术。很多人希望能够拥有自己的手工作坊，成为主制造商的分承包商。
- 尽管公司都在一个城市，但十分分散。大多数零件以及产品的设计来自小型手工作坊。系统由老板/企业家与大家直接联系协调，包括客户、员工和供应商。
- 利用普通的机床，进行金属和木头的钻孔、切割以及其他加工。
- 产量十分低下，质量不稳定，产品成本高。

以19世纪末的汽车生产为例，每年生产大约1000辆或者以下的汽车，其中只有少数汽车是按照同样的图纸制造的。即使是在50辆车中，也不可能有两辆车会一模一样、毫厘不差，因为手工技术本身就存在差异。截至1905年，离法国巴黎潘哈德勒瓦瑟机械制造公司（Panhard et Levassor，P&L）生产第一辆汽车取得商业成功不到20年的时间里，西欧和北美有数百家公司开始采用手工技术小批量生产汽车。手工生产的缺点显而易见，生产成本高，且成本不会随着产量增加而减少，这就意味着只有富人才能买得起汽车（奢侈品）。此外，每辆车都是模型车，一致性和可靠性都变幻莫测（这也是困扰当今最杰出的手工产品——人造卫星和美国宇宙飞船的问题）。也就是说系统缺乏系统测试，不能够保证持久性和稳定性，从而确保产品质量。虽然，汽车行业在第一次世界大战之后进入了大批量生产，然而几家手工生产汽车的公司仍幸存至今。它们着重于一小块高端奢侈品市场，在需要独一无二的外形和想拥有与工厂直接交涉机会的客户中受到欢迎。例如，阿斯顿马丁（Aston Martin）凭借小众和独特定制而存活下来，以客户所需的手工技术生产汽车，卖出高价。在其车身车间里，技术熟练的钣金工用木块（木榔头）敲打铝板，来制作铝板车身。

手工工艺生产时代最致命的一点是那些承担大部分生产任务的独立作坊无法发展新的科技。独立的手工艺者根本没有资源来追求基本的创新。真正的科技进步要求系统地研究，而不仅仅是简单的敲敲打打。技术、经济发展到今天，原始的单件生产已经基本淘汰。但是，单件小批生产的一些做法仍然对企业生产管理具有借鉴作用。单件生产虽然规模不大，但可充分利用贴近需求、灵活应变的能力，最大限度地满足客户。

2.2 大批量生产方式

18世纪的工业革命不但为资本主义制度的确立铺平了道路，而且为手工工场向工厂的过渡奠定了物质技术基础。工厂制度的确立使企业组织形式的演变进入了一个新阶段，和手工工场相比，这是一种巨大的进步。表现在：第一，手工工场的技术基础是手工的，管理组织也是经验型的，而在工厂制度中，物质技术基础是机器生产，管理协调强调要求运用科学知识来指导；第二，与工场手工业相比，机器大工业的出现，一开始就要求较大规模的生产和经营，要求较大的资本，因为机器本身的性质决定了只有扩展到一定的规模才具有经济性；另外，与手工工场相比，工厂制度具有很大的扩张性。一部分的变革、发明必然引起或带动相关行业的变革，部门的前向和后序联系，使得国民经济成为一个整体。

1908年，亨利·福特在生产T型汽车时，实现了零件互换和简单的连接操作。为了最大限度地利用劳动分工，亨利·福特把T型车生产分成7882道工序，使得每道工序的任务变得非常简单，而且装配线上的工人像汽车上的零件一样，可以互换。1913年，亨利·福特在自己的汽车公司内，首先推行所有零件按一定公差加工，使得装配汽车时不再需手工修配。然后进一步把汽车装配工作分解为几种简单操作，每个工人只承担每种操作的一小部分，流水装配线的传送带自动把待装的汽车送到每个工位，这个工位上的工人只需执行几个简单的动作，而待装的汽车经过所有的工位后，便完成整个装配任务。这就是福特创立的用于大量生产廉价T型汽车的专用流水线，它标志着大批量生产方式的诞生，实现了生产方式的一次伟大变革。福特汽车生产线如图2-2所示。大批量生产的关键并不是像当时和现在的人们所想的那样在连续流动的组装线上，而是完整和持续的零件互换以及简单的相互连接操作。为了实现零件互换，福特坚持在整个生产流程中每个相同的零件使用同样的测量系统。正是这些生产创新，让组装线的建立变得有可能。从生产的效率来说，“可互换零件”这种方式使用的能耗和人工更少，却可以生产更多的产品。1915年，福特在工厂内实现了所有的功能，即完整的纵向整合（也就是说从原材料开始自己生产所有零件）。大批量生产方式由于采用专业化分工和流水作业，使生产效率大幅度提高，同时结合零部件的标准化，使生产成本大幅度降低，是一种大批量的经济规模的生产方式。福特等人主导的流水线生产方式对现代工业的影响极大。从20世纪开始，流水线进入与制造业相关的各行各业，给社会的经济结构带来了一系列影响。例如，采用标准化和流水线大量生产低价工业品，使很多原本的奢侈品变为生活必需品，并以此来刺激消费。

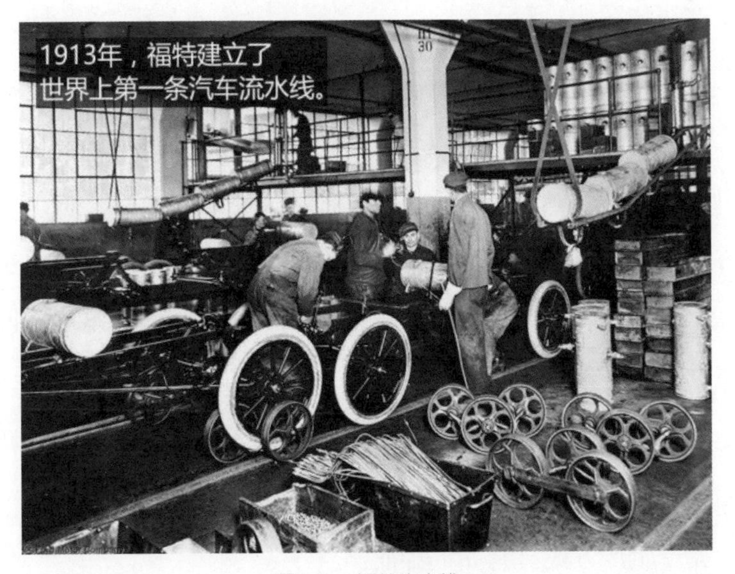

图2-2　福特生产线

大批量生产也被称作重复生产，是那种生产大批量标准化产品的生产类型。生产商可能需要负责整个产品系列的原料，并且在生产线上跟踪和记录原料的使用情况。此外，生产商还要在长时期内关注质量问题，以避免某一类产品的质量逐步退化。大批量生产技术有两种：一种是制造标准的、可以互换的零件，然后以少量的手工劳动把这些零件装配成完整的单位（适用于离散制造业）。另一种生产技术是借助先进的机械设备处理大量的原材料，例如：钢铁工业（也就是我们熟知的离散、流程混合工业）。美国是大批量生产技术的先驱，世界各国纷纷学习和效仿这一方式。到了20世纪60年代，这一生产方式已成为主流，至今在汽车工业、电子工业等领域仍被采用的汽车自动化生产线如图2-3所示。

图2-3 汽车自动化生产线

大批量生产商采用熟练的专业人员来设计产品，然后用不熟练或半熟练的工人在贵重且用途单一的设备上工作，大批量地炮制出标准产品。由于这些机器的成本非常高，并且抗中断能力差，大批量生产商加入了许多缓冲元件——额外的供应、额外的员工和额外的空间——来确保生产的顺利进行。由于生产新的产品会需要更多投入，因此，大批量生产商尽可能久地保留已有标准的设计。其结果是消费者得到了更便宜的商品，但付出的代价是品种选择相对较少，并且大多数工作人员会觉得工作单调、士气低迷。图2-4是电影《摩登时代》中工人在流水线上工作。

大批大量生产方式具有如下特征：

（1）市场环境特征：以规模化的需求和区域性的卖方市场为主，市场需求比较单一。

（2）管理组织特征：多级递阶控制的组织结构，形成一个上层决策、中层管理控制、下层执行的宝塔。

图2-4 电影《摩登时代》剧照

（3）竞争模式：降低成本是大批量生产方式企业的主要竞争策略。竞争手段在企业成长上表现为扩张、联合和兼并等，从而形成合理规模，以求实现规模效益的持续增长；在企业销售环节，采用以统一传送、大量连锁销售为典型代表的大批量销售技术。

（4）资金投入特征：资本高投入和教育、科技的低投入。大量资金投入在土地、建筑设施和设备及原材料；员工继续教育资金投入较少；企业新产品开发任务较少，单位产品科技含量低。

（5）生产系统特征：生产的产品品种单一，生产能力稳定，生产计划、实施与控制较容易，在企业生产过程中是采用以刚性流水线为典型代表的低成本生产技术，质量易于控制，设备维修以预防维修为主。

因此，从总体上看，这种生产方式下的生产系统是静态、相对封闭的刚性系统[27]。

自大规模生产方式问世、蓬勃发展，到今天也不过一百余年。吸收福特工厂的实践经验，加上斯隆的营销和管理技巧，再混合有组织的管理工作分配和工作任务的新角色，就看到了大批量生产的最终的成熟形态。数十年来，这种系统无往不胜。20世纪50年代，在亨利·福特开创了大批量生产三十多年之后，这种在美国已极为常见的技术才传到其他国家。不过，福特设计的第一条汽车生产线与现在的完全不一样，那条生产线要完成由铁矿石制造成汽车的每一个步骤，即从炼钢开始第一个生产步骤。这样的生产模式使得建立工厂成为一项耗资巨大的工程，且每设计一个新的工业产品要投入的建设成本也非常巨大。这也造成了工业品的创新成本高昂，使得产品的种类单调，迭代速度也很缓慢。20世纪80年代，欧洲制造企业不断发现简单复制美国的大批量生产存在的问题，开始寻找先进的、适应于多品种、小批量生产的模式，并把目光关注到日本汽车行业开发的一套全新的制造产品的方式上——精益生产[31]。

20世纪，大规模生产模式在全球制造业领域曾占据统治地位，一度极大地促进全球经济的飞速发展，使整个社会进入到一个全新的阶段。今天，随着世界经济的日益发展，市场竞争日趋激烈，消费者的消费观和价值观越来越呈现出多样化、个性化的特点，随之而来的是市场需求的不确定性越来越明显，大规模生产方式已经无法适应这种瞬息万变的市场环境。

2.3 多品种、小批量生产方式

随着科学技术的进步，人们的生活条件不断改善，消费者的价值观念变化很快，人们对新奇商品的占有欲望与日俱增，消费需求日趋主体化、个性化和多样化。而伴随信息革命（第三次工业革命）的到来，企业之间的竞争也趋向全球化。大批量生产需要建立流水线生产品种单一的产品，为了生产不同的产品就必须建立新的生产线，因而大规模流水线极大地提高了生产制造工业品的边际成本，也就是建立生产线、筹措资金、大量招聘个人的成本上升。这样，面对空前激烈的市场竞争和迅速变化的市场环境，大批量生产方式难以适应，便逐渐丧失其优势，很多制造厂家竞相推出一些生产间隔短、而生产数量又少的产品。

人类社会发展到21世纪，由于用户越来越强烈的个性化需求，能灵活适应市场、面向产品快速更新换代的多品种、小批量的柔性化生产方式已成为提高生产率、增加企业竞争能力的一种主要生产方式。源于两方面的原因：其一是由于生产率大幅度提高，能够向市场提供大量的产品，人们的基本需要已经得到满足，顾客对商品的要求也由过去数量上的满足向质量上的满足转化，这就要求制造企业提供更多、更好、不同花样品种的商品供不同层次的人们选择，这是最根本的驱动力；其二是市场的竞争日趋激烈。新技术、新设备的不断出现与采用，使得新产品层出不穷，企业要生存和发展，就必须不断地改进产品品种，尽快地推出质量好、价格低的系列化产品，最大限度地占领市场。多品种小批量生产方式是适应市场变化多端，按市场的需求、订单，保质、适量、准时地生产，目标是以缩短交货期、降低库存的生产体制（见图2-6）。

多品种、小批量生产方式有如下特征：

（1）市场环境：以多变的甚至是难以预测的市场需求和全球化的买方市场为主。

（2）管理组织：由可以快速重组的工作单元构成扁平化的组织结构。典型的组织结构为矩阵组织结构和虚拟组织。矩阵组织结构灵活机动、适应性强。虚拟组织可以快速动态地积聚竞争资源。

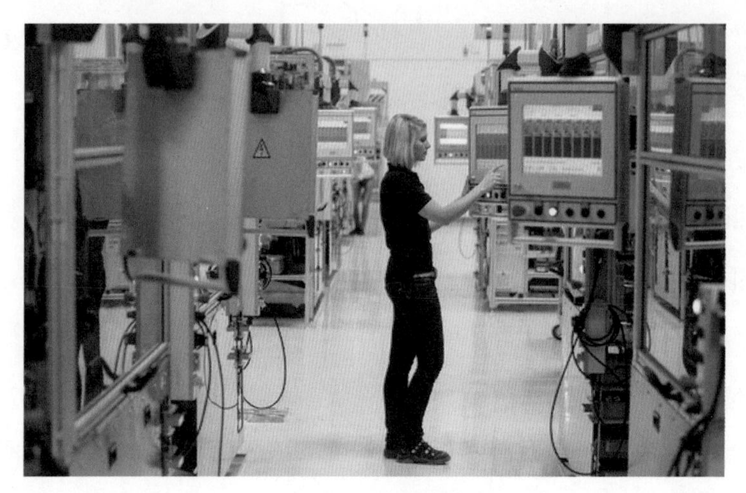

图2-6 柔性化生产线（源自：百度）

（3）竞争模式：快速灵活地响应市场需求效益，企业之间的竞争主要表现为快速抢占市场，企业的目标是生产市场交货期短、顾客对质量满意和价格合理的商品。

（4）资金投入：科技与继续教育的高投入。由于企业适应市场需要，一方面企业需要采用多种方式、有计划地向员工进行继续教育，同时企业要不断进行新产品开发与研制，这都需要投入大量资金。

（5）生产系统：产品品种繁多，而批量与交货期各不相同；生产系统内存在多种零件的生产过程，物流复杂；供货组织工作困难；为适应市场变化，生产能力处于变动中；生产计划、组织和实施的难度增加。从总体上看，生产系统是动态的、相对开放的柔性系统[27]。

这种生产方式是随着先进制造技术、信息技术、生物技术、客户需求变化、全球性市场竞争发展起来的。现代多种先进制造模式，如计算机集成制造、敏捷制造、精益生产、大批量客户化定制等都是为了适应不同需求而生产和发展的。由于生产技术尤其是工业机器人、柔性加工等先进制造和网络技术的普及，规模化、个性化生产现已在许多领域成为可能。即一个企业可在一定时间生产许多完全按照个人愿望而设计生产（个性化）的产品。网络技术则使成千上万个不同需求的信息以成本低、速度快的特点输送到产品制造者手中。由于用户较容易参与产品的开发制造过程，它将最大限度地提高消费者的效用。这种生产方式的变化实际上也是技术创新方式的重大变化，它大大提高了创新的效率和质量。

2.4 小结

手工生产方式持续了数千年，早已不是主流的生产方式了。今天，它仅存在于经济不发达地区生产或者奢侈品生产中。当前，主流生产方式依然是大批量生产，尽管它已经逐渐被灵活、柔性的多品种、小批量生产和大规模客户化定制渗透，渐渐失去其原有的"霸主"地位，但大规模生产仍然是发展规模经济的一种有效方式。

分析生产方式进化过程与特点，可以得到以下几点重要启示：

（1）每一次生产方式的变革，都与社会经济和科学技术发展程度相关；而社会经济和科技的发展成果，又为生产方式的转变提供了坚实基础。

（2）生产方式的转变使生产管理方法和生产技术也相应地进行更新与变革，进而影响整个管理科学的发展。要主动研究新生产方式下的生产管理方法与生产技术，适应发展需要。

（3）从生产方式进化过程看，它是一个否定之否定的过程。生产方式的第一次大转变是从分散化、小型化向集中化、通用化、标准化、大型化转变。而第二次大转变是又向分散化、个性化、专业化、小型化转变。从表面上看，又是一次历史回转，但从实质上看，它是一次螺旋式上升的转变。因此生产方式的转变，标志着人类社会发展的一个新的里程碑。

生产方式这种“螺旋式”上升是浅显易懂的。以服装生产为例，可以清楚地展示这种变化。现代智人制衣是从为自己做衣服开始的，迫于生产力水平的制约，“男耕女织”的生产、生活方式持续了数千年，先后以家庭作坊、手工工场等组织形式进行服装生产。随着科技的发展、工厂和大规模机器生产的出现，服装从传统的手工定制转向了更为经济的大批量生产。随着科学技术的发展，特别是云计算、大数据、物联网、移动互联等技术的发展，基于订单的定制生产正逐步取代大批量生产，这种智能化的转变在服装制造业表现得尤为突出。当然，此时的定制是不同于传统的单件、手工定制，它是智能化的大批量客户化定制，其生产力水平是不可同日而语的。

第3章
CHAPTER 3

先进制造模式的应用对象与理论基础

进入21世纪还不足二十年，人类的生存空间和生活方式随着智能感知、万物互联而发生了巨大变化，企业生产经营模式也因这些变化而面临新的挑战。消费者可能还没有清楚地意识到一场深刻的社会转型正在悄无声息地进行着。以云计算、大数据、物联网、人工智能等为代表的科学技术呈现了突飞猛进的发展势头，数字化技术、生物技术和智能材料技术的不断发展使创造出前所未闻新产品和服务的概率不断提高（如智能手机和互联网平台服务）。现在的消费者可以以更快的速度、更低的成本获取更多的信息。无处不在的连通性、全球化、行业自由化与科技融合都在模糊化产业边界和更新产品定义。这些变化将信息、资本、产品和概念向全世界传播，使得非传统竞争者能够颠覆现状。新的生态环境下，消费者角色，企业、供应商与消费者的关系链条——价值链，以及企业核心能力等都将发生极大的变化。

制造业是一个国家国民经济的支柱，是综合国力的重要体现。世界各国在经济上的竞争主要是制造业的竞争。乌麦尔·哈克在《新商业文明：从利润到价值》一书中总结了20世纪商业发展模式的核心，将其概括为五项基本理念，即价值链（生产方式）、价值主张（市场定位）、战略（竞争方式）、市场保护（竞争优势）、非流动性、固定的产品（消费）[32]。尽管这五项基本理念不仅是针对制造业的，在今天也不再是固定不变或者绝对全面的，但它可帮助我们理解先进制造模式的理念。制造企业间的竞争是核心能力的竞争，也是价值链的争夺。企业的核心竞争力是企业生存和发展的根本，也是价值链管理的根本所在，实施价值链管理的最终目的就是通过最优化配置有限的制造资源，增强企业竞争优势。先进制造模式（生产方式）必须与当时的生产力相适应，先进制造模式服务于企业核心竞争力、价值链管理等，目的是提高企业的生产能力。先进制造模式应用对象主要是离散制造业，未来的智能制造也是如此。为了深刻把握、正确认识先进制造模式产生、发展的动力、进化轨迹，以及更好地预测未来的先进制造模式，我们有必要了解离散制造业、核心竞争力和价值链等概念、内涵，以及制造企业生存环境的变化，为后续从多个视角观察先进制造模式的进化做好必要的理论储备。

3.1 离散制造企业

制造业是指机械工业时代对制造资源（物料、能源、设备、工具、资金、技术、信息和人力等）按照市场的要求，通过制造过程转化为可供人们使用和利用的大型工具、工业品和生活消费品的行业。根据在生产中使用的物质形态，从产品类型和生产工艺组织方式上，制造业可分为流程制造业和离散制造业。

离散制造企业，其产品是由许多零部件组成，各零部件的加工装配过程是彼此独立的，所以整个产品的加工工艺是离散的，制成的零件通过部件装配最终成为产品。制造此类产品的企业可以称为离散制造型企业。如火箭、飞机、武器装备、船舶、电子设备、机床、汽车等制造业，都属于离散制造企业。离散制造企业，其产品的生产过程通常被分解成很多任务来完成。每项任务仅要求企业的一小部分能力和资源。企业一般将功能类似的设备按照空间和行政管理建成一些生产组织（部门、工段或小组）：在每个部门，工件从一个工作中心到另一个工作中心进行不同类型的工序加工。企业常常按照主要的工艺流程安排生产设备的位置，使得物料的传输距离最小。另外其加工的工艺路线和设备的使用也是非常灵活的，在产品设计、处理需求和订货数量方面变动较多。离散制造企业的生产不像连续制造企业主要由硬件（设备产能）决定，而主要由软件（加工要素的配置合理性）决定。同样规模和硬件设施的不同离散型企业因其管理水平的差异导致结果可能有天壤之别，从这个意义上来说，离散制造企业通过软件（此处为广义的软件，相对硬件设施而言）方面的改进来提升竞争力更具潜力。

从产品形态来说，离散制造业的产品相对较为复杂，包含多个零部件，一般具有相对较为固定的产品结构，原材料清单和零部件配套关系。从产品种类来说，一般的离散制造企业都生产相关和不相关的较多品种和系列的产品。这就决定企业物料的多样性。从加工过程看，离散制造企业生产过程是由不同零部件加工子过程并联或串联组成的复杂过程，其过程中包含着更多的变化和不确定因素，从这个意义上来说，离散制造型企业的过程控制更为复杂和多变。从制造协同的角度来看，主制造商与其上下游供应商未建立起协同化环境，没有做到最好的信息共享，导致企业需求的变动信息传递速度缓慢。从制造执行管理角度来看：（1）生产计划直接来源于订单，因此具有不均衡性和明显的波动性。而生产计划调度不能很好地对计划做平准化，导致车间任务量波动大，忙闲不均。（2）资源闲置与资源短缺并存，能力过剩与产能不足同在。（3）产品质量问题没有在车间层面得到有效控制。产品质量的责权划分不够清晰、检测手段相对落后、信息系统不具备质量控制和跟踪功能，这些都是在车间层面无法有效控制产品质量问题的原因。（4）设计及工艺变更较多，影响生产运行和订单进度。目前，越来越多的离散制造企业根据市场的需求，定位于产品差异化的战略，这是企业存在设计及工艺变更的主要原因，大量的设计及工艺变更延长了技术准备周期，影响生产运行和订单进度。（5）生产准备不周，工人停工待料。（6）生产能耗及资源浪费严重。原材料利用率低，水电热能消耗量多是离散制造企业普遍存在的现象。

离散制造业的特点如下：

- 客户个性化需求多，产品品种日趋多样性，市场需求变化快，预测难度大，难以为企业合理安排生产提供可靠的依据。
- 产品结构复杂，零部件多且外协自制兼有，工艺过程经常变更，生产计划计算和安排非常复杂。临时插单现象多，生产计划的灵活性和严肃性难以兼顾，生产计划往往难以起到指导生产的作用，经营者容易陷入救火式的现场管理。而这种管理方式又带来了不稳定的产品品质，无法准时交货等一系列问题。由于生产计划的不确定性及对库存物料的及时情况把握的缺乏，往往造成库存物料呆滞和生产所需物料缺件、不齐套现象同时存在。
- 外协厂家、外协件多，对外协的产品质量，交货期的跟踪控制困难。数据采集点多，收集和维护工作量大，而且数据往往分布于不同的部门，数据的更新和保证数据的一致性也是一个令企业头痛的问题由于每个产品生产过程不一致，无法对每个作业工序进行核算，导致整个成本核算过于粗放，不利于企业加强成本管理和控制。

除此上述特点之外，我国离散制造企业还存在以下问题：

- 竞争力不足。我国的离散制造业规模虽然大，但是实力却不强，制造企业大都集中在低水平层次上，附加值较低，增值能力有限。劳动密集型产业居多，高技术产业严重不足。我国外贸领域取得领先竞争优势的行业80%以上均为劳动密集型产业，在高技术领域中，计算机集成制造技术、材料技术、航空航天技术、电子技术的竞争力指数均非常低。
- 技术开发能力较弱。我国的离散制造业虽然形成了比较完善的体系，但是自主开发和技术创新能力十分薄弱。主要机械产品的技术、多数电子与通信设备的核心技术从国外引进，原创性的技术和产品稀少，企业尚没有掌握开发新产品的主动权，在国际竞争当中处于劣势。此外，某些共性技术如机械加工、特种加工、表面处理等技术研发落后，直接影响了我国离散制造业的发展，成为技术瓶颈。
- 整机生产与零部件生产缺乏协同配合。离散制造业的一个显著特点就是集团（工厂及企业）间形成协同合作，而这也正是我国离散制造业最缺乏的。零部件生产厂商发展的滞后，整、零厂商缺乏协同互助，制约了我国离散制造业的前进步伐。
- 信息化建设总体依然相对落后。我国离散制造业企业经过近几年的努力，整体信息化水平比起以往有了很大提高。但同国外工业发达国家相比，无论是信息化的投入，还是效果，都差了一大截。

3.2 核心竞争力

核心竞争力也称核心能力（Core Competence），由哈默（G. Hamel）和普拉哈拉德（C. K. Prahalad）于1990年在《哈佛商业评论》上发表的“公司核心能力”一文中提出。他们认为：核心竞争力是企业通过管理整合形成的，相对于竞争对手能够显著地实现顾客价值需求的、不易被竞争对手模仿的动态能力。核心竞争力通常表现为企业以技术能力和管理能力为主导的一组能力体系的有机整合。企业核心能力逐渐成为一种新的企业战略管理理论。自企业核心能力概念提出以后，不同的学者从知识观、技术观、资源观、组织与系统观、文化观等不同的角度对企业核心能力进行了研究，国际上形成了不同的企业核心能力观点。

第一类，基于整合和协调观的核心能力。核心能力是组织的对企业拥有的资源、技能、知识的整合能力，是一种积累性学识。这种积累过程设计企业不同生产技巧的协调，不同技术的组合，价值观念的传递，通过核心能力的积累，组织可以很快发现产品和市场的机会，获得更多的差额利润。

第二类，基于文化观的核心能力。巴顿等认为企业中难以完全仿效的有价值的组织文化是公司最重要的核心竞争力，并强调核心竞争力蕴含在企业文化中，表现于企业的诸多方面，包括技巧和知识等。

第三类，基于资源观的核心能力。奥利维尔认为，不同企业之间在获得战略性资源时，决策和过程上的差异构成了企业的核心竞争力。企业只有获得战略性资源，才能在同行业中拥有独特的地位，这种地位来自其在资源识别、积累、存储和激活过程中独特的能力。

第四类，基于技术观的核心能力。帕特尔和帕维特（Pattel&Pavitl，1997）认为，企业的创新能力和技术水平差异是企业异质性存在的根本原因。梅耶和厄特巴克（1993）提出，核心竞争力是企业在研究开发、生产制造和市场营销等方面的能力，并且，这种能力的强与弱直接影响着企业绩效的好坏。

第五类，基于系统观的核心能力。该学派认为，核心能力是提供企业在特定经营中的竞争能力和竞争优势基础的多方面技能，是互补性资产和运行机制的有机结合，它建筑于企业战略和结构之上，以具备特殊技能的人为载体，涉及众多层次的人员和组织的全部职能，因而，必须有沟通、参与和跨越组织边界的共同视野和认同。企业的真正核心能力是企业的技术核心能力、组织核心能力和文化核心能力的有机组合。

国内学者也对核心竞争力进行了一定量的研究，并在总结实践经验的基础上发表了许多有价值的文献。例如，企业竞争力中那些最基本的、能使整个企业保持长期稳定的竞争优势、获得稳定超额利润的竞争力，就是企业的核心竞争力。核心竞争力是企业获得长期稳定的竞争优势的基础[33]。所谓企业核心能力，是指企业获取、配置资源，形成并能保持竞争优势的能力。它包括两个方面：一是企业获取各种资源或技术并将其集成、转化为企业技能或产品的能力；二是企业组织调动各生产要素进行生产，使企业各个环节处于协调统一高效运转的能力[34]。

上述核心能力的观点，从不同侧面、角度反映了核心能力的构成要素，既有共通之处，又有不同。总结概括起来当然有可能形成一种较为全面的定义，但对本书作者这样非经济专业的研究人员来说，未免要求过于“苛刻”，甚至是“奢望”。由于我们的目的是研究先进制造模式进化，了解核心竞争力构成要素的有关内容，而不是为了专门、量化地研究核心竞争力，因此，我们尽可能地使用较为简单、通俗的概念。

大家都知道，企业是由一系列生产要素有机组合而成的。生产要素是指进行物质生产所必需的一切要素及其环境条件。一般而言，生产要素至少包括人的要素、物的要素及其结合因素，劳动者和生产资料之所以是物质资料生产的最基本要素，是因为不论生产的社会形式如何，它们始终是生产不可缺少的要素，前者是生产的人身条件，后者是生产的物质条件。由于生产条件极其结合方式的差异，使社会区分成不同的经济结构和发展阶段。在社会经济发展的历史过程中，生产要素的内涵日益丰富，不断有新的生产要素如现代科学、技术、管理、信息、资源等进入生产过程，在现代化大生产中发挥各自的重大作用。生产要素的结构方式也将发生变化，而生产力越发达，这些因素的作用越大。当企业能够比竞争对手更好地使用这些要素完成某项工作时，企业就拥有了一定的竞争优势，就拥有一定的竞争力，其实质就是企业有效使用生产要素的能力[35]。企业竞争力中那些最基本的，能使整个企业保持长期稳定的竞争优势、获得稳定超额利润的竞争力，就是企业的核心竞争力。

核心能力是企业开发独特产品，发展独特技术和独特营销手段的能力，是企业取得长期竞争优势的源泉。核心能力是以知识、技术为基础的综合能力，是支持企业赖以生存和稳定发展的根基，它通过企业的产品和服务体现出来。企业的某一产品或某一方面具有一定的优势，并不代表企业就一定具有较强的核心能力，只有这种产品和技术使竞争对手在一个较长时期内难以超越而得以保存时，才是企业真正核心能力的体现。因此，企业只有系统地确立、培养和应用自身的核心能力，才能在激烈的市场竞争中保持优势。

核心能力是一种可用于不同产品、不同企业，具有关键性技术或技能的能力。一旦一个企业掌握了一系列的核心能力，它就能比竞争对手更快地利用核心能力开发多种新产品。核心能力使企业比其他的竞争对手做得更好，它能应用于多种产品，而竞争对手却不能很快地模仿它。核心竞争力不仅是企业在本行业、本领域获得明显竞争优势的保障，而且还是企业开辟新领域、建立新的利润增长点，甚至是建立新的主导产业，实现战略重心转移，寻求不断发展的重要手段。

概括起来，核心能力的主要特征概括为[38]：

（1）可占用性程度比较低。指企业竞争优势赖以建立的专长被企业内部私人占有的程度。私人占有的程度越高，越不利于企业的可持续发展。

（2）可转让性或模仿性比较低。指专长的可转移性和可复制性，竞争对手不可能在较短的时间内模仿或掌握。

（3）持久性好。企业核心专长建立在自有的资源之上，如建立在管理制度而不是管理技术上；建立在产品设计与构思而不是生产上等。

拥有强大的核心竞争力，意味着企业在参与依赖核心竞争力的最佳产品市场上拥有了选择权。如公司的核心技术在几个领域都比较容易地获得一席之地，而不是将其优势领域限定在一个很小的范围。而如果公司没有取得核心竞争力方面的领先地位，被拒之门外的就不仅仅是一种产品市场，而是会失去一系列市场和商机。企业凭借自己的核心竞争力，为自己寻找一个既有可观利润又有独特性的市场，或创造一种独特的市场运作方式，从而避免陷入惨烈的市场竞争。

拥有强大的核心竞争力对一个寻求长远发展的企业来说，具有不同寻常的战略意义。首先，它超越了具体的产品和服务，以及企业内部所有的业务单元，将企业之间的竞争直接升华为企业整体实力之间的对抗，所以核心竞争力的寿命比任何产品和服务都长，关注核心竞争力比局限于具体产品和业务单元的发展战略，能更准确地反映企业长远发展的客观需要，使企业避免目光短浅所导致的战略性误区。其次，核心竞争力可以增强企业在相关产品市场上的竞争地位，其意义远远超过单一产品市场上的胜败，对企业的发展具有更为深远的意义。企业核心竞争力的建设，更多的是依靠经验和知识的积累，而不是某项重大发明导致的重大跃进。因此，很难“压缩”或“突击”，即使产品周期越来越短，核心竞争力的建设仍需要数年甚至更长的时间。这一方面使竞争对手难以模仿，因而具有较强的持久性和进入壁垒。在建设核心竞争力的竞争中领先的企业，往往很难被赶超。

一般来说，核心能力具有对竞争对手而言极高的进入壁垒，核心能力结构中的智能化成分所占的比重越大，企业便可凭借其核心能力获得长期的竞争优势。识别核心能力的标准包括：（1）价值性。该能力能很好地实现消费者所看重的价值。（2）稀缺性。这种能力必须是稀缺的，只有少数企业拥有它。（3）不可替代性。竞争对手无法通过其他能力来替代它，它在为消费者创造价值的过程中具有不可替代的作用。（4）难以模仿性。核心能力必须是企业所特有的，并且是竞争对手难以模仿的，也就是说它不像材料、机器设备那样能在市场上购买到，而是难以转移或复制。真正难以模仿的能力可为企业带来超过平均水平的利润。由此可见，核心能力的识别应该从有形（资产）和无形（知识）、静态（技能）和动态（活动）、内部（企业）和外部（顾客和竞争对手）等多角度、多层次着手，这样才能更好地理解和识别进而培育和保持核心竞争力。

在构成企业系统的人员、资金、物资设备、组织以及包括技术、企业形象、商标等无形资产在内的诸要素中，人员、技术、组织是企业的三大基础资源，也是造就企业快速反应能力的三大资源。人是生产或提供服务的主体，是各种资源要素中影响面最广、最积极的因素。它不仅能提高其他各生产要素的产出效益，而且能提高自身的产出效益。因此，人力资源被公认为企业竞争的实质所在、核心所在。技术是实现生产、提供服务的基本手段，是用作实际目标的知识体系。组织实际上是企业系统中的更小系统，拥有一定的生产或服务资源。组织结构则反映了各个组织所承载的资源之间，尤其是人与人之间在社会劳动中的关系。组织因素对组织绩效以及企业整体绩效的影响不容忽视，它极大地制约着企业的运作效率和人员的工作积极性。因此，核心竞争力要素必然能够体现人员、技术、组织三大基本要素。

为了更好地认识核心竞争力要素，帮助我们理解先进制造模式的理念，除了必须掌握核心竞争力的内涵、特征外，还需要了解核心竞争力的构成要素。为此，我们从竞争力要素入手，从中整理出核心竞争力要素。竞争力要素如下：

第一，目的要素：顾客价值。顾客价值是企业参与竞争的前提，是企业核心竞争力的价值取向。第二，动力要素：知识创新和企业文化。知识创新是企业培育和形成企业核心竞争力的土壤和源泉。企业文化是企业各种竞争力的精神源泉。第三，保障要素：制度、管理和人力资源。制度是核心竞争力形成的前提条件，管理是核心竞争力形成的重要手段，人力资源是核心竞争力的主要载体。第四，外化因素：技术、营销、服务、质量、品牌和成本等。这些是直接体现企业核心竞争力的若干关键环节。技术尤其是独有的核心技术，是获得核心竞争力的必要条件；质量是产品的灵魂、企业的生命；成本是企业绩效管理的核心；营销是企业产品和服务实现市场竞争优势的必要方式；服务是企业在技术、质量、营销等能力趋同情况下的竞争新领域。

根据这种泛化的竞争力要素的分类，参考相关文献和书籍，我们进一步把核心竞争力构成要素归纳为：管理能力、技术能力和组织能力三类。三类能力具体如下：

（1）管理能力：首先是企业战略管理能力，它是企业发展的目标定位，是对核心竞争力进行全过程管理的统领；其次是企业对人力资源的管理；再次是企业的信息化管理能力。

（2）技术能力：是指企业开发和应用新技术的能力，是通过获得、选择、应用、改进技术以及长期的技术学习过程培育、建立的。技术能力不仅体现在资本设备等有形资产上，而且也体现在员工技能和组织经验的积累上，技术能力是企业培养核心竞争力的一个重要突破口。企业技术能力中最重要的是企业的核心技术体系，它是企业自身特有的、不易被外界模仿的稀缺性技术资源的能力。

（3）组织能力：指企业组织资源的能力，即企业配置资源和整合资源的综合能力。具有组织能力优势的企业能够将企业原本拥有的资源、知识和能力真正转化成企业的核心竞争力，从而获得长期的竞争优势。

从需求角度看，面对客户的个性化需求，制造企业要想在激烈的、全球化市场竞争中获胜，必须同时具备时间竞争能力、质量竞争能力、价格竞争能力和创新竞争能力等。换言之，必须在P（产品创新）、T（产品投放市场的时间)、Q(质量)、C(成本)、S(服务)、E(清洁环境)、K(知识含量)等诸方面具有优势，即围绕P、T、Q、C、S、E、K等形成综合优势。了解企业核心竞争力是为了更好地理解先进制造模式，从中选定几个要素对先进制造模式进行对比，并不需要对所有要素进行分析对比。为此，我们应该从组织能力、管理能力、技术能力中进行筛选，挑选出一个最小的可比要素子集。同时，先进制造模式对比要素还能体现价值链，代表现代生产力要素等。

3.3 价值链管理

价值链的概念最早由战略学家迈克尔波特在其1985年出版的《竞争优势》中提出[39]。狭义上讲，价值链是从原材料加工到产品成品到达最终用户手里的过程中，所有增加价值的步骤所组成的全部有组织的一系列活动。广义上讲，价值链是从供应商开始、直到顾客价值实现的一系列价值增值活动和相应流程。价值链是供应链向客户关系的延伸，基本思想是以市场和客户的需求为导向，以协同商务、协同竞争和多赢原则为运作模式，通过信息技术手段，实现对价值链中的物流、资金流、商流、工作流和信息流的有效控制，实现提升企业竞争优势。

从广义角度看，价值链是一个企业生态系统，而且是由许多独立的成员主体环环相扣、彼此依赖构成的多层次、多形态、开放的非线性复杂系统。换句话说，一个主营企业不可能独自从事其产品涉及的所有阶段的活动，它需要供应商为它提供原材料、半制成品、服务等各种投入，需要销售商为它销售产品、广告商为它制作广告。这些供应商、推销商、广告商各自又有自己的价值链，因此企业和供应商、推销商、广告商的价值链又组成价值系统，即产业价值链。由于成员企业间存在较大差异，各企业间生产能力和生产技术并不能完全实现无缝衔接，任何一个环节出现问题，都可能波及其他环节，影响整个价值链的盈利水平。

价值链理论揭示企业竞争不是发生在企业与企业之间，而是发生在企业各自的价值链之间。不是价值链上某一环节的竞争，而是整个价值链的竞争，而整个价值链上的综合竞争力决定企业的核心竞争力。企业要获得和保持竞争优势，不仅取决于对其自身价值链的认识和组织，而且取决于其对整个产业价值链的理解与适应。只有对价值链的各个环节（业务流程）实行有效管理的企业，才有可能真正获得市场上的竞争优势。企业应努力提升价值链的运作管理，对价值链上的客户、企业以及供应商组成的每项业务环节进行优化、重组，消除非增值活动，使得价值链中的物流、资金流、商流、工作流和信息流合一。

当然，在企业众多的价值活动中，并不是每一个环节都创造价值。企业所创造的价值，实际来自企业价值链上某些特定的价值活动，这些真正创造价值的经济活动，我们称为企业价值链的“战略环节”。企业在竞争中的优势，尤其是能长期保持的优势，是企业在价值链某些特定战略环节的优势。

理解整个价值链所创造的价值不是一件容易的工作。基于价值链的管理因此应运而生。价值链管理是将企业的业务过程描绘成一个价值链，也就是将企业的生产、营销、财务、人力资源等方方面面有机地整合起来，做好计划、协调、监督和控制等各个环节的工作，使它们形成相互关联的整体，真正按照“链”的特征实施企业的业务流程，使得各个环节既相互关联，又具有处理资金流、物流和信息流的自组织和自适应能力，使企业的供、产、销系统，形成一条珍珠般的项链——“价值链”。价值链管理强调价值链的各项业务活动间的联系不仅存在于企业内部，而且存在于企业价值链与供应商和渠道商的价值链之间。价值链管理的因素关系图如图3-1所示。

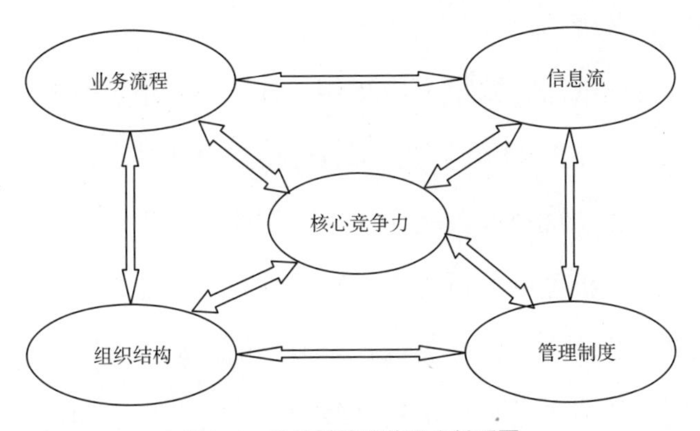

图3-1 价值链管理的因素关系图

价值链管理以客户不断变化的需求和竞争日趋激烈的市场为背景，以流程管理为主线，基于企业内部，面向客户和企业价值链。[38]

具体来看，核心竞争力决定了企业的市场竞争力，是企业管理的核心要素，居于价值链管理的中心地位；组织结构和管理制度属于企业的结构性管理要素，是价值链管理的基础和支撑体系；工作流（包括业务流程和信息流）属于企业的功能性管理要素，是价值链管理的运作过程、手段和方式。

价值链管理的目标：是创造一个价值链战略，这个战略为了满足和超越客户的需求和欲望，实现链中成员充分的有机整合，通过优化核心业务、组织结构、业务流程和信息流等，由此降低组织和经营成本，控制经营风险，最终提高企业的效率和效益，增强企业的综合竞争优势。

实施价值链管理的意义：优化核心业务流程，降低企业组织和经营成本，提升企业的市场竞争力。它旨在帮助企业建立一套与市场竞争相适应的、数字化的管理模式，弥补企业长期以来在组织结构设计、业务流程和信息化管理等方面存在的不足，从整体上降低组织成本，提高业务管理水平和经营效率，实现增值。

为了提升企业战略，波特（1985年）提出了价值链分析的方法。价值链分析是一个很有用的工具，它能有效分析在企业从事的所有活动中哪些活动在企业赢得竞争优势起关键作用，并说明如何将一系列活动组成体系以建立竞争优势。价值链分析可以用来识别企业产品的价值增值起核心作用的活动。真正的核心能力是关键的价值增值活动，这些价值增值活动能以比竞争者更低的成本进行，正是这些独特的持续性活动构成了企业真正的核心能力。

运用价值链分析方法来确定核心竞争力，就是要求企业密切关注组织的资源状态，要求企业特别关注和培养在价值链的关键环节上获得重要的核心竞争力，以形成和巩固企业在行业内的竞争优势。企业的竞争优势既可以来源于价值活动所涉及的市场范围的调整，也可以来源于企业间协调与合用价值链所带来的最优化效益。换句话说，企业的核心竞争力来源于企业价值链管理的协同效应，以及企业价值系统的整合协调管理。而这种协同效应的培养并非是企业内部价值链某个单独活动的管理结构，而是来自企业内部整体资源的协同以及与企业相关的所有要素。

今天，科学技术突飞猛进，消费者的需求日益多样化，就要求社会分工更加细化，致使价值链的增殖环节变得越来越多，结构也更复杂。除非企业具有非常充足的资金和全面的能力，一种产品的服务所形成的价值链的过程已很少能由一家企业来完成。于是，价值链被分解，一些新的企业加入了价值链，并在某个环节建立起新的竞争优势。这种竞争优势表现为在该环节上具有成熟、精湛的技术和较低的成本。他们的进入使一些大而全、小而全的企业在竞争中处于劣势，迫使它们不得不放弃某些价值环节，从自己的比较优势出发，选择若干环节培育并增强其竞争能力，重新确立自己的优势地位。价值链的不断分解，使市场上出现了许多相对独立的具有一定比较优势的增殖环节。这些原本属于某个价值链的环节一旦独立出来，未必仅对应于某个特定的价值链，它也有可能加入其他相关的价值链中去。于是出现了新的市场机会——价值链的整合。即可以设计一个新的价值链，通过市场选择最优的环节，把它们联结起来，创造出一个价值链。在生产能力相对过剩、市场竞争激烈的情况下，这种整合的机会也越来越多[40]。

价值链的分解与整合已成为价值链管理的必然趋势。几家甚至多家企业在一个完整的价值链中，各自选取能发挥自己最大优势的环节，携手合作，共同完成价值链的全过程，从而最大幅度地降低最终产品成本，实现更高的增殖效益。企业经营的核心是用最小的投入获取最大的收益，价值链的分解与整合管理能保证企业获得最大的投入产出比。

可以预测，企业将会越来越多地将价值链的非核心环节业务外包给其他企业，特别是中小型企业。这就是价值链的外包战略，它必将成为未来企业关注的热点。它可以有效地降低产品成本，引进和利用外部资源，有效地确立企业的竞争优势。从战略上看，业务外包可以给企业提供较大的灵活性，尤其是在购买高速发展的新技术、新式样的产品，或复杂系统的组成零部件方面更是如此。另外，当多个一流的供应商同时生产一个系统的组成部件时，就会降低外包企业的专有资产投资，缩短设计和生产周期。

价值链是围绕核心企业由多个具有供求关系的企业构成的网络化系统。价值链上企业之间的合作会因为信息不对称、信息扭曲、市场不确定性以及其他政治、经济、法律等因素的变化，导致价值链必然存在风险，因而价值链有时会变得脆弱，价值链上任何一个环节的“断裂”都可能引起链上企业的连锁反应，给相关企业造成巨大损失。为了使价值链上的企业都能从合作中获得满意结果，价值链必须定期测量价值链风险等级，并采取相关措施来规避价值链运行中的风险。甚至考虑重新组建价值链，以避免给价值链成员企业带来巨大的损失。

未来，随着计算机技术、基因技术、人工智能技术等的迅猛发展，制造企业必会将成千上万的智能装备连接起来，构建基于工业互联网的赛博-物理系统（CPS）。该系统不但能充分体现制造企业核心能力，而且能够将整个价值链上的环节相连接，使位于产业链上各个位置的角色能够以很低的成本直接服务于用户，也使得产业链之间在服务方面的协作成本降低。未来的新型产业链关系不再仅仅是制造一个产品，而是集合整个产业链上的知识为最终用户提供增值服务，通过提供服务的方式参与到用户企业的使用场景中，解决用户使用场景中的隐性风险、浪费和焦虑，共创业态融合的、分享型价值链（网络）关系。在新型价值链关系下，只要用户依然在使用产品，创造服务所带来的收入将会源源不断，而价值链上的各个角色的关系，也会从相互挤压转变成以提升用户价值这一共同目的为导向的紧密合作与价值共享。

3.4 现代生产力要素

生产力要素是指构成生产力的最基本的组成部分或因素，包括劳动力、劳动资料、劳动对象。通常把前一个称作生产力人的因素，后两个统称为生产力物的因素。劳动力是具有一定生产经验和劳动技能并能在社会生产中从事劳动的劳动者。劳动者是生产力中起主导作用的要素，是物质要素的创造者和使用者，物质要素只有被人掌握，只有和劳动者结合起来，才能形成现实的生产力[42]。构成生产力的基本要素包括劳动对象、劳动资料和劳动者。其中，劳动资料中最重要的是生产工具，它是生产力发展水平的客观尺度，是划分经济时代的物质标志。上述定义属于传统的生产力三要素理论。

迄今为止，生产力发展大体经过了三个历史时期：手工化时期、机械化时期和自动化时期。手工化时期，生产力的基本要素是技能单纯的劳动者、粗糙简陋的生产工具、品种极少的劳动对象。生产力结构也很简单，在小农经济中，社会生产力整体近似于个体（家庭）生产力单元的简单相加之和。生产力三要素理论基本上能揭示出这一阶段生产力的特性和运动规律。到了机械化、自动化时期，生产力的要素、结构和运行机制复杂多了，现代生产力成了一个多因素、多层次的大系统，是一个结构复杂的有机整体。生产力三要素理论已无法概括现代生产力要素的全部内容[43, 44]。

今天，许多专家学者认为，生产力要素处于不断发展和变化之中。总的趋势是新的生产力要素不断产生，其作用不断加强。如随着手工工具时代向普通机器时代过渡，科学技术、管理、教育等新的生产力要素产生和发展起来；随着普通机器时代向智能机器时代的过渡，信息（知识）这个新的生产力要素产生和发展起来。今后人类社会的生产力还会出现新的质变，还会产生新的生产力要素。随着新要素的出现和发展，原来已存在的要素，其地位和作用也会发生或大或小、或早或迟的变化。如当科学技术这一新的生产力要素出现后，劳动对象这一要素就从手工工具时代的未经劳动处理的自然物质，或只经过初级的劳动处理过的、浅加工物质向经过深度加工或人工合成的新型材料过渡，已经成为当代生产力的决定性要素之一。

人们通常把19世纪末20世纪初英国经济学家马歇尔以前的经济学称谓古典经济学。古典经济学通常把生产力要素划分为三类：劳动力要素（A）、资本力要素（B）和自然资源力要素（C）。通过市场或者其他方式，对三种要素进行交换和配置，产生出相应的物质流量和服务流量，此时，企业的产出能力由A、B、C要素的投入量决定，生产函数关系为：

$$F(X) = f(A, B, C) \tag{1}$$

随着经济、社会和科技的不断发展，经济学家对生产力要素的构成进行了更为广泛的研究，在研究方向上更加倾向于马歇尔的综合论，并用它来概括和描绘其学说。这样在多种经济文献中相继出现了组织力要素（D）（思想理念、体制机制、文化氛围等）、科技力要素（E）、知识力要素（G）等[44]。

此时的企业生产函数关系随之调整为：

$$F(X) = f(A, B, C, D, E, G) \tag{2}$$

如今，计算机、互联网等技术飞速发展，全球化市场竞争日益激烈，为快速响应客户需求，高效、优化配置与管理全球范围内企业动态联盟的资源，为客户提供满意的产品和服务，企业的经营理念、商业模式、体制机制、企业文化等发生了一定的变化，组织力必定发挥举足轻重的作用。

科学技术是生产力的第一要素，但科学技术并不是生产力的独立要素，它总是通过生产力的基本要素和发展要素而转化为生产力。科学技术发展所引起生产力要素的一系列变化，有力促进了生产力的发展，增强了经济活动的能力。没有科学技术的发展，生产力的其他要素永远是一个样子，生产力永远停止在一个水平上。所以没有科学技术的发展就没有生产力的发展。科技力可以使生产要素中劳动者的劳动技能大大提高，可以使劳动工具得到改进，可以使劳动对象一物多用，变废物为宝藏，可以使生产设施现代化，可以使能源交通大发展。

知识力是知识经济时代的产物，是最新的生产力要素。其主要特征是不完全依赖自然资源以高新技术为主导的经济增长模式，是新的生产力要素促进经济增长方式转变的具体表现。知识力要素是创新型国家的重要特征，也是影响发达国家生产力的主要因素。管理学家德鲁克说："人的智力知识作为改造自然的支配力量已显示出来，知识的生产力已成为社会生产力、竞争力和经济成就的关键因素，在未来社会里最重要的生产因素将不再是自然资源、资本和劳动力，而是知识。"由于知识力是近年来才提出来的新概念，怎样分析它与其他要素的关系，还有待很好地研究。但从知识力的构成可看出，科技力对它的渗透和影响较大。

如今，越来越多的全球性企业在着力应对环境变化的同时，已经开始关注如何从组织的内、外部识别和获取有用知识，如何将其转化为技能和能力，特别是如何为实现组织的整体目标而存储、转移、分配和使用这些知识。由此看来，企业若仅有知识存量而没有知识的运动与创新应用是难以获得核心竞争力的。

3.5 小结

为了预测未来的先进制造模式，首先，应该认清先进制造模式的应用对象。目前，国际上流行的多种先进制造模式都是为了解决离散制造业面临的问题与挑战，并随着信息技术、制造技术等发展而发展的。离散制造业的生产对象主要是复杂产品，最具代表性，表现在客户需求复杂、产品组成复杂、项目管理复杂、产品技术复杂、制造过程复杂、使用维护复杂、工作环境复杂等方面。适用于离散制造业的先进制造模式，经过适当的剪裁，也适用于流程制造业和混合制造业。其次，要理解核心竞争力、价值链、生产力要素等理念。从基本概念出发，了解这些技术的用途和适用范围，以及它们之间的关联关系，将有助于我们更好地领会制造业竞争的本质，把握先进制造模式未来发展、进化方向。最后，还要了解先进制造模式的进化过程。由于先进制造模式多种多样，形式复杂且不断变化，我们不可能也不需要全面、精确、量化描述这些模式的进化过程，只需要选择部分具有代表性的要素，进行定性地对比，努力做到管中窥豹、略见一斑，从而达到既有利于把握发展方向，又有利于减少工作量的目的。

第4章

CHAPTER 4

先进制造模式的进化

4.1 制造企业需求的演变

消费者（用户）对产品的需求所遵循的规律通常是“从无到有”“从有到精”，最终到需求饱和的过程。第二次世界大战后，为了弥补战争创伤，世界各国纷纷大力发展生产力、扩大生产规模，着力解决生活必需品短缺的问题。随着技术和生产能力的提升、产品的丰富，消费者的需求不断发生变化，人们开始对生活的品质要求逐步提高。让我们将目光聚焦到从第三次工业革命起始到第四次工业革命发端的时间区间，即20世纪60年代到21世纪初的半个世纪。在此期间，制造企业面临的压力、挑战归纳如下：

20世纪60年代追求生产规模，70年代降低生产成本（Cost，C），80年代提高产品质量（Quality，Q）。进入20世纪90年代以来，技术进步和需求多样化使得产品寿命周期、交货期不断缩短（Time to market，T）。进入90年代末和21世纪初，面对日趋激烈的全球化竞争和日益严苛的资源约束，企业承受着越来越大的改进服务（Service，S）、清洁环境（Environment，E）、知识含量（Knowledge或Know-how，K）的压力，如图4-1所示。所有这些都迫使制造企业能面对不断变化的市场做出快速反应，源源不断地开发出满足客户需求的、定制的“个性化产品”去占领市场，市场竞争也主要围绕新产品（Product，P）和服务的竞争而展开。毋庸置疑，这种状况还将延续，使企业面临的生存环境更为严峻[45]。

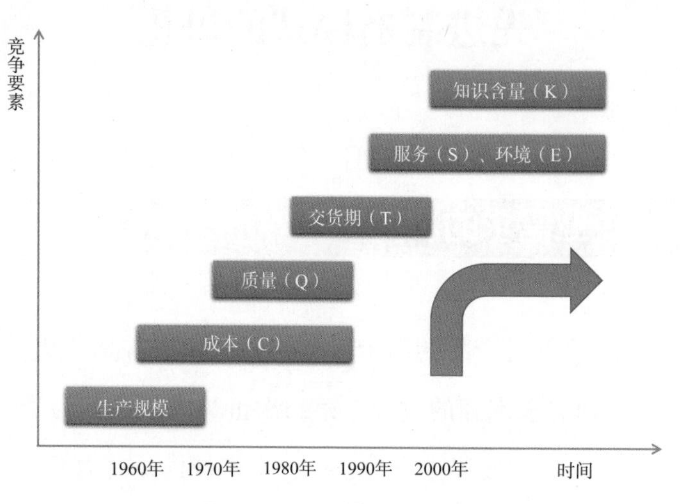

图4-1 现代市场的竞争要素

21世纪制造业的生态环境发生了根本性的转变。第一，生产方式发生了变化。大批量生产方式正逐步被多品种、小批量生产方式渗透，并将被大批量客户化定制的精益生产方式所代替；第二，企业和消费者的关系发生了变化。消费者不再被动地接受企业推介的产品和服务，而是通过自身体验，积极参与产品研发（角色变化）。第三，企业的边界发生了变化。无所不在的物（互）联网使得构建全球化的动态企业联盟（虚拟企业）变得更加容易，企业、主题社团，乃至个人都可成为盟员。第四，企业价值链发生了变化。产品制造商、供应商、经销商共同创造了一个共生的生态系统。价值链由关注企业内部转向企业之外的供应商、销售商，并充分考虑消费者参与共同创造价值。第五，新兴制造业不断涌现。信息制造业异军突起、迅猛发展，对传统制造业的生存模式带来强力冲击，极大地改变了传统制造业的生态环境。

概括起来，制造业面临的新形势是：知识—技术—产品的更新周期越来越短；消费者对产品的个性化需求以及性能和质量的要求越来越高；全球化的协同制造与竞争；产品知识含量不断增加；实现可持续发展的呼声越来越高等。21 世纪制造企业所面临的挑战具体如下[45]：

（1）知识更新、技术进步越来越快。新知识、新技术不断涌现，而且全球的互联互通使得高新技术极易获得，并被更多的企业转化成产品进行推广应用。面对一个机遇可以参与竞争的企业越来越多，从而大大加剧了国际竞争的激烈性，一方面使企业受到空前未有的压力，另一方面也使每个企业员工受到巨大挑战，企业员工必须不断学习新技术，否则将面临由于掌握的技能过时而遭淘汰的压力。

（2）客户需求越来越个性化，并对产品性价比越来越挑剔。激烈的竞争带给市场的产品越来越多、越来越好，客户的要求和期望越来越高，消费者的价值观发生了显著变化，需求结构普遍向高层次发展，出现了为客户创造需求和客户参与制造（比尔·奎恩博士提出生产消费者的新概念，即“Prosumer”[46]）等新特点。而且，在满足个性化要求的同时，产品的价格要像大批量生产的那样低廉。

（3）市场竞争的全球化带来制造和支持服务越来越全球化。企业在建立全球化市场的同时也在全球范围内造就了更多竞争者。为了降低成本，组装更多地靠近消费地域，但是零部件供应商则来自全球。而且在竞争过程中，动态企业与虚拟企业联盟的形成、解散已变成常态。随着物（互）联网的发展，调集全球资源为世界各地的产品提供技术支持和服务成为可能，并成为有力的竞争手段。

（4）产品研制开发难度越来越大。大型、结构复杂、技术含量高的产品在研制中都需要各种先进的产品专业技术、设计技术、制造技术、质量保证技术等，不仅涉及的学科多，而且大量都是多学科交叉的产物；大量用户的个性化需求需要得到响应和转换，多品种、小批量、变批量的产品技术状态需要有效管理，其设计、生产过程需要可追溯。因此如何能成功地解决产品开发、引领市场需求的问题是一个棘手的难题。

（5）可持续发展的要求不断提升。在制造资源日益短缺的情况下，企业如何最大化地节约资源、节省成本，取得长久的经济效益，是企业制定战略时必须要考虑的问题。而且，这不仅仅是直接成本和效益的问题，随着全球消费者的环保意识日益觉醒和全球各地监管的日益严格，当今的企业越来越需要主动地向节能、低碳排放方向努力，以符合节能减排的门槛，并彰显企业的社会责任感，进而赢得消费者的青睐和支持。

（6）共同创造价值成为可能。消费者和企业之间互动模式形成了新的价值创造过程，对当前的经营和价值创造方式是一种挑战。同时，这一新型互动模式创造出了巨大的新机遇。在工业时代，人们认为在价值创造过程中企业是中心，这一观点是根深蒂固的，也是那个时代竞争的基础。未来竞争的基础则是一种全新的价值创造方式，这一方式是以个体为中心，消费者与企业共同创造价值[47]。

（7）知识（大数据）成为生产力要素。随着接入物（互）联网、工业互联网的智能设备、感知设备等的不断增加，数据的获取更加简便、快捷，而且成本越来越低。制造企业可以通过大数据提取关注问题的特征信息，构建数学模型，利用优化和智能算法，进行学习，进一步将信息转化为解决问题的知识，而新的知识则融入知识体系而转化为新的生产力。

（8）无边界的组织[48]。无所不在的物（互）联网使得构建全球化的动态企业联盟（虚拟企业）变得更加容易。通过纵向—端到端—横向三类集成，企业的四类边界[垂直边界（层级壁垒）、水平边界（内部壁垒）、外部边界（外部壁垒）、地理边界（文化壁垒）]都将被打破，信息、资源、创意和活力会快速而轻易地穿透组织的"隔膜"，使得作为一个整体的组织能够有效运转。

21世纪，制造企业与消费者的角色、生存空间发生了变化，价值创造的过程、生产力构成要素也相应地发生了变化。换言之，企业核心竞争力、价值链发生了变化，也必然引发对新的制造模式的需求。当然，采用各种先进制造模式的根本目的就是要通过优化企业的价值链（网络），增强制造企业核心能力，使企业更加合理有效地组织和使用有限的资源，通过创新为消费者提供多种多样的产品和服务（体验），实现消费者的价值，确保制造企业在全球化的市场竞争中获胜。

4.2 先进制造模式的概念

制造业是国民经济与国家安全的重要支柱，是综合国力的体现。世界各国在经济上的竞争主要是制造业的竞争，研究和掌握制造业的先进制造模式及其运作规律是一项重要的理论和实践课题。

所谓模式是指某种事物的标准形式或使人可以照着做的标准式样。制造模式，是制造业为了提高产品质量、市场竞争力、生产规模和生产速度，以完成特定的生产任务而采取的一种有效的生产方式和一定的组织形式。从广义的角度看，制造模式就是一种有关制造过程和制造系统建立和运行的哲理和指导思想。制造过程的运行、制造系统的体系结构以及制造系统的优化管理与控制等均受到制造模式的制约，必须遵循制造模式确定的规律。制造模式具有鲜明的时代特性。先进制造模式是从传统的制造生产模式中发展、深化和逐步创新的过程而来的。在传统制造技术逐步向高新技术发展、渗透、交汇和演变的过程中，形成了先进制造技术的同时，出现了一系列先进制造模式。

先进制造模式是指企业在生产过程中，依据环境因素，通过有效的组织各种生产要素来达到良好制造效果的先进生产方法。这种方法已经形成规范的概念、哲理和结构，对其他企业具有可模仿性，可以供其他企业依据不同的环境条件、针对不同的制造目标采用。它以获取生产有效性为首要目标，以制造资源快速有效集成为基本原则，以人、组织、技术相互结合为实施途径，使制造系统获得精益、敏捷、优质与高效为特征，以适应市场变化对时间、质量、成本、服务和环境的新要求。先进制造模式的先进性表现在企业的组织结构合理、管理手段得当、制造技术先进、市场反应快、客户满意度高、单位生产成本低等诸多方面。

先进制造模式的出现是与先进制造技术（Advanced Manufacturing Technology，AMT）密切相关的。虽然它们在实践中的混用是很难避免的，却是两个不同的概念。先进制造技术不是一种单项技术，它是在制造系统和制造过程中有机融合并有效应用微电子、信息、管理等现代科学技术，优质、高效、低耗、及时地制造出市场需求的产品的先进工程技术的总称。先进制造技术在组成上包括三个技术群：主体技术群（先进制造技术的核心）、支撑技术群（如信息技术、机床和工具技术、控制技术等）和制造技术的基础设施（如技术推广机制、制造技术发展的监督和分析机制）。可以认为，先进制造技术是实现先进制造模式的基础，先进制造技术强调功能的发挥；先进制造模式强调生产制造的哲理，偏重于管理，强调环境、战略的协同。先进制造技术必须在与之相匹配的制造模式里才能发挥作用[49]。

第二次世界大战后的1/4世纪，是资本主义的黄金时代。世界工业和世界贸易在这些年中分别以5.6%和7.3%的前所未有的年增长率增长。这一时期的繁荣是由若干因素引起的，其中包括补偿战时损失的需求、对大战期间忽视的商品与劳务的巨大被压制的需求等。然而，好景不长，20世纪70年代以来，随着生产力的不断提高，供大于求的现象越来越普遍，卖方市场逐步转向买方市场，消费者对产品需求的多样性、对产品品质和服务质量的要求，使得市场竞争日益激烈，并越来越呈全球化的发展态势。为了应对市场的全球化、竞争的白热化，以及需求日益变化的挑战，以美国为代表的制造强国或大国纷纷制订各种层面的战略计划，对构筑强大的现代制造业起到了显著的引导和推动作用。例如：欧洲的《尤里卡计划（EUREKA）》《信息技术研究发展战略计划（ESPRIT）》《第四届框架研究计划》《第五届框架研究计划》《德国制造2000计划》；美国的《美国国家关键技术报告》《先进制造技术计划》《敏捷制造使能技术（TEAM）研究战略计划》《敏捷制造与制造技术计划》《国家工业信息基础设施协议NIIIP》《下一代制造计划NGM》《集成制造技术计划（IMTI）》；日本的《智能制造系统（IMS）计划》，韩国的《高级先进技术国家计划（G7计划）》《网络化韩国21世纪》，中国的《国家863计划CIMS主题》及《制造业信息化工程》等。在这些计划的支持下，开展了大量的有关先进制造技术的理论研究和工程实践，形成了多种先进制造模式，为制造业的发展奠定了坚实的理论、方法和工具基础，有力支撑了制造业生产效率的提升，极大地促进了制造业的发展。

综观各国先进制造与自动化技术计划的制定和实施情况，可以看到，先进制造和自动化技术的发展有其深刻的国际经济竞争背景。与其他技术计划的不同之处在于，这些先进制造与自动化技术计划提出时即以提高本国制造业的国际竞争能力、促进经济增长和提高国家综合实力为目标，既注重技术的超前性，更重视来自产业界的实际需求。在关键技术的选择上注重系统集成技术与工艺装备研究开发并重，通过系统技术、信息技术和自动化技术的引入使传统工艺装备升级。同时也可以看到，各国在发展先进制造和自动化技术的过程中，政府通过若干计划的实施起到了关键的引导和调控作用，并形成了一套有效的研究开发及推广应用的管理机制。

4.3 先进制造模式的进展

根据国际生产工程学会的统计，发达国家所涌现的先进制造模式和系统多达30种以上，典型代表有：柔性制造（FM）、计算机集成制造（CIM）、准时生产（JIT）、并行工程（CE）、精益生产（LP）、敏捷制造（AM）、智能制造（IM）、大批量定制（MC）、绿色制造（GM）等。我们从诸多的先进制造模式中选择一些具有代表性的模式进行简要介绍。这些先进制造模式大多数产生于20世纪八九十年代，是制造业针对不同的市场环境、消费者需求变化而开展研究，并付诸实践的。

以下内容是本书作者基于多年的研究与实践经验，在参照文献[51~82]的基础上浓缩而成。如果需要详细地了解各种模式的内容，建议读者阅读相关参考文献。当然，推荐阅读的内容仅供参考。

计算机集成制造（CIM）

1952年美国麻省理工学院试制成功世界上第一台数控（Numerical Cont rod-NC）铣床，不同零件的加工只改变NC程序即可，有效地解决了工序自动化的柔性问题，揭开了柔性自动化的序幕。1955年在通用计算机上开发成功自动编程工具（Automatically Programmed Tools，APT），实现了NC 程序编制的自动化。为了进一步提高NC机床的生产效率和加工质量，于1958年研制成功自动换刀镗铣加工中心（Machining Center，MC），能在一次装夹中完成多工序的集中加工。1962年，在数控技术基础上研制成功第一台工业机器人，并先后研制成功自动化仓库和自动导引小车，实现了物料搬运的柔性自动化。1966年出现了用一台较大型的通用计算机集中控制多台数控机床的直接数控（Direct NC，DNC），从而降低了机床数控装置的制造成本，提高了工作的可靠性。与此同时，计算机辅助设计（CAD）、计算机辅助制造（CAM）等软件开发与应用，开启了数字化产品定义的时代。当时，这些软硬件系统都是独立工作的，缺乏必要的连接“纽带”，设计模型、数据无法传递到工艺生产系统。信息不能共享、重用，以致无法充分发挥数字化的效率。

1973年美国约瑟夫·哈林顿（Joseph Harrington）博士在*Computer Integrated Manufacturing*一书中首次提出CIM（Computer Integrated Manufacturing）理念。哈林顿博士认为企业的生产组织和管理应该强调系统观点和信息观点，即企业的各种生产经营活动是不可分割的，需要统一考虑；整个生产制造过程实质上是信息的采集、传递和加工处理的过程。

CIM的内涵是借助计算机将企业中各种与制造有关的技术系统集成起来，进而提高企业适应市场竞争的能力。

CIMS（Computer Integrated Manufacturing System）是一种信息时代组织、管理企业生产的理念，CIMS技术是实现CIMS理念的各种技术的总称，计算机集成制造系统（CIMS）是以CIMS为理念的一种新型制造模式和系统。CIMS的理念在研究与实践中不断发展，经过二十多年的实践，我国863/CIMS主题专家组在1998年将CIM定义为："将信息技术、现代管理技术和制造技术相结合，并应用于企业产品（P）全生命周期（从市场需求分析到最终报废处理）的各个阶段。通过信息集成、过程优化及资源优化，实现物流、信息流、价值流的集成和优化运行，达到人/组织、经营管理和技术三要素的集成优化，以改进企业产品开发的T（时间）、Q（质量）、C（成本）、S（服务）、E（环境），从而提高企业的市场应变能力和竞争能力。"

与国外CIMS的发展相比较，我国CIMS不仅重视信息集成，而且强调企业运行优化，并将计算机集成制造发展为以信息集成和协调优化为特征的现代集成制造系统。CIMS是一种基于CIM理念构成的计算机化、信息化、智能化、绿色化、集成优化的制造系统。这里的制造是"广义制造"的概念，它包括了产品全生命周期各类活动的集合。CIM/CIMS的内涵可扩展为：

（1）CIM的宗旨是使企业的产品高质量、低成本、上市快、服务好，环境清洁，使企业提高柔性、健壮性、敏捷性以适应市场变化，进而使企业赢得竞争。

（2）企业生产的各个环节，即市场分析、经营决策、管理、产品设计、工艺规则、加工制造、销售、售后服务、产品报废等全部活动过程是一个不可分割的有机整体，要从系统的观点进行协调，进而实现全局的集成优化。

（3）企业生产过程的要素包括人/组织、技术及经营管理。其中，尤其要继续重视发挥人在现代企业生产中的主导作用，进而实现各要素间的集成优化。

（4）企业生产活动中包括信息流（采集、传递和加工处理）、物流及价值流（在产品T、Q、C、S、E方面体现的价值流，如资金流）等三大部分。现代企业中尤其要重视价值流的管理、运行、集成、优化及价值流与信息流和物流间的集成优化。

（5）CIMS的主要特征是“五化”——网络化、数字化、智能化、集成优化和绿色化。随着计算机技术、信息技术、人工智能技术、系统工程技术、自动化技术及制造技术的不断发展，CIMS还将不断地发展。

1985年美国科学院曾针对五个在CIMS领先的公司：麦道公司、迪尔拖拉机公司、通用汽车公司、英格索尔铣床公司、西屋公司（West House）进行长期的调查分析。采用CIMS后获得的经济效益如下：质量提高了200% ~ 500%，生产率提高了40% ~ 70%，设备利用率提高200% ~ 300%，生产周期缩短了30% ~ 60%，工程设计费用减少15% ~ 30%，人力费用减少5% ~ 20%，最主要的是使工程师的工作能力提高了300% ~ 500%。

实践证明，计算机的应用及系统集成为制造业创造了巨大效益，因而促使人们向新的高度进行探索，即用大系统的概念，把部门内部以及部门之间孤立的、局部的自动化岛，在新的管理模式及制造工艺的指导下，综合应用优化理论、信息技术，通过计算机网络及其分布式数据库有机地“集成”起来，构成一个完整的系统，以达到企业的最高目标效益。

并行工程（CE）

20世纪80年代以来，自动化、信息、计算机和制造技术相互渗透，发展迅速，新知识应用于生产实际的速度惊人。随着航空技术的进步、信息时代的到来，世界大大变小了，这一切大大加速了世界市场的形成与发展。而世界市场的形成与发展又使得在世界范围内的市场竞争变得越来越激烈。竞争有力地推动着社会进步，使得技术得到空前的发展。但同时，竞争也是残酷无情的，适者生存，给企业造成了严酷的生存环境。顾客对产品质量、成本和种类要求越来越高，产品的生命周期越来越短。因此，企业为了赢得市场竞争的胜利，就不得不解决加速新产品开发、提高产品质量、降低成本和提供优质服务等一连串的问题。在这个过程中，CIMS首次被提出并被各企业采用，实现了企业各个环节，如市场、工程设计、制造、销售等的信息集成。由于CIMS在产品开发过程中采用了计算机辅助工具，如CAD（计算机辅助设计）、CAE（计算机辅助工程分析）、CAPP（计算机辅助工艺规划）、CAM（计算机辅助制造）等，新产品开发能力得到增强。然而，应用了CIMS的技术的产品开发仍然采用传统的串行开发模式，致使产品设计的早期阶段不能充分考虑产品生命周期中的各种因素，不可避免地造成较多的设计返工，在一定程度上影响了企业TQCS目标的实现。

全球化的竞争要求生产者对市场变化做出迅速准确的反应。在这种新的竞争形势下，在CIMS技术发展到一定程度后，以信息技术为基础的并行工程技术应运而生。并行工程是对传统的产品开发方式的一种根本性改进，是一种新的设计哲理。并行工程是一种系统化的思想，是由美国国防先进计划局（Defense Advanced Research Projects Agency，DARPA）最先提出的。DARPA于1987年12月举行了并行工程专题讨论会，提出发展并行工程的DICE计划（DARPA's Initiative in CE，1988—1992年）。与此同时，美国国防部指示美国防御分析研究所（IDA）对并行工程及其应用于武器系统的可行性进行调查研究。IDA通过研究与调查，于1988年发表了其研究结果，公布了著名的R-338报告，明确提出并行工程的思想，把并行工程定义为对产品及下游的生产及支持过程进行设计的系统方法，至今这一定义已被广泛接受。1988年DARPA发出了并行工程倡议，为此美国的西弗吉尼亚大学设立了并行工程研究中心（CERC），美国很多大的软件公司、计算机公司开始对支持并行工程的工具软件及集成框架进行开发。

关于并行工程有很多说法，但是，最具有代表性且被广泛采用的是美国国防分析研究所（IDA）于1988年在R-338报告中给出的定义：

“并行工程是集成、并行设计产品及相关过程（包括制造和支持过程）的系统方法。这种方法可以使产品开发人员从一开始就能考虑到产品从概念设计到消亡的整个生命周期里的所有因素，包括质量、成本、作业调度以及客户需求。”

并行工程是一种工程方法论。它站在产品设计、制造全过程的高度，打破传统的组织结构带来的部门分割封闭的观念，强调参与者集团群协同工作的效应，重构产品开发过程，并运用先进的设计方法学，在产品设计的早期阶段就考虑到其后期发展的所有因素，以提高产品设计、制造的一次成功率，从而大大缩短产品开发周期、降低成本，增强企业的竞争能力。

并行工程的特点如下：

（1）集成产品开发团队（IPT）。组织结构扁平化，组建跨部门、学科的集成产品开发团队（IPT），团队成员来自不同部门，甚至包括用户或竞争对手。IPT成员在协同工作环境中，依据优化的并行流程，协同工作，及早发现并消除设计缺陷。

（2）集成产品与过程开发（IPPD）。从传统的串行产品开发流程转变成集成的、并行的产品开发过程。并行过程不仅是活动的并发，更主要的是下游过程在产品开发早期参与设计过程；另一方面则是过程的精减，消除产品研制过程中非增值环节，使信息流动与共享的效率更高。

（3）广泛采用数字化产品定义工具。在集成环境中，大量采用CAX/DFX工具，进行产品协同设计、仿真与优化，确保产品在投产前一次设计成功，避免生产过程中发现设计缺陷，造成较大的返工及浪费。

（4）产品全生命周期的数据管理。对产品全生命产期中产生的产品及过程数据进行管理，实现产品数据、版本、产品结构、产品配置等管理与控制，确保产品数据、状态的正确性。

（5）产品全生命周期的集成优化环境。构建支持团队协同工作的集成系统，支持团队成员并行、协同工作，实现人/组织、技术、工具三要素，以及信息流、物流、资金流等集成优化。

（6）并行工程是计算机集成制造系统（CIMS）发展的新阶段。

并行工程在国际上引起了各国的高度重视，并行工程思想被越来越多的企业及产品开发人员接受和采纳，各国政府都在大力度扶持并行工程技术的开发，把它作为抢占国际市场的主要技术手段。经过多年的努力，并行工程已经在一大批国际上著名的企业获得了成功的应用，如波音、洛克西·马丁、雷诺、通用等大公司均采用并行工程技术开发自己的产品，取得了显著的经济效益。

最典型的成功案例是众所周知的波音777客机的研制，组建238个IPT，在统一的集成系统中采用IPPD，历经3年零10个月（原本需要8～10年的时间）完成了波音777的研制，并一次试飞成功，实现了“首发即中”。

精益生产（LP）

20世纪中叶，当美国的汽车工业处于发展的顶峰时，以大野耐一为代表的丰田人对美国的大批量生产方式进行了彻底的分析，得出了两条结论：大批量生产方式在削减成本方面的潜力要远远超过其规模效应所带来的好处；大批量生产方式的纵向泰勒制组织体制不利于企业对市场的适应和职工积极性、智慧和创造力的发挥。基于这两点认识，丰田公司根据自身面临需求不足、技术落后、资金短缺等严重困难的特点，结合日本独特的文化背景，逐步创立了一种全新的多品种、小批量、高效益和低消耗的生产方式。这便是驰名全球的“丰田生产方式”（Toyota Production System，TPS）。

丰田生产方式起源于1937年，当时丰田公司的工程师发现了在连续流动中进行少量生产的方法。丰田生产方式反映了日本的现实：国土狭小，原材料、能源、资金及熟练工人都严重短缺。该生产方式体现了“少投入多产出”“始终追求完美和协调”“一开始就要把应做的事情做好”“改善是无止境的”的理念。凭借着这些理念，丰田公司的创始人丰田喜一郎、丰田英二和大野耐一等，以坚韧的毅力经过近20年的不断改革，终于建立了一种尽量减少累赘、浪费和差错的，高质量、低消耗的生产系统——丰田生产方式。这种受日本市场环境（资源缺乏、劳动力不富裕、竞争残酷）限制所发展出来的TPS，能够按照市场需求实施准时化生产（JIT），充分缩短了从产品设计研发、制造到销售的时间，建立起产品在质量、价格及速度等各方面差异化的竞争优势，使丰田汽车公司得以在激烈竞争的世界汽车市场中脱颖而出，尤其在1973年秋的石油危机发生以后，在日本甚至全世界的各个产业普遍陷入艰困经营的时候，丰田汽车反而能够获得高利润的经营体制，广受全球各界的重视。

日本的丰田生产方式（TPS）从1978年随着大野耐一的著作《丰田生产方式》出版而逐渐被人们所认知。丰田生产方式作为一种高生产力水平的代表，不仅在短短30年的时间就引领日本经济加入发达国家行列，而且也成为替代福特生产体系的当今时代最高生产力水平的代表。关于丰田生产方式高生产力水平产生的原因，有各种各样的解读，其中基本为大多数学者所接受的观点是TPS精巧的生产流程的设计，如看板方式、JIT、有效的质量监督；TPS的全方位成本节约，也就是以“精益”命名的原因；TPS的研发能力，这些研发来自生产一线，如提案制度、现场主义等，也有TPS的生产力依存于附属在它周围的大量的中下企业支撑的观点。可以说丰田生产方式的很多内容并非丰田公司的独创，它吸收了美国的泰勒主义的思想，同时也借鉴了很多福特公司的做法，然后又融入属于自己的内涵因素，形成了丰田生产体系。丰田生产方式真正起步发展是在20世纪50年代，成熟期是在20世纪70年代，被世人肯定并广泛推广是在20世纪90年代。

1985年初，美国麻省理工学院国际汽车计划组织（IMVP）的数位专家通过对日本及世界各国的汽车生产企业进行了长达5年的深入调查、研究和总结，代表人物詹姆斯·沃麦克（James P. Womack）等于1990年出版了《改变世界的机器》(*The Machine that Changed the World*）一书，提出了“精益生产（Lean Production）”的模式。该书给出了精益生产的原则，即团队作业，交流，有效利用资源并消除一切浪费，不断改进与改善。沃麦克等人于1994年提出了精益企业的概念，并于1996年将这些方法和理论总结为精益思想。

精益生产既是一种以最大限度减少企业生产占用资源、降低企业管理和运营成本为主要目标的生产方式，同时又是一种理念和文化，其目标是精益求精、尽善尽美，永无止境地追求改进。精益生产的实质是管理过程，包括人事组织管理优化，大力精简中间管理层，进行组织扁平化改革，减少非直接生产人员；推进生产均衡化、同步化，实现零库存与柔性生产；推行全生产过程（包括整个供应链）的质量保证体系，实现零不良；减少任何环节上的浪费，实现零浪费；最终实现拉动式准时化生产方式。精益生产的特点如下：

（1）拉动式准时化生产。以最终用户的需求为生产起点，要求上一道工序加工的零件立即进入下一道工序，以“看板”形式组织生产线。由于采用拉动式生产，生产中的计划与调度实质上是由各个生产单元自己完成的，不采用集中计划，但操作过程中生产单元之间的协调极为重要。

（2）全面质量管理。强调质量是生产出来而非检验出来的，由生产中的质量管理来保证最终质量。培养每位员工的质量意识，在每道工序注意质量检测与控制，保证及时发现质量问题。

（3）团队工作法。每位员工在工作中不仅执行上级的命令，更重要的是积极参与，起决策与辅助决策的作用。团队成员强调一专多能，要求比较熟悉团队内其他工作人员的工作，保证工作协调顺利进行。

（4）并行工程。在产品设计开发期间，将概念设计、结构设计、工艺设计和最终需求等结合起来，保证以最快速度按要求的质量目标完成。

精益生产方式的实施是一个逐步推进的过程，对于一般的企业可以采用精益管理的理念进行组织生产。企业进行组织实施精益管理时不一定要照搬丰田生产的模式，应该根据本企业的具体情况，以精益管理的理念和方法，一步一步地进行推进，尽量以最小的整改成本取得最大的效果。在这里就需要仔细思考本公司的具体条件，又有哪些方法措施是适合本公司的。

精益生产是一个永无止境的精益求精的过程，它致力于改进生产流程和流程中的每一道工序，尽最大可能消除价值链中一切不能增加价值的活动，提高劳动利用率，消灭浪费，按照顾客订单生产的同时也最大限度降低库存。企业向精益企业的转变不会一蹴而就，需要付出一定的代价，并且有时候还可能出现意想不到的问题，但如果循序渐进，把精益工具的实施和人员素质的培训很好地结合起来，精益生产就会成为竞争制胜的有力工具，企业会取得良好的成绩。

敏捷制造（AM）

针对20世纪70～80年代美国制造业的衰退及应付来自日本、德国和世界许多其他国家和地区的激烈挑战，美国国会提出了重振美国制造业雄风的目标。1991年美国国防部为解决国防制造能力问题而委托美国里海（Lehigh）大学亚柯卡（Iacocca）研究所拟定一个中长期制造技术规划框架。为了更好地完成任务，亚科卡研究所邀请了国防部、工业界和学术界的代表，建立了以13 家大公司为核心有100多家公司参加的联合研究组，并由通用汽车公司、波音公司、IBM、德州仪器公司、AT&T、摩托罗拉等15个著名的大公司和美国国防部代表共20人组成了核心队伍，长期在亚科卡研究所工作。该研究用了3 年时间，花费了7500多个小时，研究了美国工业界近期的400多篇优秀报告，于1994年底提出了一份详细的、全面的研究报告，即《21世纪制造企业战略发展报告》。该报告重要论点是提出了既能体现国防部与工业界各自的特殊利益，又能获取他们共同利益的一种新的生产方式——敏捷制造（Agile Manufacturing/Agile Competition），它强调通过组织动态联盟（Virtual Company/Virtual Organization）这样一个新的含有合作与竞争的生产模式来适应今天持续多变、无法预料的市场变化，描绘了在先进国家已经开始涌现的敏捷制造的一幅全面的图画，以及敏捷制造的基本思想和结构体系。此后，敏捷制造和动态联盟的概念引起了世人的广泛重视。

所谓敏捷（Agile），是在不断变化不可预测的环境中高效、低耗、迅速地完成所需任务的能力。敏捷性反映的是企业驾驭变化的能力，企业要实现的任何战略转移如精良生产或再工程都可以从它具有的善于转变的能力中获得。敏捷制造（AM）是指制造企业利用现代通信网络技术，通过快速配置各种资源（信息、物资、资金、管理、人员、技术），以有效和协调的方式响应用户的需求，实现制造过程的敏捷性。敏捷制造的基本特征是智能和快捷。智能是人的智能与人工智能的完美结合；快捷是指对用户驱动的市场反应的灵活而迅捷。敏捷制造是制造类企业在21世纪进行市场竞争的主要模式。它要求企业不仅能快速响应市场的变化，而且能不断通过技术创新推出新产品去引导市场。

面对复杂多变又难以预测的市场需求，单个企业的力量已无法应对，无力快速开发新产品来满足市场机遇。通过整合在价值链上不同环节、具有核心竞争力的各企业，从而组建临时的战略同盟——虚拟企业，也称动态联盟，以最佳最强的阵容协力来适应市场的需要，体现了虚拟企业的现实性。虚拟企业突破了传统企业边界、充分整合和利用内部和外部资源，建立一个动态、柔性、开放的系统，降低了市场交易成本，形成产品开发、制造与消费的敏捷能力。几个有共同目标和合作协议的成员之间靠信息技术连成临时的网络组织，通过集成各成员的核心能力和资源，在管理、技术、资源等方面拥有得天独厚的竞争优势，从而可以在瞬息万变、竞争激烈的市场环境中实现共赢的目标。动态联盟和今天的某些大企业集团不同，它的组织更灵活、更机动，有着更好的敏捷性。动态联盟的核心是要求每个企业全力做好自己最擅长的那部分工作，而把其余的部分让更擅长的其他企业去做。

敏捷制造哲理认为，以信息技术为基础，在全球一体化或地区一体化的金融环境和政治环境中，通过临时联合那些能适应环境变化的企业，组成动态联盟，共同承担风险，分担义务，共享成果，迅速开发新产品，响应市场需求。敏捷制造系统是敏捷制造哲理的工程应用系统，以多种形式实现竞争环境下的敏捷性，主要包括个性化需求满足、快速反应性、低成本、生产系统的重组与资源的重用等。敏捷制造具有如下特点：

（1）敏捷制造是信息时代最有竞争力的生产模式之一。它在全球化的市场竞争中能以最短的交货期、最经济的方式，按用户需求生产出用户满意的具有竞争力的产品。“敏捷性”是一种战略竞争能力，它有别于其他先进制造概念和模式，敏捷制造之前的先进制造模式都是针对当时的市场需求和企业竞争的需求提出来的，是战术性的。

（2）敏捷制造具有灵活的动态组织结构（动态联盟或虚拟企业）。它能以最快的速度把企业内部和企业外部不同企业的优势力量聚成在一起，形成具有快速响应能力的动态联盟。因为在企业内部它将多级管理模式变为扁平结构的管理方式，把更多的决策权下放到项目组；在企业外部它将企业之间的竞争变为协作，通过高速网络通信能充分调动、利用分布在世界各地的各种资源，所以能保证迅速、经济地生产出有竞争力的产品。

（3）集成化产品与过程开发（IPPD）。集成化产品与过程开发按照并行工程的思想进行组织。集成化产品与过程开发过程中强调“集成化产品建模”和“产品的并行设计”。集成化产品建模要求建立一个可满足产品全生命周期需要的、统一的产品信息模型。在这个模型的支持下可以实现开发团队成员间，以及企业各个不同职能部门间的信息交换与共享。

（4）敏捷化制造过程。必须使用数控技术和柔性制造、制造单元技术、车间级的设备重组技术、成组技术、机器人化机器技术等，实现可重构、可重组、可扩充的加工过程。采用先进的技工设备和过程，扩大企业的生产能力范围。利用先进生产调度方法和协调，在现有资源约束下，实现生产的动态调度，以及异地协同制造。

（5）敏捷制造必须建立开放的基础结构。因为敏捷制造要把世界范围里的优势力量集成在一起，所以敏捷制造企业必须具有开放基础结构，只有这样才能把企业的生产经营活动与市场和合作伙伴紧密联系起来，使企业能在一体化的电子商业环境中生存。

敏捷制造的创新、突破主要体现在两个层面上：一是技术角度，实现敏捷制造的关键技术；二是组织结构的发展，即虚拟企业（动态联盟）的出现。全球化敏捷生产强调联合竞争。强调通过企业间的利益共享和风险共担，实现企业间的精诚合作并创造一种共同盈利的合作机制。动态联盟的核心是要求每个企业全力做好自己最擅长的那部分工作，而把其余的部分让更擅长的其他企业去做。

智能制造（IM）

20世纪80年代以来，现代科技革命推动了人类社会从工业社会进入信息社会，使得现代制造系统由原先的能量驱动型转变为信息驱动型。随着产品性能的完善化及其结构的复杂化、精细化，以及功能的多样化，促使产品所包含的设计信息量和工艺信息量猛增，随着生产线和生产设备内部、互联网上的信息流量增加，使得制造信息爆炸性地增长。处理信息工作量的急剧猛增要求制造系统不但要具备柔性，而且还要表现出智能，否则难以处理如此海量而复杂的信息；并且，多品种、变批量、柔性生产的要求、瞬息万变的市场需求和激烈竞争的复杂环境，也要求制造系统表现出更高的灵活、敏捷和智能。在此背景下，人们开始尝试AI在制造业中的应用研究，并取得了一批丰硕的成果。20世纪80年代末期，一种集制造自动化、AI、计算机科学等高新技术而发展起来的智能制造技术和智能制造系统（IMS）脱颖而出，随后智能制造作为一门新的学科，越来越受到人们的高度重视，各国政府均将智能制造列入国家发展计划，大力推动实施。由于IMS突出了知识在制造活动中的价值地位，而知识经济又是继工业经济后的主体经济形式，所以智能制造就成为影响未来经济发展过程的一种先进制造生产模式，被称为21世纪的制造模式。

P. K. Wright和D. A. Boume在1988年出版了*Intelligent Manufacture*一

书，首次提出了智能制造（Intelligent Manufacture，IM）的概念，并指出智能制造的目的是通过集成知识工程、制造软件系统、机器人视觉和机器控制对制造技工的技能和专家知识进行建模，以使智能机器人在没有人工干预的情况下进行小批量生产。智能制造技术是指在制造系统生产与管理的各个环节中，以计算机为工具，并借助人工智能技术来模拟专家智能（分析、判断、推理、构思、决策等）的各种制造和管理技术的总称。

1990年，日本通产省首先提出了企业智能制造系统（Intelligent Manufacturing System，IMS）的概念，该智能制造系统是一种由智能机器和人类专家共同组成的人机一体化系统，它突出了在制造活动各个环节中，以一种高度柔性与集成的方式，借助计算机模拟人类专家的智能活动，进行分析、判断、推理、构思和决策，取代或延伸制造环境中人的部分脑力劳动，同时，收集、存储、完善、共享、继承和发展人类专家的制造智能。目前所讲智能制造中的“制造”是“大制造”的概念，它不仅指传统意义的加工与工艺，而且还包括设计、组织、供应、销售、报废与回收在内的产品全生命周期各个阶段的活动，因此IMS的智能活动贯穿于产品的全生命周期。从概念上讲，智能制造主要包含智能制造技术和智能制造系统。智能制造技术是制造技术、自动化技术、系统工程与人工智能相互渗透、相互交织而形成的一门综合性技术；智能制造系统是智能技术集成应用的环境，也是智能制造模式展现的载体。从系统的内涵看，IMS可以是一个面向特定对象的IMS或一个企业的IMS，也可以是一个国家的IMS，甚至可以是全球的IMS。智能制造系统具有以下特点：

（1）自组织能力：各种智能机器能够按照工作任务的要求，自行集结成一种最合适的结构，并按照最优的方式运行。自组织能力是IMS的一个重要标志。

（2）自律能力：根据周围环境和自身作业状况的信息进行监控和处理，并根据处理结果自行调整控制策略，以采用最佳行动方案。这种自律能力使整个制造系统具备抗干扰、自适应和容错能力。

（3）自学习和自维护能力：以原有的专家知识为基础，在实践中不断进行学习，使知识库趋向最优。同时，还能对系统故障进行自我诊断、排除和修复。

（4）整个制造系统的智能集成：在强调各子系统智能化的同时，更注重制造系统的智能集成。IMS包括了经营决策、采购、产品设计、生产计划、制造装配、质量保证和市场销售等各个子系统，并把它们集成为一个整体，实现整体的智能化。

随着研究与应用工作的深入，人们逐渐认识到自动化程度的进一步提高依赖于制造系统的自组织能力，研究工作还面临着一系列理论问题、技术问题和社会问题，问题的核心是“智能化”。现代工业生产系统作为一个有机的整体要受技术、人和经济三方面因素的制约。从技术的角度来看，市场预测、生产决策、产品设计、原料订购与处理、制造加工、生产管理、原料产品的储运、产品销售、研究与发展等环节彼此相互影响，构成生产的全过程。该过程的自动化程度取决于各环节的集成自动化水平，而生产系统的自组织能力取决于各环节的集成智能水平。当时，尚缺乏这种“集成”制造智能的技术。

大批量定制（MC）

传统的大批量生产方式曾经使制造业得到了迅猛的发展，但其以产品为中心，要求客户适应产品的生产方式和支撑技术群具有明显的工业时代的特征，已经不能适应网络时代对制造企业的要求。激烈的市场竞争使得产品的开发模式从以企业为中心转变为以用户为中心，用户需求的动态变化直接导致企业在产品定制上的复杂性。客户需求的多样化导致市场中产品生命周期缩短、多品种小批量生产比例增大，同时客户对产品的高科技含量和交货周期日益关注，而传统的单件小批量生产，因其标准化、通用化程度低，技术准备和重复劳动多，以致效率低下，成本居高不下，无法适应市场竞争的需要。这些问题揭示了产品的定制性和速度、质量、成本之间的矛盾，从而为大规模定制（MC-Mass Customization）的研究和应用提供了实际的迫切需求，大批量定制生产就是在这一背景下产生的。

1970年，美国未来学家阿尔温·托夫勒在*Future Shock*（《未来的冲击》）一书中提出了一种全新的生产方式的设想——以类似于标准化和大规模生产的成本和时间提供客户特定需求的产品和服务。1987年，斯坦·戴维斯在*Future Perfect*一书中首次提到托夫勒的观点和概念，将这种生产方式命名为“Mass Customization”，即大批量定制（MC）。美国学者约瑟夫·派恩二世（Joseph Pine Ⅱ）在*Mass Customization: The New Frontier in Business Competition*（《大批量定制：企业竞争的新前沿》）中系统地阐述大批量定制生产的概念及其实施策略。Yeh和Pearlson在1998年进一步提出了即时客户化定制的概念，一旦顾客提出个性化需求，制造商能立即交付正确的产品。这标志着大规模定制理论研究和实践应用的开始，之后他还在管理学和机械设计与制造领域的杂志上发表了大量研究文献。自20世纪90年代以来，汽车、计算机、软件、通信设备等都曾被成功地定制。

尽管人们对大规模定制概念仍然存在一定分歧，但基本上可分为两类：一是广义上完全意义上的大规模定制；二是狭义上的大规模定制，它将大规模定制视为一个系统。前者的代表人物是Davis 和Pine Ⅱ。Davis将大规模定制定义为一种可以通过高度灵敏、柔性和集成的过程，为每个顾客提供个性化设计的产品和服务，来表达一种在不牺牲规模经济的情况下，以单件（one-of-a-kind）产品的制造方法满足顾客个性需求的生产模式。Pine Ⅱ将大规模定制分为四类，说明他开始倾向于从实用的角度定义大规模定制。许多学者将大规模定制定义为一个系统，认为其可以利用信息技术、柔性过程和组织结构，以接近大规模生产的成本提供范围广泛的产品和服务，满足单个用户的特殊需要。美国生产与库存控制协会认为，“大规模定制是一种创造性的大量生产，它可以使顾客在一个很大的品种范围内选择自己需要的特定产品，而且由于采用大量生产方式，其产品成本非常低。”

大批量定制是指对定制的产品和服务进行个别的大规模生产，它把大规模批量生产和定制生产这两种生产方式的优势有机地结合起来。大批量定制的基本思想在于：通过产品结构和制造过程的重组，运用现代信息技术、新材料技术、柔性制造技术等一系列高新技术，把产品的定制生产问题全部或部分转化为批量生产，以规模生产的成本和速度，为单个客户或小批量多品种市场定制任意数量的产品。大规模定制生产模式包括了诸如基于时间的竞争、精益生产、敏捷制造和微观销售等许多现代管理思想精华，其核心是产品品种的多样化和定制化，而不会增加成本，其范畴是个性化定制产品和服务的大规模生产，其最大的优点是提供战略优势和经济价值。大批量定制生产既不同于大批量生产，也不同于单一的定制生产。

大批量定制具有以下特点：

（1）以需求拉动和客户定制为生产导向。在传统的大规模生产方式中，先生产，后销售，因而大规模生产是一种生产推动型的生产模式。而大批量定制生产模式中，产品由客户和企业共同设计，设计成为生产过程的一部分，它不再按研究开发、生产制造到销售及服务这种传统步骤进行，而成为一个企业和客户共存的、整体的生产过程，企业以客户提出的个性化需求为起点，因而大批量定制成为一种需求拉动型的生产模式。

（2）以现代信息和柔性制造为技术支持。大批量定制模式必须对客户的需求做出快速反应，这要求有现代信息技术作为保障。互联网技术和电子商务的迅速发展，使企业能够快速获取客户的订单，计算机辅助设计系统能够根据在线订单快速设计出符合客户需求的产品，柔性化集成制造系统保证迅速生产出高质量的定制产品。

（3）以模块化设计和零部件标准化为基本保障。大批量定制利用模块化设计、零部件标准化，减少定制产品中的定制部分，从而有效地降低库存成本、产品改型成本、准备工作成本、定制和配置成本、营销服务成本等多样化成本，从而大大缩短产品的交货周期和减少产品的定制成本，使大批量定制的产品能够与大规模生产的产品进行竞争，并因准确地满足单个客户的需求而更具竞争优势。

（4）以敏捷制造和柔性制造为主要标志。在传统的大规模生产方式中，企业与客户是一对多的关系，企业以不变应万变。而大批量定制模式中，企业与客户是一对一的关系，企业面临的是千变万化的需求，大批量定制企业必须快速满足不同客户的不同需求。大批量定制企业必须要借助各种标准模块，通过准时生产、柔性制造、需求流制造以及各种敏捷活动，提高企业敏捷制造的能力，使企业能够有效而迅速地生产出客户要求的多样化产品。因此，大批量定制企业是一种敏捷型组织，这种敏捷不仅表现在柔性的生产过程、多技能的人员上，而且还表现在组织的扁平化，以及良好的供应链管理技术。

相对于传统的大规模生产模式，大规模定制生产以过程效率而非生产效率为中心；以员工渐进式研发创新取代传统的专门研发机构进行的突破性创新；市场职能以满足客户需求争取市场份额而非销售为主要目标。在实际应用方面最成功的是Dell公司，该公司应用大规模定制技术和直销模式，在短短十几年里，由白手起家一举成为世界PC机市场占有率最高的公司。

绿色制造（GM）

自20世纪70年代以来，全球掀起了一场空前壮阔的绿色革命，它从经济到政治，从观念到行为，对整个世界和人类生活产生了巨大的冲击和影响。“建立一个可持续发展的社会”，正成为21世纪全球性社会改革浪潮的一个重要主题。1992年联合国在巴西里约热内卢召开的环境与发展会议发表了《21世纪议程》，提出了全球可持续发展的战略框架。随后，中国政府向全世界推出《中国21世纪议程》，把可持续发展战略列为国家发展战略。《21世纪议程》指出：“地球所面临的最严重的问题之一，就是不适当的消费和生产模式，导致环境恶化、贫困加剧和各国的发展失衡。若想达到合理的发展，则需要提高生产的效率并改变消费，以最高限度地利用资源和最低限度地产生废弃物。”可持续发展战略的提出，使我国企业界面临挑战和机遇并存的局面。它要求企业顺应可持续发展的全球性潮流。

然而，对于制造业来讲，一方面，在工业发展史上，制造业以其绝对的优势奠定了其在工业上的基础地位。另一方面，在目前的技术水平及观念模式下，由制造业所带来的各种问题也日益显露，其中十分突出的一项就是对于环境的威胁，现代科学技术日新月异使人类逐步摆脱贫穷，同时也使人类陷入日益恶劣的自然环境中。“回归自然”已成为人类的共同心声。在当今时代，绿色环境保护运动的兴起，浸染了现代科学技术，也孕育了绿色制造技术。众所周知，制造业是将可用资源（包括能源）通过制造过程，转化为可供人们使用和应用的工业品和生活消费品的产业。20世纪80年代，特别是80年代后期以来，世界制造业市场竞争不断加剧，给企业带来了越来越大的压力，迫使企业纷纷寻求有效方法：一方面加速技术进步的步伐，促使现代制造过程的组织发生重大的变化，其目的在于使企业能适应市场的需要和变化，以最快的速度设计和生产出高质量的产品，并以最低的成本和合理的价格参与市场竞争。另一方面，制造业在生存和竞争的同时，又不断消耗资源，产生废弃物，造成环境污染，使得环境问题日益恶化，并正在对人类的生存与发展造成严重威胁。制造业是环境污染的主要源头，因此，如何使制造业尽可能少地污染环境是当前环境问题研究的一个重要方面。于是绿色制造（Green Manufacturing，GM）这一全新的概念便产生了。

所谓绿色制造（Green Manufacturing，GM），又称环境意识制造（Environmentally Conscious Manufacturing，ECM）或面向环境的制造（Manufacturing For Environment，MFE），是指在保证产品的功能、质量、成本的前提下，综合考虑环境影响和资源效率的现代制造模式。它使产品在从设计、制造、使用到报废的整个产品生命周期中环境污染最小化，使资源利用率最高，能源消耗最低。其体现的一个基本观点是，制造系统中导致环境污染的根本原因是资源消耗和废弃物的产生。因此，绿色制造涉及的领域有三部分：一是制造问题，包括产品生命周期全过程；二是环境保护问题；三是资源优化利用问题。绿色制造就是这三部分内容的交叉。绿色制造具有以下特点：

（1）系统性。绿色制造系统与传统的制造系统相比，其本质特征在于绿色制造系统除保证一般的制造系统功能外，还要保证环境污染为最小。

（2）突出预防性。绿色制造对产品生产过程中的环境污染问题，强调以预防为主，杜绝废弃物产生或使废弃物最小化。

（3）保持适合性。绿色制造必须结合产品的特点和工艺要求，使绿色制造目标符合预期发展的需要，又不损害生态环境，且能保持资源的合理使用。

（4）符合经济性。绿色制造技术的应用，可节省原材料，减少能源的消耗，降低废弃物处理处置费用，降低生产成本，提高产品的经济性，以增强市场竞争力。

（5）注意有效性。绿色制造从产品末端治理转向对产品及生产过程的连续控制，综合利用再生资源和能源、物料的循环利用技术，有效防止二次污染。

实施绿色制造，最大限度提高资源利用率，减少资源消耗，可直接降低消耗，从而直接降低成本；实施绿色制造减少或消除环境污染，可减少或避免因环境问题引起的处罚；由于绿色制造是从源头控制了污染，实行预防为主，将污染物消除在生产过程之初，降低了企业环境污染处理费用。绿色制造环境将全面改善或美化企业员工的工作环境，有助于提高员工的主观能动性和工作效率，未来的市场是绿色产品的市场，因此绿色制造对企业的发展是一种机遇。

绿色制造是可持续发展战略在制造业的体现，绿色制造是21世纪制造业的可持续发展模式，并成为21世纪制造业的主要特征。我们相信企业实施绿色制造不仅会带来巨大的社会效益，而且会取得显著的经济效益。

虚拟采办（SBA）

现代战争对武器系统的要求越来越高，需要设计和开发具有更先进的现代武器系统。按照传统的武器采办方法（采办周期20年左右），由于武器系统设计、生产、试验和采办过程是相对分离的，使得在新产品设计时很难确定影响效能的主要因素，导致武器系统的开发时间和开发成本在不断上升，无法应付国际现代战争的挑战。因此，必须彻底改变传统的采办方法，有效地降低武器系统的开发成本，缩减开发时间，增强武器性能。

武器装备采办是指发展、获取和使用高新技术武器装备的全过程，包括需求分析、设计、研制、实验、生产、部署、保障、改进、更新和退役处置等活动。武器装备的采办工作是一项复杂的系统工程，具有高费用、高风险、面向未来、面向对抗的特点，在高技术环境条件下，尤其是在体系对抗条件下，武器装备采办过程中面临费用、进度、风险、战技指标和作战效能等多方面的挑战，这就要求采办部门采用先进的技术、先进的管理方法和管理手段，提高武器装备采办的水平。当前武器装备采办面临的主要问题包括：（1）缺乏从体系对抗的层次进行武器装备需求分析论证的有效手段；（2）缺乏对武器系统研制和生产过程的有效管理和控制手段；

（3）缺乏对未来武器装备作战使用和后勤保障能力进行测试和评估的有效手段；（4）管理思想落后，且缺乏有效而先进的采办管理支撑平台。实践表明，按照目前传统的武器采办方法，现代武器系统的开发时间和开发成本将呈指数上升的趋势，即使是成功的项目，采办周期也经常超过20年，从而给使用者提供的是技术落后的装备，而且许多大型系统都是超过了预算才交付使用，并存在功能和性能方面的缺陷。

传统武器系统开发模式难以满足新形势下军事用户的需求，必须寻找一种能够解决这些问题的方法。信息技术、先进制造技术，特别是建模与仿真（M&S）技术的迅速发展，为解决上述问题提供了良好的契机。SBA（Simulation Based Acquisition，基于仿真的采办，又称虚拟采办）就是在这样的背景下提出的，并迅速成为各国的研究热点。SBA是一种将信息技术、建模与仿真技术以及先进制造技术融为一体的先进管理方法和采办哲理。在SBA概念下，武器系统开发过程是一个并行、迭代、柔性的过程，是对已有采办过程的改进和提高。

虚拟采办（SBA）是美国国防部于20世纪90年代中期率先提出的武器系统采办思想，它是对传统武器采办方法改革的重要举措。其概念定义为：SBA是一种跨采办职能部门、跨采办项目阶段、跨采办项目的各种仿真工具和技术的集成。它强调充分利用建模与仿真技术对新型武器系统的采办全过程（全寿命周期）进行研究，包括需求定义、方案论证、演示与验证、研制与生产、性能测试、装备使用、后勤保障等各个阶段。相对于当前的采办模式，虚拟采办从采办文化、采办过程及采办环境三个方面进行了重要变革。三者相辅相成，先进的文化体现在过程和环境当中；先进过程的实现需要文化的支持，而具体实现又依赖于采办环境。SBA的特点如下：

（1）采用跨职能部门、多学科的集成产品团队（IPT）的组织模式。IPT包括了产品全寿命周期中与武器系统开发相关的所有人员，如设计、生产、制造、采购、维修等采办部门的人员。武器系统演化开发过程强调小组成员合作、信任和共享的价值，要求IPT成员必须以统一产品概念模型（DPD）为一致性准则，采用一定的数据交换形式（DIF）以实现产品信息跨职能部门、跨采办阶段、跨采办项目的无缝流动。

（2）在采办全过程中贯穿一体化产品和过程开发（IPPD）方法，可以实现各种资源的有效应用，促进产品与其他相关资源的协调性。

（3）在武器装备研制的全生命周期中应用建模与仿真（M&S）技术，使得军方研究人员作为IPT的成员，参与对武器系统进行仿真和运行评估；可快速反馈设计分析的信息，并通过虚拟样机来评估、决策多种系统方案，而不需要建立物理样机进行单个设计的验证，从而使研制人员能提出好的系统开发方案。

（4）实现了政府部门和工业部门、工业部门之间、政府部门之间的信息交流，政府部门能清楚地向工业部门表达它的需求，工业部门能有力地响应政府部门的需求而明确地提出解决方案。

（5）综合环境可以减少应用物理样机进行测试所付出的昂贵代价，通过仿真技术进行测试和评估，从而避免不必要的物理样机测试，可以减少系统的运行和维护费用。

基于仿真的采办（SBA）自1997年提出以来，对其研究与应用已引起了各国重视。美国国防部和一些工业部门为了配合SBA，相继制定了一系列策略。1998年的DMSO工业日（Industry Day）围绕SBA这一主题展开讨论，总结、探讨了SBA相关概念与技术在大型武器系统（如联合歼击机JSF，两栖战车AAAV，F-22等）研制中的应用成效。1999年国防部在武器及自动化信息系统采办管理策略（DoD 5000.2-R change 4 of May 1999）中确定了M&S在项目采办决策中的关键地位。最高采办指南（DoD 5000.1）修订版将SBA视为采办的基本策略和原则。而且SBA相关技术在各军兵都得到了迅速发展与应用。典型如陆军提出的SMART概念，并确定了4项SMART 标志性计划：十字军（Crusader）计划、阿帕奇（Apache）计划、未来侦察兵系统（FSCS）计划和近战战术训练器（CCTT）计划，并均在成本和风险管理、项目管理、军事性能提高等方面取得了显著成效。海军在联合歼击机（JSF）、LPD-17、DD21和先进两栖攻击车项目中采用SBA思想，并起草了实现SBA方法的工作分解结构（WBS）框架。空军建成了支持SBA的基于仿真的采办环境（CASE）。同时发布相关指令“采办中的建模和仿真支持”，为实现SBA提供了基础框架。其他各国也越来越重视对SBA以及M&S技术的研究与应用工作，澳大利亚、英国、荷兰等国，以及北大西洋公约组织等都相继成立了国家级的建模仿真办公室，制订了相关的建模仿真发展计划。

云制造（CMfg）

21世纪，制造业的发展更加依赖高新技术应用的推动。以应用服务提供商（Application Service Provider，ASP）、制造网格（MGrid）、敏捷制造、全球化制造（Global Manufacturing）等为代表的网络化制造模式，成为制造企业为应对知识经济和制造全球化的挑战而实施的、以快速响应市场需求和提高企业（企业群体）竞争力为主要目标的一类先进制造模式。

网络化制造将先进的网络技术、信息技术与制造技术相结合，构建面向企业特定需求的基于网络的制造系统，并在系统的支持下，突破空间地域对企业生产经营范围和方式的约束，开展覆盖产品全生命周期全部或部分环节的企业业务活动（如产品设计、制造、销售、采购、管理等），实现企业间的协同和各种社会资源的共享与集成，高效、高质量、低成本地为市场提供所需的产品和服务。云制造（Cloud Manufacturing，CMfg）是网络化制造下的一种新的制造模式，是在“制造即服务”理念基础上应运而生的。

云制造是一种面向服务、高效低耗和基于知识的网络化智能制造新模式。它融合现有信息化制造、云计算、物联网、语义Web、高性能计算等技术，通过对现有网络化制造与服务技术进行延伸和变革，将各类制造资源和制造能力虚拟化、服务化，并进行统一、集中的智能化管理和经营，实现智能化、多方共赢、普适化和高效的共享和协同，通过网络为制造全生命周期过程提供可随时获取的、按需使用、安全可靠、优质廉价的服务。制造全生命周期过程包括制造前阶段（如论证、设计、加工、销售等）、制造中阶段（如使用、管理、维护等）和制造后阶段（如拆解、报废、回收等）。

云制造具有如下特点：

（1）充分借鉴和综合了多种先进制造模式，突破空间地域对企业生产经营范围和方式的约束，开展覆盖产品全生命周期全部或部分环节的企业业务活动。

（2）以制造企业信息化设施为基础，利用现代信息技术，将各类制造资源和制造能力虚拟化、服务化，并进行统一、集中的智能化管理和经营。

（3）实现企业间的协同和各种社会资源的共享与集成，高效、高质量、低成本地为市场提供所需的资源。

（4）通过网络为制造全生命周期过程提供可随时获取的、按需使用、安全可靠、优质廉价的服务。

（5）实现全球化的虚拟企业与动态企业联盟，并根据需要不断变化或重组。

云制造为制造业信息化提供了一种崭新的理念与模式。作为一个新生概念，云制造具有巨大的发展空间。云制造的研究与实践工作需要依靠政府、产业界、学术界等多方联合与共同努力。云制造的应用将是一个长期的阶段性渐进过程，而不是一蹴而就的项目工程。云制造要求制造企业具有良好的信息化基础，并且实现了企业内部的信息集成与过程集成。在此基础上，才有可能将价值链上的相关企业通过云端互联起来，实现网络协同、智能制造。因此，对于当前业界的广大制造企业而言，实现云制造仍有一定的门槛。

****

无论是何种先进制造模式，均须将企业中的组织、管理、技术、环境视为相互联系、相互作用的有机整体；把分散、局部的思维方式上升到系统全面的研究方式；把定性的思考方式提高到定性和定量相结合的研究方式。归纳起来，先进制造模式的共同特点如下：

（1）综合性：是技术、管理方法和人的有效综合和集成。

（2）普遍性：其概念、哲理和结构，适用于不同企业，其核心思想具有普遍指导意义。

（3）协同性：强调人–机协同，人–人协同因素的重要性，技术和管理是两个平行推进的车轮。

（4）动态性：与社会及其生产力水平相适应的动态发展进程。

生产方式受制于生产力，一种先进制造模式的产生和发展也必定如此。如果哪种先进制造模式与当时的生产力水平不匹配，不管是超前，还是落后，都无法充分发挥其应有的作用，甚至还妨碍生产力的发展。另外，每一种先进制造模式所要解决的问题会有所不同，都有一定的适用范围，因此，实施先进制造模式时要认真梳理问题，明确实施的具体目标。

4.4 制造业信息化的发展历程

先进制造模式的产生、发展，必然带动与之相适应的制造业信息化的发展，即制造企业信息系统的进化。在需求牵引和信息技术的推动之下，制造业信息化从最早的单项技术和局部系统的应用阶段，发展到以计算机集成制造和并行工程为代表的信息集成、功能集成和过程集成构成的企业级集成应用阶段，继而以敏捷制造、供应链管理、电子商务为主要内容的基于企业间网络化制造的集成应用阶段，进一步发展到智能（智慧）制造应用阶段（包括智能制造装备、智能制造单元、数字化工厂以及智慧云制造等），如图 4-2 所示[45]。

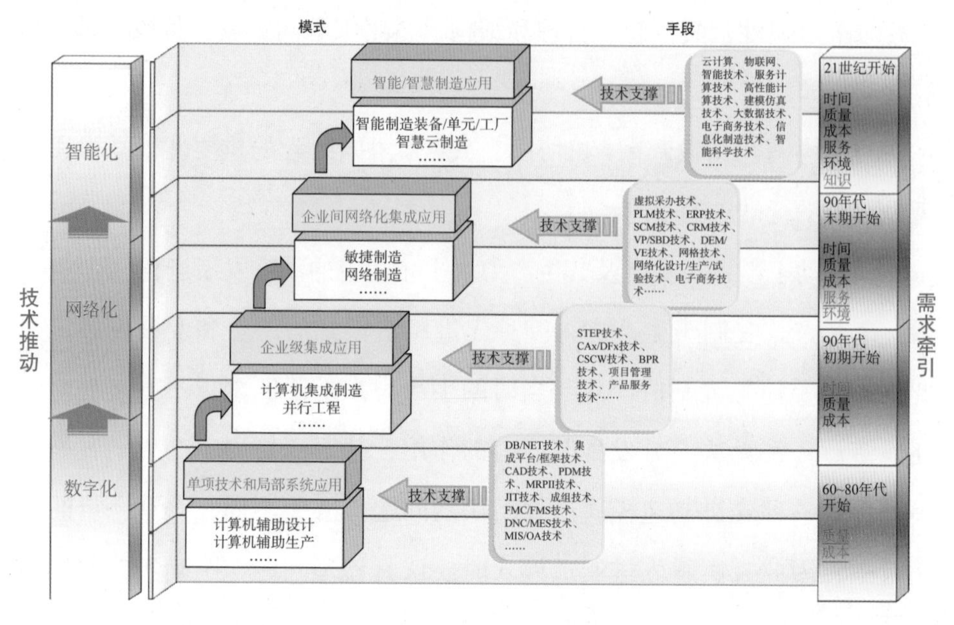

图4-2 制造业信息化的发展历程

第一阶段，单项技术和局部系统的应用阶段。该阶段大体上从20世纪60年代至80年代初期，以CAD/CAE/CAPP/CAM、成组技术（GT）、数控技术、MRP/MRP II等单项技术应用及面向制造过程的柔性制造系统（FMS）发展为主要内容。以美国军工制造业为例，在20世纪60 ~ 70年代，美国国防制造企业中就建立了许多自动化岛，如：1978年美国Lima坦克厂安装了M-1坦克车体精加工柔性自动线，只要7个多小时就可完成M-1整个车体的加工；M-1坦克扭力轴本体柔性加工自动线、坦克传动箱柔性加工系统、M-2战车零件柔性加工系统、M-2战车炮塔稳定器传动系统零件柔性加工系统，以及炮尾、炮架和复进机构柔性加工系统也在70年代末80年代初建成；潜艇建造也开始采用100%交互的三维数字模型替代传统昂贵的全尺寸失误模型。各种单项技术和能够实现多品种、方便批量制造的柔性系统的应用，有力地提高了制造企业的设计、制造水平，提高了企业竞争力。应当指出，在此阶段中，各种单项技术的应用使企业内产生了一系列的自动化孤岛，柔性制造系统的成功应用虽然能使单机自动化变为系统自动化，但它所解决的还只是产品制造过程中的局部问题，不能解决制造、设计、管理等职能部门的有机集成问题。

第二阶段，信息集成、功能集成和过程集成构成的企业级集成应用阶段，即20世纪80至90年代前期CIM[3]的蓬勃发展阶段。20世纪80年代，CIM在世界范围内得以迅速发展，美国国防部于80年代将研究与应用的重点转移到CAD/CAM/CIM系统战略并付诸实施。在解决企业内部自动化孤岛间的信息与功能集成之后，为了进一步提高企业产品设计开发效率和一次成功率，减少传统串行设计方法造成的大量返工。1988年，美国国防部分析研究所提出了并行工程的思想，以实现产品研制过程的并发与集成。如今，并行工程的思想和方法[10]已被全球制造业广泛采用。大量的武器装备，如：美国的先进的两栖突击车（AAAV）、“弗吉尼亚”级潜水艇、F/A-18战斗机等，采用的“集成产品与过程开发”（ Integrated Product and Process Design，IPPD）技术均是依据并行工程的思想，并以各种先进的信息化工具为支撑而得以实施的。最典型的标志性成果是大家熟知的波音777飞机研制，研制周期由原来的10年左右缩短为3年零10个月，并一次试飞成功。与此同时，洛克希德·马丁公司实施了“加速工程”，实质也是并行工程，使得该公司在2年内完成了Thaad导弹的研制。计算机集成制造系统的发展应用，将制造业带入了一个全新的发展阶段。信息技术对提升制造企业的综合能力的突出作用也在集成制造系统的成功应用中得到清晰的体现。

第三阶段，20世纪90年代兴起的以敏捷制造、网络制造、供应链管理、电子商务为主要内容的基于企业间的网络化制造集成应用阶段。20世纪90年代以来，全球化经济、全球化市场、全球化制造的新形势，迫使企业必须充分利用全球的制造资源，以敏捷制造的模式，更快、更好、更省地响应市场需求，而更快（Quicker）、更好（Better）、更省（Cheaper）则是虚拟采办（SBA）的核心思想。特别是随着网络信息技术的飞速发展，为企业实施全球化战略，实现异地协同工作、异地制造等企业间的集成提供了有利的工具和平台。以美国联合攻击战斗机JSF生产为代表的全球性虚拟制造企业模式，开创了数字化生产方式的先河。美国与英国、土耳其、意大利等多国建立了以项目为龙头的全球虚拟动态联盟，充分利用这些国家已有的技术、人力、资金、设备等资源，实现异地设计制造，加速产品的研制生产，取得了很大的成功，达到减少设计时间50%、减少制造时间60%、减少制造成本50%的效果。

第四阶段，进入21世纪以来智慧制造应用阶段（包括智能制造装备、智能制造单元、智能工厂以及云制造等）。随着云计算、物联网、人工智能、大数据等技术的飞速发展，制造业面临新的挑战与机遇。世界各制造强国纷纷研究和制定相应的战略计划，希冀抢占战略制高点，以便保证本国制造企业在未来的全球化、白热化的竞争中获胜。世界主要发达国家以新技术革命为先导，陆续推出国家制造业发展规划，其中，最具代表性的是德国推出的“工业4.0”、美国推出的“工业互联网”，并陆续公布了路线图、实施方案。为早日实现从制造大国向制造强国转变的目标，中国开展了“云制造”技术研究与应用实践，推出了“互联网+”等战略规划。“互联网+先进制造+服务”将成为制造业发展的新引擎，以数字化/网络化/智能化为特征的智能制造成为中国制造业的主攻方向，乃至全球制造业的愿景。

4.5 小结

通过研究，不难发现，这些先进制造模式是根据市场竞争、客户需求、技术的发展，不断产生而丰富发展起来的。从不同的角度、不同的层次进行扩展完善，解决了当时制造企业面临的困境与挑战，取得了显著的效果。强调一点：依据技术进化论和组合优化的观点，可将先进制造模式看成一个“有生命”的系统。随着生存环境和需求的变化，该生命系统为了适应变化而循序渐进、不间断地进化，从而满足制造企业蓬勃发展的需求。

基于各种先进制造模式的产生和发展状况，可看出其本质上是基于系统的观点，采用继承、系统集成的方法，将企业经营所涉及的各种资源、过程与活动进行综合，通过组织结构的扁平化、柔性化，经营流程的再造与优化，价值链的重构和优化，资源共享、协同配置等，使制造企业逐渐具备了精细、敏捷、高效、柔性、智能等特征，以适应消费者需求、制造企业生存环境、价值空间变化的要求。

第5章

CHAPTER 5

先进制造模式的比较

前面简要介绍了核心竞争力、价值链管理的概念、目的和作用，也提及了生产力要素。为了能对未来的制造模式（智能制造）进行合理的预测，我们必须对已有先进制造模式进行研究对比，摸清这些先进制造模式进化过程、脉络，并在当今技术进步的基础上，梳理未来制造模式要素的构成，促进形成一种未来先进制造的模式。制造业除了关注的核心竞争力和价值链外，还应了解生产力要素随着新兴科学技术的发展而产生的变化。通过从核心竞争力、价值链、生产力要素、先进制造模式等多个视角，对不同的制造模式进行观察，从而确定多种先进制造模式的对比要素。通过对选取的有限要素发展变化的了解，进一步体会这些要素在先进制造模式进化中的重要性和作用，并进一步预测未来的制造模式。

5.1 先进制造模式对比要素的选择

通俗地讲，制造业的竞争就是企业核心能力竞争，价值链的关键环节的比拼，具体体现在生产能力和价值创造上。制造企业根据自身发展需求和不断变化的环境条件，采用先进制造模式支持企业自身能力的提升，力图在价值链的所有关键节点上都胜过自己的竞争对手。先进制造模式涉及的内容很多，如果能够进行全面的、量化的对比分析固然最好，但实际操作起来十分困难。为此，我们试图通过选择几个有代表性的要素来完成制造模式的定性对比。那么，如何确定用于对比的要素，则是本节的主要任务。为了使后续的对比工作简便、可操作，本书作者人为规定选择对比要素应遵循的原则，具体如下：

- 简单性：力求简单。借用爱因斯坦的说法，在科学上，应当使事情尽可能地简单，直到不可能更简单了。
- 独立性：假设选定的要素是相互独立的，不考虑各要素之间的相互关联和影响。
- 共同性：从众多比较对象的共同特性出发，排除个性的影响。
- 便利性：选定要素的特征应易于获取，力求最小的工作量。
- 非量化：只进行适当的定性分析，不进行精确的量化计算。

按照上述几条原则，我们直接从先进制造模式的定义出发，本书4.2节给出的先进制造模式定义如下：

先进制造模式是指企业在生产过程中，依据环境因素，通过有效的组织各种生产要素来达到良好制造效果的先进生产方法。这种方法已经形成规范的概念、哲理和结构，对其他企业具有可模仿性，可以供其他企业依据不同的环境条件，针对不同的制造目标采用。它以获取生产有效性为首要目标，以制造资源快速有效集成为基本原则，以人–组织–技术相互结合为实施途径，使制造系统获得精益、敏捷、优质与高效为特征，以适应市场变化对时间、质量、成本、服务和环境的新要求。先进制造模式的先进性表现在企业的组织结构合理、管理手段得当、制造技术先进、市场反应快、客户满意度高、单位生产成本低等诸多方面。

为了方便，我们对先进制造模式定义中的语句顺序进行重新编排，挑选核心内容重新表述如下：

（1）先进制造模式是先进的生产方法；

（2）以“人–组织–技术”相互结合为实施途径；

（3）它需要建立以精益、敏捷、优质与高效为特征的制造系统；

（4）凭借组织结构合理、管理手段得当、制造技术先进；

（5）有效应对市场变化对T、Q、C、S、E提出的新要求，实现快（Quicker）、好（Better）、省（Cheaper）的目标。

基于重新表述的内容，遵照简单性、独立性原则，我们可以将对比要素限定在“人–组织–技术”、管理等方面。人是企业的主体，生产力要求人的组织形式与之配套，人和组织是密不可分的。关于人和组织，我们不考虑具体的集体能力或个体能力，只关注人员的组织形式。这里的管理也只涉及企业经营过程的管控，具体表现为能体现价值链的产品制造和服务流程（经营过程的具体化），不涉及对具体制造资源的综合管控。这里所谓的技术也只涉及与先进制造有关的数字化设计、生产技术等。

考虑到共同性，回顾多种先进制造模式的共同特点（见4.3节），现复述如下。

（1）普遍性：其概念、哲理和结构适用于不同企业，其核心思想具有普遍指导意义。

（2）综合性：是技术、管理方法和人的有效综合和集成。

（3）协同性：强调人–机协同、人–人协同因素的重要性，技术和管理是两个平行推进的车轮。

（4）动态性：与社会及其生产力水平相适应的动态发展进程。

不言而喻，先进制造模式的共同特点也清楚地界定了对比要素的范围，它涉及技术、管理方法、人等方面。这里的“人”只考虑“人–人协同”，即人的组织形式。这里的技术、管理是抽象意义上的，没有具体的范围限制（大于从模式定义选择的范围），我们权且也把它们限制在先进制造模式给定的范围内。除此之外，我们还介绍了有关核心竞争力要素（详见3.2节）、现代生产力要素的内容（详见3.4节），并进一步研究选定要素与核心竞争力要素、现代生产力要素的关系。从先进制造模式、共同点看，预选定的对比要素必须落在核心竞争力要素、现代生产力要素界定的范围之内。

最终，我们从众多要素中选定“人/组织、经营过程、技术”作为对比要素。其实，这些要素原本就是制造企业进行生产的必备要素“组织、管理、技术”的子集。作者选定它们，希望通过观察、研究这几个要素随时间的推移、科学技术发展而产生的具体变化，能够较为充分地反映出先进制造模式的进化脉络。笔者也希望大家能体会先进制造模式是循序渐进式发展，还是间断式的技术突变。当然，如何选择对比要素原本就是仁者见仁、智者见智的事情，本书的选择方法和对比结果必然存在许多不足和偏颇之处，欢迎大家批评指正。

为力求简单、便利和可操作，在下一节的对比中，我们省去了对比要素的精确数量分析，以及要素间的相关性分析，只进行了有关要素的特征提取，并给出简单的列表。对于人/组织仅考虑完成任务、项目的组织形式，对于经营流程仅考虑产品全生命周期的研制流程，对于技术仅考虑数字化技术、工具等。

5.2 先进制造模式对比

根据选定的比较要素，对多种先进制造模式从人/组织、经营过程、技术等方面观察、分析，总结归纳“人/组织、经营过程、技术”三个要素随着市场环境、客户需求变化而发生的变化，并给出对比结果，见表5-1。

表5-1 先进制造模式对比表

先进制造模式	人/组织	经营过程	技术	进化点说明
计算机集成制造	层科级（金字塔结构） 功能部门 以企业为中心	传统的串行流程，即抛过墙式研制、生产	CAX：CAD、CAE、CAQ、CAPP、CAM、系统集成等	系统集成观（功能、过程、信息集成）
并行工程	扁平化组织（IPT） 团队工作法 以企业为中心	主营企业内部并行、协同流程，俗称“扒墙透亮”	除CAX、系统集成外，增加了DFX、BPR、QFD、PDM、CSCW等	继承CIM，在组织方式、流程、工具上发生变革，力争一次设计、制造成功
精益生产	扁平化组织（IPT） 团队工作法 以企业为中心	产品全生命周期并行、协同	除并行工程涉及的技术外，还增加了JIT、GT、TQM、ERP、MES	吸收并行工程，增加准时生产等，消除浪费
敏捷制造	扁平化组织 虚拟企业（动态企业联盟） 以企业为中心	跨企业、产品全生命周期并行、协同流程	除并行工程涉及的技术外，还增加了成组技术、柔性制造、敏捷供应链等	吸收并行工程、精益生产，具有网络特征，构成跨地域的虚拟企业，消除浪费
智能制造	扁平化组织 虚拟企业（动态企业联盟） 以企业为中心	跨企业、产品全生命周期并行、协同流程	除并行工程涉及的技术外，还增加了自学习、自主感知算法、专家系统等	吸收并行工程、敏捷制造，在生产过程中加入智能决策和执行等
大批量定制	扁平化组织 虚拟企业（动态企业联盟） 以消费者为中心	基于个性化需求、订单，产品全生命周期并行、协同流程	除并行工程涉及的技术外，还增加了模块化设计、敏捷制造、互联网、电子商务	吸收并行工程、敏捷制造等，力争以批量生产的价格为客户提供定制化产品和服务

（续表）

先进制造模式	人/组织	经营过程	技术	进化点说明
绿色制造	扁平化组织 虚拟企业（动态企业联盟） 以消费者为中心	全生命周期的并行、协同流程，增加环保活动	除并行工程涉及的技术外，增加绿色设计、材料、工艺、生产、包装等技术	吸收并行工程、敏捷制造等，强调环境保护因素
虚拟采办	扁平化组织 虚拟企业（动态企业联盟） 以消费者为中心	全生命周期的并行、协同流程，增加建模仿真与虚拟制造活动	除并行工程涉及的技术外，还增加了综合集成研讨厅、全生命周期建模与仿真（M&S）、虚拟制造等	继承并行工程， 全生命周期采用建模与仿真，将虚拟样机向全生命周期两头延伸
云制造	扁平化组织 全球化虚拟企业（动态企业联盟） 以消费者为中心	围绕价值链，跨地域，乃至全球化的并行、协同流程	除并行工程涉及的技术外，还增加了虚拟化、服务化、物（互）联网、人工智能、智能装备、自主感知等	继承并行工程、敏捷制造等，在云计算、物联网环境下，实现全系统、全生命周期的智能、综合集成优化
未来的智能制造	全球化、扁平化的无边界组织 以消费者为中心	围绕价值网络，全球化智能并行、协同流程	除并行工程涉及的技术外，还增加了工业互联网、工业大数据、工业APP、自主感知、智能决策、共同体验空间等	继承多个先进制造模式，实现横向（水平）、纵向（垂直）、端到端三类集成，实现价值循环，智能化地为用户提供满意的价值体验

通过多种先进制造模式的对比，不难发现，这些制造模式是根据市场需求的变化产生和发展的，从不同角度、层面解决了当时制造企业面临的困境与挑战，并取得了显著的效果。例如：CIM提出从系统的观点进行协调，进而实现信息、功能与过程的集成（系统集成），使得信息流动起来，解决了制造企业自动化“孤岛”问题。但CIM并没有对传统企业的层科级（金字塔）组织结构、串行流程提出优化的要求。并行工程则借鉴和发展了CIM，在组织、经营过程、技术上都超越了CIM，即组建由来自不同部门的人员、用户代表，甚至竞争对手组成的多学科产品团队（IPT），变传统的串行流程为并行流程（IPPD），广泛采用CAX/DFX、PDM工具

/系统，在产品设计的早期阶段就充分考虑影响产品质量的因素，从而缩短产品研发周期、降低成本、提高质量等。敏捷制造则继承了并行工程的成果，通过组建动态企业联盟（跨地域的虚拟企业），实现企业的敏捷与柔性，以及信息共享、制造资源的高度利用等，快速响应市场需求。大批量定制则兼顾了客户的个性化要求，实现按订单生产、充分借鉴规模生产的成本优势，为客户提供低成本、定制化的产品和服务。绿色制造则进一步将环境保护因素引入制造过程中，从设计源头就考虑产品全生命周期的绿色化。虚拟采办将建模与仿真贯穿于产品全生命周期，即全系统、全过程、全方位（三全）采用虚拟样机技术，实现快（Quicker）、好（Better）、省（Cheaper）地为客户提供产品和服务。云制造则在多种先进制造模式的基础上，引入云计算、物联网、大数据、人工智能的成果，构建赛博–物理系统（CPS），通过虚实映射，实现复杂产品全生命周期的动态感知、智能化自主决策、资源综合集成优化等。云制造是未来的智能制造的初始阶段。

所有技术产生于已有技术，也就是说，已有技术的组合使新技术成为可能。未来的智能制造模式是在充分吸收、借鉴和继承多种先进制造模式的基础上进化而来的，在工业互联网、人工智能、自主感知等高新技术支持下，实现多维度的系统综合集成。对于未来的先进制造模式，我们可以大胆地预测：未来的组织应该是“无边界的”；未来的价值创造由开放的价值链转向价值循环；未来的智能制造系统是具有自主感知、自学习、自我诊断和自修复的智能化的系统。在未来的赛博–物理系统（CPS）中，消费者、企业、供应商、营销商、服务商等在价值网络（空间）中共同定义产品和价值，通过有效沟通和充分共享，不断优化、完善产品和服务，直至最终为消费者提供满意的价值体验。

5.3 小结

随着现代管理技术、网络通信技术（ICT）、先进制造技术的飞速发展，先进制造模式已经可以解决制造业面临的诸多难题，逐渐向产品研制的全系统、全过程、全方位的整体优化目标靠近。对曾经出现过的先进制造模式，我们仍然不能确定哪一种模式是最好的，因为这些制造模式有各自的特点，有针对性和局限性，但是，我们还是把握了先进制造模式继承和发展路线。从“云制造”概念和模式的产生，我们已经感受到了智能时代新制造模式的“朝阳”已经冉冉升起，未来的先进制造模式将伴随着理论研究的深入与工程实践的经验积累而必然产生和发展（量变到质变的过程）。它围绕制造业的产品创新，彻底解决 T、Q、C、S、E、K 等难题，通过理论研究与应用探索，不断完善，最终将实现复杂产品研制实现全系统、全过程、全方位的智能化、综合集成与优化，并为消费者提供满意的产品和服务体验。

近几年，随着计算能力的飞速提高，基因（G）、纳米（N）、机器人（R）等技术呈指数发展，数字化信息的爆炸式增长和技术重组式创新突破，全球半数以上的人实现了互联，使人类越来越有可能创造历史上最重要的大事件：真正多用途人工智能的出现，未来的智能制造终将为人类创造更加美好的未来。

新工业革命与智能制造

所知有限，未知无限，我们理智地站在无尽未知海洋中的一个小岛上。历代人类的事业不过是多占领几个小岛罢了。

——T.H. 赫胥黎，1887年

机器必须能够轻松地彼此交谈，才能为人提供更好的服务。

——尼葛洛庞帝《数字化生存》

第6章

CHAPTER 6

新工业革命前夜

近年来，云计算、大数据、物（务）联网、移动互联、人工智能（含工业机器人），特别是以工业4.0为代表的智能制造等研究与应用实践正如火如荼地进行着。与这些主题相关的研究成果、整体解决方案、最佳实践等有关的报道、文献、书籍如雨后春笋出现。各式各样的高层论坛、工业展令人眼花缭乱、目不暇接。其中，首屈一指，备受学术界、科研机构、制造企业关注的当属德国“工业4.0”。自它被提出以来，就披上了“第四次工业革命”的华丽外衣。一瞬间，花样百出的工业机器人、自动运输机械（AGV）、立体仓库，以及各式各样的全面解决方案、平台纷纷亮相，强烈地吸引着大家的眼球，给关注者带来巨大的震撼。仿佛一夜之间，工业4.0指日可待。在过去的几年里，“互联网经济”“共享经济”“机器换人”呼声曾是那样喧嚣。实践证明，建立在简单的“机器换人”概念上、局部、片面的智能制造只能使制造执行端更加高效、自动化，不可能从根本上全面解决智能制造的核心问题。智能制造是一项复杂的系统工程，涉及企业的组织、经营管理、技术、知识、环境等诸多生产要素综合协调、集成优化，而不是建几条生产线那么简单的事情。研究和探索符合国情的智能制造的技术体系、标准体系、总体方案、智能制造平台（系统）架构等，即研究提出一套智能制造模式，指导制造企业向智能化转型，是制造大国走向制造强国面临的最紧迫任务。

当下，在各种媒体的支持鼓动下，人们的目光被引向谷歌（Google）、脸谱网（Facebook）、阿里巴巴等互联网企业，使大家认为“互联网经济”就是全球经济的未来。其实，世界上有一个人们熟悉，却未必很关注，而其市场规模堪称巨大的产业——电信产业。互联网、人工智能、区块链等虽然更容易吸引人们眼球，但它们的产业规模远不及电信产业。例如，2016年全球互联网公司的收入一共只有3800亿美元，其中谷歌一家就占了1/4，再算上中国的阿里巴巴、腾讯和百度，美国的脸谱网、亚马逊和易贝，就剩不了多少份额了。而同期的全球电信产业，包括设备和服务，总收入高达3.5万亿美元。即便扣除华为、思科和爱立信这些设备厂商的收入，只算电信服务，也高达1.2万亿美元[8]。

另有来自国家统计局的数据：中国2018年全年GDP同比增长6.6%，首次突破90万亿元；中国工业GDP为305160亿元人民币（约30.5万亿），同比增长6.1%；中国制造业GDP为264820亿元（将近26.5万亿），同比增长6.2%，中国金融业GDP为69100亿元，同比增长4.4%；中国房地产GDP为59846亿元（约6万亿），同比增长3.8%；中国信息传输、软件和信息技术服务业GDP为32431亿元（约3.24万亿）①。占中国全年GDP 1/4以上的制造业不太被人关注，不可思议的是，产值小很多的互联网产业却备受媒体的关注。

大家都知道，人类无法脱离实体经济，更无法离开现实世界永远生存在虚拟网络空间中。即便你是互联网企业的大亨也是如此。如果没有强大的制造业，一个国家的经济将无法实现快速、健康、稳定的发展，人民生

① 数据来源：国家统计局网站，2019.01.22。

活水平难以普遍提高。如果没有强大的制造业，也就没有今天的计算机、存储设备、网络交换机，何谈互联网，又怎么会有今天的互联网产业，更不要奢谈什么互联网时代的"共享经济"了。更值得一提的是：中国制造业如果没有强大的先进制造技术、高端工艺装备、软件工具等支撑，没有符合中国国情的先进制造模式引领，必将受制于人，中国将如何从制造大国走向制造强国，实现中国梦呢？

除去泡沫、远离尘嚣，让我们平心静气地审视我们生活的时代。憧憬未来，奋发图强，相信制造业一定能为人类创造更加绚丽多姿的未来。

6.1 大计算、大连接和大数据的智能时代

本节从回顾两个举世瞩目的事例开始，一是2007年苹果公司发布iPhone智能手机，开启了智能、移动互联的新时代；二是2016年3月举行的围棋人机世纪大战，谷歌围棋软件AlphaGo以4∶1战胜了世界围棋冠军李世石九段，掀起了人工智能的新一轮狂潮。通过这两个事例展现了当今计算机、通信、互联网、人工智能等科学技术取得的巨大成就，使大家能够在轻松之中品味当下的时代，即以大计算（并行计算、云计算）、大连接（互联网、移动互联网）和大数据（源自互联网和工业互联网）等为特征的智能时代。

事例1　2007年苹果公司向全球发布了iPhone智能手机

第一代智能手机（iPhone）于2007年1月9日由苹果公司的CEO史蒂夫·乔布斯发布，并在同年6月29日正式发售。2008年7月11日，苹果公

司推出iPhone 3G。自此，智能手机（Smart Phone）的发展开启了新的时代，iPhone成为引领业界的标杆产品。大家都知道，任何一款手机都具有定位功能，不管是否智能，移动服务运营商通过精准的定位，将用户的通信信息及时发送给用户。那么，可否将互联网信息用于移动端手机上呢？这是一个多么令人兴奋的创造，尽管很少有人问及这是谁的设想。或许是集体的智慧吧！于是，移动运营商与互联网企业就真的融合了，催生了移动互联网服务，通过智能手机的触屏+APP完美展现，已极大地改变了人类的生活方式。截至2018年底，全球智能手机用户超过33亿，其中亚太地区用户占比超过一半。

移动互联网是移动和互联网融合的产物，集成了移动随时、随地、随身，以及互联网分享、开放、互动的优势，是整合二者优势的“升级版本”，即运营商提供无线接入，互联网企业提供各种成熟的应用。移动互联网业务包括移动环境下的网页浏览、文件下载、位置服务、在线游戏、视频浏览和下载等业务。随着宽带无线移动通信技术的进一步发展，移动互联网业务的发展将成为继宽带技术后互联网发展的又一个推动力，为互联网的发展提供了新的平台，使得互联网更加普及，并以移动应用固有的随身性、可鉴权、身份识别等独特优势，为传统互联网业务提供了新的发展空间和可持续发展的新商业模式。有专家指出：这个物品和与其密切相关的位置信息，是最有杀伤性的形式，这种集定位、搜索和精确数据库功能服务必将手机提升到改变世界的境界。

过去二十年，我国主要经历了PC（桌面）互联网和Mobile（移动）两次互联网浪潮。2011年之前，用户接入互联网的主要途径是计算机（台式和笔记本），而2011年通过智能手机上网的比例达到69.3%，并在2012

年正式以74.5%超过了台式计算机的70.6%，宣告移动互联网时代的来临。

> **中新社北京2019年4月23日电** 中国移动互联网大数据公司（QuestMobile）23日在北京发布《中国移动互联网2019春季报告》显示，截至2019年第一季度，中国移动互联网月活用户规模达11.38亿。尽管中国移动互联网月活用户规模增速在放缓，但用户的时长红利仍在。截至2019年3月，中国移动互联网用户每天花在移动互联网上的时间为349.6分钟，同比增长36.8分钟。腾讯系、字节跳动系、阿里巴巴系、百度系四家的相关APP占据了全网用户约70%的市场。（资料来源：中国新闻网）

如今，手机已远非一个通信工具了，它已经从通信工具转变为我们社会关系的全部。虽然人们也用它来打电话，但是这几乎是智能手机最次要的功能了。它首要的功能是建立和互联网的无线连接。借此人们可以上网冲浪，在路途上保持万维网内的互动。人们可以在任何地方撰写、发送和接收邮件。通过GPS，智能手机可以知道自己在地球上的位置，由此可以在几乎任何地方导航。成千上万种APP供人下载使用，这些软件可以实现几乎所有想到的功能。手机带着我们的体温，已经成为我们身体的一个器官，成为我们身体的组成部分。每时每刻必须携带的手机，我们依赖它，同时我们也对它越来越敏感，也越来越挑剔。

移动服务商可以精确定位每个用户，并将信息及时传递给用户。如果位置信息和地图信息联系在一起，我们的行踪将暴露无遗，深入挖掘将获得更多的个人信息。根据哈佛商学院近期发布的一项研究报告，只要有一个人的年龄、性别和邮编，就能从公布的数据当中搜索到这个人约87%的个人信息。移动互联、社交网络、电子商务大大拓展了互联网的疆界和应用领域。人们在享受便利的同时，也无偿贡献了自己的“行踪”。现在的互联网不但知道对面是一条狗，还知道这条狗喜欢什么食物、几点出去遛弯、几点回窝睡觉。人们不得不接受这个现实，每个人在互联网进入到大数据时代都将是透明性存在的。iPhone本身就是一个“移动间谍”，一直在用户不知情的情况下收集位置和无线数据，然后传回苹果公司；当然，谷歌的安卓系统和微软的手机操作系统也在收集这一类数据。数据化实时位置信息在人身上的运用最为显著。一些智能手机的APP也不管它本身是否应用定位功能，就收集位置信息；毋庸置疑，收集用户地理位置数据的能力已经变得极其具有价值。位置信息一旦被数据化，新的用途就犹如雨后春笋般涌现出来，而新价值也不断催生。即使还没想好如何利用采集到的数据，很多公司也在拼命地采集用户数据。

每天有几十亿的用户在使用移动互联网，这是一个怎样的“大连接”，其规模之大，发展速度之惊人，远远超出人们的想象。然而，这个时代不仅仅有移动互联网，还有PC互联网、物联网（IoT）、工业互联网等。通过这些网络，将遍布全球各个角落的计算机、智能手机、感知设备、制造设备、测试设备、企业制造的产品等连接在一起（数以亿计），交织成为遍布全球的复杂网络，形成世界互联的网络空间。预计到2019年年底，全球物联网连接进网的设备大概是250亿个，PC和手机八九十亿。这个全球互联的网络既可为人类提供所需的信息、消费品和服务，实现完美的价值体验，当然，也必然存在数据安全的隐患。

人类是移动的，也是相互关联的，因此人类的智能增强也必须是移动的。随着我们得以把互联网以及其他各种知识揣在身上到处走，它们也得到了巨大的力量，发展到新的维度。麻省理工学院技术评论家埃文·施瓦茨大胆声称，手机正成为“人类的主要工具”。

事例2　2016年3月谷歌AlphaGo（阿尔法围棋）战胜世界围棋冠军

2016年，可以说是人工智能大爆发的一年。2016年3月9日～15日，美国谷歌公司的阿尔法围棋（AlphaGo）以4：1战胜了围棋世界冠军李世石九段，这一事件轰动了全世界。在人类的完全信息游戏中，围棋一直被认为是人工智能最难啃的一块骨头。虽然计算机程序早在1997年人机国际象棋大战中就战胜了人类，但直到2015年，即使面对低段位的职业围棋选手，人工智能也无法与之匹敌。随着AlphaGo的问世，这一局面几乎一夜之间就被颠覆了[86]。这场由并行计算（大计算）、大数据、更深层次的算法（机器学习算法）组成的完美风暴，让酝酿了60年、原本已经两起两落、处于严冬的人工智能，一夜之间如沐春风，重新焕发了青春，充满了活力。

AlphaGo是一款围棋人工智能程序，由谷歌旗下DeepMind公司开发。从AlphaGo 2016年1月登台亮相（2017年5月谷歌宣布AlphaGo隐退）到2018年10月阿尔法元（AlphaGoZero）的公布，谷歌公司先后推出了四代阿尔法围棋，即2016年1月战胜欧洲冠军樊麾二段的AlphaGo（一代）、2016年3月战胜李世石九段的AlphaGo Lee（二代）、2016年底和2017年初在互联网上战胜60位人类选手，并于2017年5月战胜柯洁九段（当时等级分世界排名第一）的AlphaGo Master（三代），以及2018年10月18日公布的最强版阿尔法围棋——阿尔法元，代号AlphaGoZero（四代）。阿尔法围棋先后与60多位世界最高水平的围棋职业选手对弈，竟然无人能敌，以惊人的成绩通过了围棋博弈的“图灵测试”，显示了人工智能研究的惊人进展与瞩目成就，再次强烈地掀起了人们对于人工智能创新研究的热烈思考。

AlphaGo程序通过深度卷积网络与蒙特卡洛树的结合，建立了一个对下棋任务而言完备的特征集合，并在由此构成的表征空间中设计了一种代价估计函数，从而选取下一步的新增节点。整个过程中，特征集合逐步从不完备向完备过渡。高维度的表征空间隐含在了深度卷积网络中，并以胜负概率、落子概率相体现，从而给出了从当前节点到目标节点的代价估计方法，另一方面，实现了由抽象图形到定量结果的转化。具体来看：

（1）在人工智能方面，AlphaGo无论是在训练模型时，还是在下棋时所采用的算法都是若干年前大家就已经知道的机器学习和博弈树搜索算法，Google所做的工作是让这些算法能够在上万台服务器上并行运行，这就使得计算机解决智能问题的能力有了本质提高[87]。AlphaGo成功的基础：2006年，多伦多大学的人工智能科学家杰夫·辛顿（Geoff Hinton）对神经网络进行了改进，并将其称为“深度学习”。数年后，当深度学习被移植到GPU集群上时，速度有了大幅提升。2009年，吴恩达（Andrew Ng）和斯坦福大学的一个研究团队意识到GPU芯片可以并行运行神经网络。这项发现让神经网络的节点之间能拥有上亿的连接，开启了神经网络新的可能性。如今，在GPU集群上运行神经网络，已经被提供云计算服务的公司当作常规技术使用。例如，Facebook用它来识别你照片中的好友，而Netflix用它为超过5000万的订阅用户推荐“靠谱”的内容。

（2）在数据方面，Google团队使用了古今中外围棋名家，以及互联网站上围棋高手之间的几十万盘对局数据来训练AlphaGo，这些棋谱数据来自韩国KGS网站上的围棋对局数据库（3600万张棋谱数据），这就是它获得所谓“智能”的原因[87]。这样庞大的棋谱资料在互联网不够发达时是难以想象的。当然仅有这些数据还不够，还要将这些数据进行形式化表达（Go Modem Protocol，GMP），以便第一层神经元网络模型能读取这些数据。

（3）在计算方面，传统的神经元网络算法无法解决像围棋这样庞大的问题，必须采用先进的大规模、并行计算技术对已有神经元网络算法进行并行化改造，将下围棋这个智能化问题转化为统计计算问题[87]。Google采用了上万台服务器来训练AlphaGo下棋的模型，并且让不同版本的AlphaGo对弈了上千万盘，这才保证了它能做到“算无遗策”。具体到下棋的策略，AlphaGo里面有两个关键的技术。第一个关键技术是把棋盘上当前的状态变成一个获胜概率的数学模型，这个模型里面没有任何人工规则，而是完全靠前面所说的数据训练出来的。第二个关键技术是启发式搜索算法——蒙特卡洛树搜索算法，它能将搜索的空间限制在非常有限的范围内，保证计算机能够快速找到好的下法。

****

60年来，科学家对于人的思维模拟大概从两条道路进行，一是结构模拟，仿照人脑的结构机制，制造出“类人脑”的机器（鸟飞派）；二是功能模拟，暂时抛开人脑的内部结构，而从其功能过程进行模拟（统计学派）。计算机的产生便是对人脑思维功能的模拟，是对人脑思维的信息过程的模拟。该学派认为：机器获得智能的方式和人类是不同的，它不是靠逻辑推理，而是靠大数据和智能算法。AlphaGo采用的深度学习技术属于统计学派。事实上，20世纪70年代，人类就开始尝试机器智能的一条发展道路，即采用数据驱动和超级计算的方法，而这个尝试始于工业界而非大学。数据驱动方法从20世纪70年代开始起步，八九十年代得到缓慢但稳步的发展，进入21世纪后，由于互联网的广泛使用，使得可用的数据量剧增，数据驱动方法的优势越来越明显，最终导致从量变到质变的跃升。

AlphaGo的成功得益于分布并行计算、大数据和机器学习等技术的发展，谷歌的工程师将下围棋这个看似智能型问题转换为一个大数据和算法的问题，并通过大规模并行计算使问题得以解决。事实上，机器学习很多时候是钱堆出来的，有好机器，多喂数据，就能有产出。当然，前提是先要选对问题，然后能获得大量与问题相关的数据。阿尔法元（AlphaGoZero）在几个小时就征服了围棋、国际象棋和日本将棋的壮举再次使世人震惊！但是，当DeepMind大方地公布自我训练（Self-play）阶段使用了5000TPU时也让世人纷纷感叹，原来是“贫穷限制了我们的想象力！”

AlphaGo的成功不仅让人们看到了强化学习和随机模拟技术（也称“蒙特卡罗”技术）的魅力，也让深度学习变得炙手可热。这轮AI的爆发在很大程度上得益于算力的提升。深度学习就是人工神经网络借助算力的“卷土重来”，把数据驱动的方法推向了一个巅峰。本轮的引爆点主要表现在工程实践比以往更丰富了，应用层面的创新远远超过了基础理论，使人们甚至产生了一种幻觉——“所有科学问题的答案都藏于数据之中，有待巧妙的数据挖掘技巧来揭示”[86]。由于AlphaGo采用了基于深度神经网络的深度学习，于是，业内许多人士便纷纷提出要以“深度学习”作为未来研究的创新方向；由于深度神经网络模拟了人类大脑神经网络的部分结构与算法，于是，又有许多专家提出要把“类脑计算”作为人工智能研究的主要创新方向；同时，由于AlphaGo的深度学习利用了大数据作为学习的样本，于是，很多人认为应当把“大数据”作为人工智能研究的创新方向；此外，有更多的研究者相信，人工智能的创新关键在于研究出相应的创新“算法”来解决“群体智能系统”和“人机合作智能系统”等。

有专家认为：人工智能击败了人类顶尖棋手，自动驾驶汽车技术日趋成熟，生产线上大批量的机器人取代工人，甚至在我们有生之年，也许可以期待看到星际航行技术的成熟。当这些曾经是对人类社会“未来”描述的事情一件件成真，或许我们可以说，已经初露端倪的“智能时代”就是人类想象中“未来”的样子。

当然，也有专家认为：AlphaGo战胜了李世石，只能证明人工智能在“计算智能”方面取得了巨大进步，但对于“认知智能”等其他高层次的智能问题没有多大关系。有专家指出：“采用神经元方法有个潜在要求，建模数据要充分，且未来数据的分布不变。不仅是数据分布范围和密度不变，还包括变量空间的关系不变，干扰的分布不变。”即使AlphaGo赢了，它还是在概率计算，而不知道自己是如何“思考”的。目前没有证据证明卷积神经网络支持基于公理/定理的严格逻辑推理/演绎。人机大战对于人工智能的发展意义很有限，解决了围棋问题，并不代表类似技术可以解决其他问题，自然语言理解、图像理解、推理决策等问题依然存在，人工智能的进展被夸大了。

时至今日，深度学习依然是AI的热点方法，甚至有人将之盲目地等同于AI。其实，大数据分析和深度学习并不神秘，说得通俗一点，大数据分析就是多变量的统计分析，深度学习就是隐层多一些的神经网络而已，理论上没有太多新意。机器学习只是AI的一个领域（它的目标是使计算机能够在没有明确程序指令情况下从经验或环境中学习）。机器学习的方法多如牛毛，深度学习只是“沧海一粟”[86]。

国内外专家已给出了现阶段人工智能成功的五个必要条件[88]。尽管这五个必要条件会随着技术的发展和认识的提高而发现存在不足，但它至少可以反映现阶段人类专家对人工智能的认知，使大家对人工智能的进展、适用范围、广度与深度等能有一个清醒的认识，避免短期行为，过度追求和依赖而造成“水土不服”。这五个必要条件如下：

- 边界清晰。问题需要定义得非常清晰，比如AlphaGo做的就是围棋，活动范围就是在19×19的棋盘上，黑白双方轮流下子，边界和规则都很清晰。
- 要有外部反馈。算法要不断地有外部输入，它需要在什么样的情况、什么样的行为下，外部给出的反馈是什么，这样才能促进提高。
- 计算资源很重要。近几年，算法虽然有很大进步，但计算资源也是产生智能的关键。最近业界在分布计算上的成功，让我们相对几十年前有了飞跃的基础。
- 要有顶尖的数据科学家和人工智能科学家。增强学习、深度学习最近被重新提出，需要很多科学家做大量的工作，才能让这些算法真正推行。除了围棋、视觉、语音外，还有非常多的领域等待被探索。
- 大数据的完善。数据的量必须足够大（样本全集替代抽样样本集），以便采用大数据技术。AlphaGo成功的关键一点是KGS上的数十万盘高手的对战棋谱，如果没有这些数据作支撑，AlphaGo不会在这么短的时间内打败人类。如果每个样本信息是完备的，问题就相对简单一些。例如，阿尔法元（AlphaGoZero）的基础方法可以应用于任何具有完备信息的游戏（游戏状态在任何时候、双方玩家都完全知道的），因为在游戏规则之外，不需要事先的专家知识。

冷静之余，人们认识到AlphaGo的算法更适用于大规模概率空间的智能搜索，其环境和状态是可以模拟的。DeepMind的创始人德米斯·哈萨比斯表示，对于那些环境难以模拟的决策问题（如自动驾驶），这些算法也无能为力。《为什么：关于因果关系的新科学》的作者朱迪亚·珀尔认为，对某些任务来说，深度学习具有独特的优势。但这类程序或算法与对透明性的追求背道而驰。即使是AlphaGo的程序编写者，也不能告诉我们为什么这个程序能把下围棋这个任务执行得这么好。AlphaGo团队并没有在一开始就预测到，这个程序会在5年的时间内击败人类最好的围棋棋手。他们只是想试验一下，而AlphaGo出人意料地成功了。珀尔说："目前的机器学习、深度学习不能发展出真正的人工智能，忽视因果推断是其根本缺陷。当前的人工智能可以说是爬树登月，但要真正实现登月，靠爬树是不可能实现的，我们必须制造宇宙飞船"[86]。

谷歌阿尔法围棋的一系列活动，除了彰显谷歌在机器学习研究上的成就，更主要是导演了这一番连续剧，其背后完全是商业策划和营销，赢家当然也一定是谷歌。除谷歌外，各大科技巨头纷纷抢滩人工智能。苹果、微软、Facebook等科技巨头动作频频，已在人工智能领域累计进行了数十次兼并收购。国内，入局最早的百度破釜沉舟豪赌AI，推出"百度大脑"与金融、汽车、医疗等诸多领域加速商业化；赶了晚集的腾讯，则成立了AI实验室，通过持续收购来储备人才和技术。除了巨头们在积极布局，人工智能这条路上还挤满了传统资本和新兴创业公司们，语音识别、图像识别、机器人、无人驾驶等技术相继进入大众视野。

在资本热捧和概念营销的氛围中，行业内营造出了一种智能主义必将大行其道、人工智能触手可及的错觉。表面看来，人工智能发展繁花锦簇，不管是创业，投资，还是市场规模，这一领域的热度都在不断攀升，然而盛名之下其实难副，人工智能的发展正在面临“尴尬期”。喧嚣的热潮背后，人工智能在资本、技术、商业等方面的泡沫已经逐一显露。当前，新瓶装旧酒、缺少商业模式仍是多数人工智能企业的发展现状。即使是谷歌的AlphaGo、微软的Cortana，以及苹果的Siri，目前来看同样没有什么商业模式可言，科技巨头一直处于布局与投入阶段。

当前市场上呈现“产品热需求冷”的局面，究其原因在于所谓的智能产品多数是“伪智能”，仅仅把功能性的电子产品加上联网和搜索的功能，再冠以机器学习或大数据的名义拿出来售卖，例如以手环为代表的可穿戴设备、以智能机顶盒为代表的智能家居……其质量、寿命与销售前景可想而知。在人工智能概念火热的当下，大批低劣的“伪智能”产品层出不穷，难免会造成普通用户对人工智能的误解，对未来行业的应用普及造成了负面影响。

正如凯文·凯利所说，每项新技术都是一把双刃剑。一项技术所蕴含的力量越大，也就越可能被滥用。所以要注意它的潜在危害[89]。

****

深度学习的成果确实举世瞩目，令人惊叹。它的成功主要告诉我们的是：之前我们认为困难的问题或任务实际上并不难。它仍然没有解决真正的难题，这些难题仍在阻碍着人类智能机器的实现。其结果是，公众误以为“强人工智能”（像人一样思考的机器）的问世指日可待，甚至可能已经到来，而实事远非如此。尽管阿尔法围棋能否代表智能计算的发展方向还有争议，但比较一致的观点是：它象征着计算机技术已进入了人工智能的新信息技术时代，其特征是：大数据、大计算、大决策三位一体。

无论人工智能、大数据、云计算等技术进步，还是市场营销策略的成功，不可否认，我们已进入了一个由“云计算、大数据、物联网、移动互联网”构成的全新世界。虽然新时代总是伴随着无数的危险与挑战，但是，智能时代将会让人们享受到前沿科技创造的巨大机遇，这一点是毋庸置疑的。随着云计算、移动互联网的普及，以及可穿戴智能设备的发展，一场全新的、以大规模数据生产、分享、使用为代表的技术革命正在发生，数据成为宝贵的资源、资产和生产要素。对海量数据及其隐含信息、知识的收集、分析、挖掘、有效整合，将为科学研究、社会经济发展带来巨大的红利。大数据的广泛应用开启了一个全新的智能时代。

6.2 认识大数据

随着互联网的发展，特别是云计算的兴起和普及，计算机获取、存储和处理数据的能力快速提升，人们渐渐从大量的数据中发现了很多原本难以找到的规律性，于是，很多科学研究领域和工程领域（包括语言识别、自然语言处理和机器翻译等以计算机技术为主的领域，也包括生物制药、医疗和公共卫生这些与信息技术看似并无太多关联的领域）都取得了以前难以想象的进步，越来越多的人认识到了数据的重要性，并将数据的重要性提升到了一个前所未有的高度。

全球数据量出现爆炸式增长，数据成了当今社会增长最快的资源之一。根据国际数据公司IDC的监测统计，即使在遭遇金融危机的2009年，全球信息量也比2008年增长了62%，达到80万PB（1PB等于10亿GB），到2011年全球数据总量已经达到1.8ZB（1ZB等于1万亿GB），并且以每两年翻一番的速度飞速增长，预计到2020年全球数据量将达到40ZB。

初识大数据

大数据的概念最初起源于美国，是由思科、威睿、甲骨文、IBM等公司倡议发展起来的。《自然》杂志在2008年9月推出了名为“大数据”的封面专栏，从科学及社会经济等多个领域描述了“数据信息”在其中所扮演的越来越重要的角色，让人们对“数据信息”的广阔前景有了更多的期待，对身处或即将来临的“大数据时代”充满了好奇。从2009年开始“大数据”成为互联网信息技术行业的流行词汇。而真正让“大数据”成为互联网信息时代科技界“热词”的是全球著名管理咨询公司麦肯锡的麦肯锡全球研究院（MGI），它于2011年5月发布的一份名为《大数据：下一个创新、竞争和生产力的前沿》（*The next frontier for innovation，competition and productivity*）的研究报告，该报告作为第一份从经济和商业等多个维度阐述大数据发展潜力的研究成果，对“大数据”的概念进行了描述，列举了大数据相关的核心技术，分析了大数据在各行各业的应用，同时在文中也为政府和企业决策者提出了应对大数据发展的策略。可以说该份报告的发布，极大地推动了“大数据”的发展。此后，大数据迅速成为科技热词，并引起各国政府以及商业巨头的广泛关注。

无论2001年梅塔集团分析师道格·莱尼提出的大数据技术萌芽，还是2008年IBM公司的史密斯首次以“BIG DATA”的名词初步定义了大数据的含义，时至今日，科学界对大数据还没有给出一个完整准确的定义，不同领域的科学家们都从不同的视角诠释了大数据的基本含义。

- 麦肯锡给出的大数据定义为：大数据指的是大小超出常规的数据库软件工具获取、存储、管理和分析能力的数据集。但它同时强调，并不是说一定要超过TB值的数据才能算是大数据。
- 国际数据公司（IDC）从大数据的四大特征来定义，即海量的数据规模（Volume）、快速的数据流转和动态的数据体系（Velocity）、多样的数据类型（Variety）、巨大的数据价值（Value）。
- 亚马逊（全球最大的电子商务公司）的大数据科学家Jone Rauser给出了一个简单的定义：大数据是任何超过一台计算机处理能力的数据。
- 维基百科中的定义：巨量资料（Big Data），或称大数据，指的是所涉及的资料量规模巨大到无法通过目前主流软件工具在合理时间内达到撷取、管理、处理并整理成为帮助企业经营决策的资讯。
- 百度百科的定义：大数据（Big Data）是指无法在一定时间范围内用常规软件工具进行捕捉、管理和处理的数据集合，是需要新处理模式才能具有更强的决策力、洞察力和流程优化的海量、高增长率和多样化的信息资产。

目前技术领域普遍认可大数据是超出了典型数据库软件收集、存储、管理和分析能力的数据集，大数据是海量数据与复杂数据类型的综合体。上面几个定义，无一例外地都突出了“大”字。“大”是大数据的一个主要特征，但远远不是全部。这里的“大”是指数据集合的样本数大，而不是某个样本的数据量大。单个样本的数据量再大，也只是一个样本而已。大数据强调的是使用数据全集替代抽样的样本集，对数据进行加工整理，以期发现事物的内在规律和相关性。

要想认识大数据，不仅要了解大数据的概念、原理，更要领悟大数据的精髓。最具代表性、深刻地阐述大数据精髓的著作当属维克托·迈尔-舍恩伯格和肯尼思·库克耶所著的《大数据时代：生活、工作与思维的大变革》[90]。有关大数据的概念、基本原理在该书中有极为详细、深入浅出的解答，此处不再赘述。我们仅在此复述原书作者明确提出的大数据核心观点。

大数据的精髓在于分析信息时的三个转变：

- 第一个转变就是，在大数据时代，我们可以分析更多的数据，有时候甚至可以处理和某个特别现象相关的所有数据，而不依赖于随机采样。
- 第二个转变就是，研究数据之多，以至于我们不再热衷追求精确度。
- 第三个转变因前两个转变而促成，即我们不再热衷寻找因果关系。

上述三个转变，旗帜鲜明地表达了维克托·迈尔的观点。迈尔用寥寥数语就道破了大数据的精髓，并且引用了上百个实例来证明这些观点的普遍性、适用性，可谓独具匠心、用心良苦。其实，前一节我们提到的谷歌围棋AlphaGo的成功，是大数据获得成功应用更强有力的证据。遗憾的是该事件发生在2016年，比《大数据时代：生活、工作与思维的大变革》一书出版时间迟了四年。

经过研究和工程初步实践，我们对大数据上述三个转变的认识有了些许不同，具体如下：

关于第一个转变，不依赖于随机采样。大数据避免了采样之苦，因为大数据常常以全集作为样本集。在收集数据时常常没有预先设定的目标，而是先把能够收集到的数据收集起来。经过分析后，能够得到什么结论就是什么结论。其实，这可以说是一部分大数据专家的一种畅想，暂不说大数据分析所需的模型创建、数据清洗、标注等问题，怎样收集到全集数据本身就是一件很有挑战的事情。当然，在互联网发展的今天，在某些领域获得全集数据变得比较容易，且获取数据的成本较低时，有可能实现（如前面介绍的谷歌围棋 AlphaGo）。大数据的成功应用很多，例如：具有完备信息的游戏、语音识别、机器翻译、无人驾驶、医疗诊断、制药、政府信息等。但是，就离散制造业而言，复杂产品制造过程中如何获取足够数量的全集数据，应用工业大数据而获得成功的案例并不多见，一些文献中给出的成功案例仍停留在概念浅层。

关于第二个转变，不再热衷追求精度。这是对大数据获得成功的另一种乐观期望。如果数据真的足够多，远远超过建模所需的样本数，那么，与传统的统计学基于随机采样有限样本集合进行建模与分析相比，基于大数据的建模与分析结果精度必然会提高很多，当然也就不必再受模型精度的限制。事实上，人类生存的世界是一个复杂的大系统，不确定性、非线性普遍存在。在制造业和产品研发领域，不要说获得大数据分析所需的数据全集了，有时连满足一定误差（如切比雪夫不等式）要求的样本数据都难以采集到，我们依然需要处理小子样，甚至极小子样的问题。

关于第三点转变，不再热衷寻找因果关系。我们生活的物理世界充满着不确定性，当无法确定因果关系时，大数据为我们提供了解决问题的新方法，大数据中所包含的充足信息可以帮助我们消除系统的不确定性，而数据之间的相关性在某种程度上可以暂时取代原来的因果关系，帮助我们得到我们想知道的答案，这便是大数据的核心。尽管，我们还不清楚产生这样或那样结果的原因、机理，但是现阶段我们毕竟可以通过大数据预测结果。当然，人类利用大数据的终极目的还是寻找因果关系。只是由于因果关系深藏在数据中，难以发现，迫使许多科学家和数据工程师不得不先从相关性入手。大数据是人类认知过程的一个阶段性产物，是现阶段人类对世界认知能力水平的一个精准写照。

再次强调，我们对于大数据时代“相关关系比因果关系更重要”的认识并不同于大数据的拥趸。问题在于，相关并不蕴含因果。例如，公鸡打鸣与天亮相关，但公鸡打鸣不是导致天亮的原因。人类认识和改变世界的基本途径有两个，即理论研究和科学实验。近代科学的大发展得益于笛卡儿的科学方法论，即“大胆假设，小心求证”。大体上说就是：做出假设、构建模型、数据实证、优化模型、预测未来。笛卡儿的还原论指导瓦特等人应用于机械动力的发明，并形成了影响工业革命的所谓机械思维。机械思维曾是改变人类工作方式的革命性方法论，而且在工业革命和后来全球工业化的过程中起到了决定性的作用，今天它在很多地方依然指导我们的行动。如果能够找到确定性（或者可预测性）和因果关系，依然是最理想的。利用大数据寻找相关性的人只是在系统周围徘徊，收集和分析有关的数据，无法认知系统中数据的产生过程。当然，面对复杂系统的不确定性、非线性和涌现行为，还原论已不完全适用，需要新的科学方法来揭示复杂系统的奥秘，即复杂性科学。

大数据与并行计算、人工智能等完美结合，为人类提供了一种革新性的认识和解决问题的方法和手段，这也就是今天人们熟知的“第四范式”——数据密集型科学发现。它是由图灵奖得主、关系型数据库的鼻祖吉姆·格雷（Jim Gray）于2007年1月11日在美国加州山景城召开的NRC-CSTB大会上讲演“科学方法的革命”时（他留给世人的最后一次讲演）提出的。他将科学研究分为四类范式，依次为实验归纳、模型推演、仿真模拟和数据密集型科学发现。吉姆·格雷认为，鉴于数据的爆炸性增长，数据密集范式理应并且已经从第三范式即科学计算范式中分离出来。第四范式已经被一些科学家提升到方法论的高度，并与前三个范式齐名，成为人类认识和改变世界的一种新的思维方式，即所谓大数据思维。更有专家认为大数据思维将取代机械思维（曾改变人类工作方式的革命性方法论）。一时间，大数据被推向了方法学的巅峰，追捧的浪潮席卷全球。

面对近几年对大数据的狂热追捧，朱迪亚·珀尔指出：某些领域存在着一种对数据的近乎宗教性的信仰。这些领域的研究者坚信，只要我们在数据挖掘方面拥有足够的智慧和技巧，我们就可以通过数据本身找到这些问题的答案。这种信仰是盲目的，很可能受到了对数据分析的大规模宣传炒作的误导。因果关系从来不能单靠数据来回答，它们要求我们建构关于关于数据生成过程的模型，或者至少要构建关于该过程的某些方面的模型。当你看到一篇论文或一项研究是以模型盲的方式分析数据的时候，你就能确定其研究结果不过是对数据的总结或转换，而不可能包含对数据的合理解释。

不知道数据总体分布如何，不了解数据产生机制，也不确定观测样本是否“有资格”代表总体，在此前提下，即使拥有大量样本可用来训练学习机器，总难免因运气不佳而产生较大的偏倚。所以，纯粹的数据驱动的机器学习总是包含一定的风险，特别地，当我们对数据的产生机制有一些先验知识而无法表达时，我们对模型缺乏可解释性和潜在数据攻击存在的担忧就会进一步加剧。无论模型效果的好坏，我们都无法知道其背后的原因，对模型的泛化能力、稳健性也都无法评估[86]。

随着大数据的爆炸性增长，劣质数据也随之而来，导致数据质量低劣，极大地降低了数据的可用性。事实表明，大数据在可用性方面存在严重问题（以下简称数据可用性问题）。国外权威机构的统计表明，美国企业信息系统中1% ~ 30%的数据存在各种错误和误差，美国医疗信息系统中13.6% ~ 81%的关键数据不完整或陈旧。国际著名科技咨询机构Gartner的调查显示，全球财富1000强企业中超过25%的企业信息系统中的数据不正确或不准确。随着大数据的不断增长，数据可用性问题将日趋严重，也必将导致源于数据的知识和决策的严重错误。

一个正确的大数据集合至少应满足以下5个性质[91]：

- 一致性：数据集合中每个信息都不包含语义错误或相互矛盾的数据。
- 精确性：数据集合中每个数据都能准确表述现实世界中的实体。
- 完整性：数据集合中包含足够的数据来回答各种查询和支持各种计算。
- 时效性：信息集合中每个信息都与时俱进，不陈旧过时。
- 实体同一性：同一实体在各种数据源中的描述统一。

再品大数据

云计算兴起，通过互联网、廉价服务器，以及比较成熟的并行计算工具，实现了大规模的并行计算，大数据的处理才成为可能。大数据无时无刻不在产生、变化，它们既可以是互联网上每天产生的、数以亿计的网页内容、文本、视频、电商订单等，也可以是来自制造业的企业信息化数据、工业物联网数据以及外部跨界数据等。对制造业而言，信息化和工业互联网中机器产生的海量时序数据是工业数据规模变大的主要原因。近年来，物联网技术的飞速发展，工业互联网成为工业大数据新的、增长最快的来源之一，它能实时自动采集设备和装备运行状态数据，并对它们远程实时监控。在云计算出现之前，传统的计算机是无法处理如此量大以及不规则的“非结构数据”的。以云计算为基础的信息存储、分享和挖掘手段，可以便宜、有效地将这些大量、高速、多变化的终端数据存储下来，并随时进行分析与计算。应用大数据的一个前提就是能够将一个大的计算任务分到很多台便宜的服务器上去做并行计算。没有相应的软件支持，很难将一个复杂的大问题拆成很多小问题分配到多台服务器上去做并行计算。大数据和云计算是一个问题的两个方面：一个是问题，一个是解决问题的方法。通过云计算对大数据进行分析、预测，会使得决策更为精准，释放出数据的隐藏价值。

换一个不同的分类方法，人类认识和改变世界的方法可分为两类，即实证法和统计法。实证法讲究的是百分之百，无一例外，其定量准确，是现代科学的主流。统计法讲究的是统计概率与统计规律，对于人们（暂时）无法用实证法去认识的不确定系统或事物，就只能用统计法来解决。这种方法从根本上就不可能做到100%，是人们一时无法获悉复杂事物的本质时而采用的一种统计学的近似方法。过去，通常采用建模与仿真（Modeling and Simulation，M&S）的方法解决复杂系统（事件）不确定性问题。建模与仿真是建立在统计学基础之上的一门学科，当然它需要有相关领域的专门知识来支撑。随着建模与仿真复杂程度的增加，M&S的正确性和置信度的问题显得非常重要。M&S必须经过严密的校核、验证与确认（Verification Validation & Accreditation，VV&A），以确保M&S达到预期的目的。有专家认为M&S是人类认识和改变世界的第三范式，时至今日也没过多长时间。如今，又有一些专家提出大数据方法是人类认识和改变世界的第四范式。我们认为：大数据方法是M&S的一个组成部分，至于大数据方法是否应该从第三范式中剥离出来，一点都不重要。

大家都知道大数据分析分法的数学基础依旧是统计学。统计学，又称数理统计，是建立在概率论基础之上，收集、处理和分析数据，找到数据内在的关联性和规律性的科学。要想取得准确的统计结果，首先要求数据充足。只要数据量足够，就可以用若干个简单的模型取代一个复杂的模型。这个方法被称为数据驱动方法，因为它是先有大量的数据，而不是预设的模型，然后用很多简单的模型去契合数据（Fit Data）。虽然这种数据驱动方法在数据不足时找到的一组模型可能和真实的模型存在一定的偏差，但是在误差允许的范围内，从结果上看和精确的模型是近似等效的。统计除了数据量必须充分，还要求采用的数据具有代表性。统计所使用的数据必须和我们需要统计的目标一致。从理论上讲，只要获取足够的、具有代表性的样本（数据），就可以运用数学找到一个模型或一组模型的组合，使得它和真实情况非常接近。传统的数据驱动方法常常先有一个目的，然后开始收集数据。然而，获得足够量的具有代表性的数据远比我们想象的要难得多，其难点就在于设计具有代表性的样本。

如果仅用抽样数据来估计一个概率分布则是一类非常简单的问题，用统计数据做一些加减乘除即可。但是在大多数复杂的应用中，需要通过数据建立起一个数学模型（唯象模型），以便在实际应用中使用。唯象模型是用于描述系统的数学模型，它只根据实验数据构建，没有使用任何关于系统内部工作过程的信息，也被称为经验模型、统计模型、数据驱动模型或黑盒模型。与唯象模型相对的是机理模型。要建立机理模型，就要知道系统的先验信息。如果对于系统一无所知，处于“黑盒”状态时，就不得不使用唯象模型[92]。在工程实际中，要慎重考虑采用哪种模型。要建立数学模型就要解决两个问题，首先根据系统分析的问题决定采用什么模型。模型的选择当然不是一件容易的事情，通常简单的模型未必和真实情况相匹配。如果一开始模型选择不好，那么以后修修补补就很困难。因此，在过去，无论在理论上还是在工程上，大家都把主要的精力放在寻找模型上（在工程上，采用简单的模型常常比一个精确的模型成本更低，因此被广泛使用）。有了模型之后，第二步就是要找到模型的参数（参数识别问题），以便让模型至少和以前观察到的数据相吻合。这个过程如今有了一个时髦而高深的名字——机器学习[87]。

在今天的IT领域，越来越多的问题可以用数据驱动的方法来解决。具体地讲，就是当我们对一个问题暂时不能用简单而准确的方法解决时，我们可以依据以往的数据，构造很多近似的模型来逼近真实情况，这实际上是用计算量和数据量来换取研究的时间。数据驱动方法最大的优势在于，它可以在最大限度上得益于计算机技术的进步。尽管数据驱动方法在一开始数据量不足，计算力不够时，可能显得有些粗糙，但是随着时间的推移，摩尔定律保证了计算力和数据量以一个指数级数增长的速度递增，数据驱动方法可以非常准确。这并非是因为我们对特定问题的认识有了较大的提高，而是因为在很大程度上我们靠的是数据量的增加。

通常采用人工智能算法，也就是机器学习的方法，进行模型的训练，并用训练好的模型进行预测，例如前文提及的谷歌阿尔法围棋软件。在训练模型前，先要对某特定问题的海量数据进行过滤和整理，去除与要解决问题无关的维度（俗称降维，降低问题的复杂度），将与问题有关的数据内容进行格式化处理，以便进一步使用。大数据的效益在很大程度上取决于使用（和挖掘）数据的水平，数据标注要花费大量的时间。接下来就是利用处理好的数据进行机器学习。通俗地讲，就是用充足的“饲料”（标注好的数据）去喂“机”（机器学习的智能算法），经过充足时间的“喂养”，那个“机”就下出了“蛋”，而那个“蛋”就是我们需要的产出物，即训练好的模型。我们以后就可以用这个训练好的模型去预测未来。当然，机器学习一旦上了规模，实现起来可不是一件容易的事情。机器学习训练迭代的次数越多，或者通俗地说学习得越深入，得到的数学模型效果就越好。因此，用同样的数据、同样的算法，采用不同深度的机器学习方法，得到的结果会有所不同。

在大数据时代，数据的价值从它最基本的用途转变为未来的潜在用途。这一转变意义重大，它影响了企业评估其拥有的数据及访问者的方式，促使甚至是迫使公司改变它们的商业模式，同时也改变了组织看待和使用数据的方式。一旦世界被数据化，就只有你想不到的，没有信息做不到的事情了。今天，拥有了数据分析的工具（统计学和算法）以及必需的设备（信息处理器和存储器），我们就可以在更多领域、更快、更大规模地进行数据处理了。进行大数据分析的人可以轻松地看到大数据的价值潜力，这极大地刺激着他们进一步采集、存储、循环利用我们个人数据的野心。随着存储成本继续暴跌而分析工具越来越先进，采集和存储数据的数量和规模将爆发地增长。由于在信息价值链中的特殊位置，有些公司可能会收集到大量的数据，但是他们并不急需使用也并不擅长再次利用这些数据。例如，移动电话运营商收集用户的位置信息来传输电话信号。对于这些公司来说，数据只具有狭窄的技术用途。但是当它被一些发布个性化位置广告服务和促销活动的公司再次利用时，则变得更有价值。

互联网和科技公司在利用海量数据方面走在了最前沿，因为他们仅仅通过在线就能收集大量的信息，分析能力也领先于其他行业。其实，争夺数据的比赛已经开始多年了，目前是以谷歌、Facebook、百度和腾讯等数据巨头为首。这些巨头多采用“注意力商人”（Attention Merchant）的商业模式，靠提供免费信息、服务和娱乐来吸引我们的注意力，再把我们的注意力转卖给广告主。然而，这些数据巨头真正的目标其实远超以往的注意力商人，他们真正的业务不是销售广告，而是靠吸引我们的注意力，取得关于我们的数据，这些数据远比任何广告收入更有价值。我们不是他们的用户，而是商品。和谷歌一样，一些社交网络坐拥大数据宝藏，一旦这些数据信息得到深入分析，他们就能轻易获得社会各行各业以及三教九流的几乎所有的动态信息。例如，Facebook 2012年拥有大约10亿用户，他们通过上千亿的朋友关系网络相互连接。这个巨大的社交网络覆盖了大约10%的全球人口。试想，这些所有的关系和活动在数据化之后都被一家公司所掌控，将意味着什么？

大数据成为许多公司竞争力的来源，从而使整个行业结构都改变了。随着智能手机和计算机技术的普及，对个人最重要的生活行为进行数据处理从未像今天这么容易。谷歌、Facebook的算法不仅完全知道你的感觉，还知道许许多多你自己都浑然不觉的事。如今，亚马逊监视我们的购物习惯，谷歌监视着我们浏览网页的习惯，Twitter窃听着我们心中的“TA”，Facebook似乎什么都知道，包括我们的社会关系。有专家担忧：从长期来看，只要取得足够的数据和运算能力，数据巨头就有可能破解生命最深层的秘密，不仅能为我们做选择或操纵我们，甚至可能重新设计生物或无机的生命形式。大数据还会带来更多的威胁，毕竟大数据的核心思想就是用规模剧增来改变现状。

几年来，大数据的呼声曾一浪高过一浪，对互联网企业、制造业产生了很大影响，致使很多人以为只要有了大数据，很多问题都可以轻松解决。然而，事实并非如此。正如朱迪亚·珀尔在《为什么：关于因果关系的新科学》中所说：“在科学和商业领域，仅凭数据不足以解决问题的情况一再发生。尽管或多或少地意识到了其局限所在，但多数热衷于大数据的人仍然选择盲目地继续追捧以数据为中心的问题解决方式，仿佛我们仍然生活在因果禁令时代。”[86]

对于制造业而言，特别是离散制造业，例如航空、航天、船舶、高端工业装备等，目前很难见到在复杂大系统工程中应用大数据获得成功的企业级优秀案例。不仅如此，一些数据分析专家甚至认为，当企业开始搞大数据的时候，他们就走上了一条不归路，数据越大，其中枝节越多，错误也就越多。

数据科学家Vincent Granville在《大数据的诅咒》里写道：“这不难解释。例如，即使数据集之中只包括1000个因子，那这些因子之间的相关关系数量就高达百万级别。这也就意味着一些因子之间的关系可能完全是随机的，以此来建预测模型，你会输得很惨。”

全球领先的信息技术研究和咨询公司Gartner指出：大肆宣传大数据

概念，使企业在选择适当的行动方案时受到更多的困扰，但对消除一些仍然存在的误区却毫无帮助。

****

苏珊·朗格（Susan Langer）在其《哲学新解》一书中谈到，一些观念往往带着强大的冲击力突现在知识图景上。顷刻之间，这些观念解决了如此之多的重大问题，似乎向人们允诺它们将解决所有的重大问题，澄清所有的模糊之处。于是，人们都想争先恐后地把它们奉为开辟新的实证科学大门的秘诀，当作以此便可建构起一个综括一切的分析体系的中心概念。苏珊·朗格指出，之所以会有这样一种大观念的突然流行，一时间几乎排斥了所有其他的观念，是由于“这样一个事实：所有敏感而活跃的头脑都转向对这个观念的探索和开发。我们将它试用于每一个方面，每一种意图，试验其严格意义上的可能延伸范围，试验其一般原理，以及衍生原理。”

然而，当我们熟知了这一新观念之后，当这个观念成为我们的理论概念总库的一部分之后，我们对这个观念的期望便会与它的实际用途趋于平衡，从而风靡一时的过分状态也就结束了。少数狂热的信奉者还会坚持认为这个观念是理解整个宇宙的钥匙；但是不那么易受支配的思想者不久就会冷静下来思考这个观念产生的实际问题，他们努力在它适用的地方，在它能够扩展的地方扩展它；而在它不适用或不能扩展的地方就停止运用它、扩展它。如果这样的话，这种观念实际上就会变成一种尚待发育成长的胚芽，变成我们知识武库中永久而持续的一部分，而不再有它曾经有过的那种貌似宏伟阔大、允诺一切的范围，不再具有那种似乎处处适用的无限多用性[93]。

今天，大数据的喧嚣已渐行渐远。其实，大数据是人类认知过程的阶段性产物，人类从大数据的角度认识世界和预测未来，拓展了人类解决问题的思路。大数据、深度学习等并不是包治百病的良药，对此我们应该有一个清醒的认识。我们要做的不是随波逐流，而是要厘清我们的问题是什么。大数据是否是解决问题的一种有效途径。

6.3 理解工业大数据

以云计算、大数据、物联网、移动互联网为代表的新一轮科技革命席卷全球，正在构筑信息互通、资源共享、能力协同、开放合作的制造业新体系，极大地扩展了制造业创新与发展空间。新一代信息通信技术的发展驱动制造业迈向转型升级的新阶段——数据驱动的新阶段，这是新的技术条件下制造业全产业流程、全产业链、产品全生命周期的数据可获取、可分析、可执行的必然结果，也是制造业隐性知识显性化不断取得突破的内在要求。

随着对智能制造的需求愈加迫切，工业大数据的技术及应用将成为推动智能制造、提升制造业生产效率与竞争力的关键要素，是实施生产过程智能化、流程管理智能化、制造模式智能化的重要基础，对智能制造的实施具有关键的推动作用。工业大数据技术的研究与突破，其本质目标就是从复杂的数据集中挖掘出有价值的信息，发现新的规律与模式，提高工业生产的效率，从而促进工业生产模式的创新与发展。工业大数据从产品需求获取、产品工艺设计、产品研发、制造、运行甚至到报废的产品全生命周期过程中，在智能化设计、智能化生产、网络协同制造、个性化定制和智能化服务等众多方面都发挥着至关重要的作用。工业大数据是智能制造的关键技术，是使信息世界逼近物理世界，推动工业生产由生产制造向服务制造转型的重要基础。

通俗地讲，工业大数据是指围绕典型智能制造模式，从客户提出需求直至产品报废或回收再制造的整个产品生命周期所产生的各类数据及相关技术和应用的总称。工业大数据以产品数据为核心，极大延展了传统工业数据范围，同时还包括工业大数据相关技术与应用。

工业大数据是基于工业数据，运用先进的大数据技术，贯穿于工业的设计、试验、生产、管理、服务等各个环节，使工业系统具备描述、诊断、预测、决策、控制等智能化功能的模式和结果。工业数据从来源上主要分为信息系统数据、机器设备数据和外部数据。信息系统数据是指产品研制过程中产生的全过程数据，如来自CAX/DFX、PDM、ERP、MES等。机器设备数据是来源于工业生产线设备、机器、产品等方面的数据，多由传感器、设备仪器仪表进行采集产生。外部数据是指来源于工厂外部的数据，主要包括来自市场、环境、客户、政府、供应链等外部环境的信息和数据。

要理解工业大数据，就要先了解工业系统及其特点。工业系统的基本特点如下：

（1）工业系统具有复杂动态系统特征。飞机、高铁、汽车、船舶、火箭等高端产品就是复杂系统，产品设计过程首先要满足外部系统复杂多变的需求；生产过程更是一个人、机、料、法、环协同交互的多尺度动态系统；使用过程本质上就是产品与外部环境系统相互作用的过程。由此可见，产品全生命周期相关各个环节都具有典型的系统性特征。

（2）确定性是工业系统本身能够有效运行的基础。对设计过程来说，确定性体现为对用户需求、制造能力的准确把握；对生产过程来说，确定性体现为生产过程稳定、供应链可靠、高效率和低次品率；对使用过程来说，确定性体现为持久耐用、质量稳定和对外部环境变化的适应性。因此，人们总是倾向于提高系统的确定性，避免不确定因素对系统运行的干扰。工业系统设计一般基于科学的原理和行之有效的经验，输入、输出之间的关系体现为强确定性。有效应对不确定性是工业系统相关各方追求的目标。

（3）工业系统是一个开放的动态系统，要面临复杂多变的内外部环境。因此，不确定性是工业系统必须面临的客观存在。工业产品全生命周期的各个阶段都面临着不确定性，例如外部市场与用户需求等因素的不确定性，人、机、料、法、环等要素的不确定性，以及产品使用和运行环境的不确定性。应对不确定性的前提是感知信息、消除不确定性。以工业互联网技术为代表的ICT技术的发展和普遍应用，能大大提升信息自动感知的能力，能让我们感知用户需求和市场的变化，感知到远程的设备和供应链的异动，感知到人、机、料、法、环等要素的状态，可以减少人在信息感知环节的参与，降低人对信息感知所带来的不确定性影响。

企业追求的目标是利润最大化，制造业也不例外。采用工业大数据的思想、技术和工具等，通过优化配置社会有限的资源（资源优化），确保产业价值链上的数据按照优化的流程、任务自动流动，进而依据不同的智能算法，与人协同工作，及时准确地解决工业系统的控制和业务问题，减少决策过程所带来的不确定性，并尽量克服人工决策的缺点。工业大数据作为一种新的资产、资源和生产要素，在制造业创新发展中的地位、作用可从三个方面理解。

第一，资源优化是目标。新一代信息通信技术与制造业融合主要动力和核心目标就是不断优化制造资源的配置效率，就是要实现更好的质量、更低的成本、更快的交付、更高的满意度，就是要提高制造业全要素生产率。从企业竞争角度来看，企业是一种配置社会资源的组织，是通过对社会资本、人才、设备、土地、技术、知识（数据）等资源合理配置来塑造企业竞争能力的组织，是一个通过产品和服务满足客户需求的组织，企业之间竞争的本质是资源配置效率的竞争，这是任何一个时代技术创新应用永恒的追求目标。

第二，数据流动是关键。从数据流动视角来看，数字化解决了“有数据”的问题，网络化解决了能流动的问题，智能化要解决数据的“自动流动”的问题，即能够把正确的数据、在正确的时间、以正确的方式、传递给正确的人和机器，做出正确的决策（简称5R），以应对和解决制造过程中的复杂性和不确定性等问题，在这一过程中不断提高制造资源的配置效率。

第三，工业软件是核心。工业大数据的核心在于应用，在于优化资源配置的效率，其关键在于，数据如何转化为信息，信息如何转化为知识，知识如何转化为决策，其背后都依赖于软件。软件是人类隐性知识显性化的载体，软件构建了一套数据如何流动的规则体系，正是这套体系确保了5R。

工业大数据除了具备大数据的4V（Volume、Velocity、Variety、Value，

大量、高速、多样、价值）特征外，还呈现出自身特点。在微观层面体现为产品要素全描述，在宏观层面体现为产品生命周期全过程，在社会层面体现为全方位跨界数据交换，在技术层面体现为“人-机-系统”虚拟物理数据全融合。工业大数据应该作为工业系统相关要素在赛博-物理空间的数字化映像、行动轨迹及历史痕迹。工业大数据的特点，应该体现工业系统的本质特征和运行规律，并推动工业进入智能制造时代。从应用角度看工业大数据，其典型特征包括：跨尺度、协同性、多因素、因果性、强机理等。具体如下：

“跨尺度”是工业大数据的首要特征。这个特征是工业的复杂系统性所决定的。从业务需求上看，通过ICT技术的广泛深入应用，能将设备、车间、工厂、供应链及社会环境等不同尺度的系统在赛博空间中联系在一起。另外跨尺度不仅体现在空间尺度上，还体现在时间尺度上：业务上需要将毫秒级、分钟级、小时级等不同时间尺度的信息集成起来。为此，需要综合利用云计算、物联网、边缘计算等技术。

“协同性”是工业大数据的另外一个重要特征。工业系统强调系统的动态协同，工业大数据就要支持这个业务需求。“牵一发而动全身”是对“协同性”的形象描述，是“系统性”的典型特征。具体到工业企业，就是某台设备、某个部门、某个用户的局部问题，能够引发工艺流程、生产组织、销售服务、仓储运输的变化。这就要通过整个企业乃至供应链上多个部门和单位的大范围协同才能做到。

“多因素”是指影响某个业务目标的因素特别多。事实上，许多大数据分析的目标，就是去发现或澄清人们过去不清楚的影响因素。“多因素”是工业对象的特性所决定的。当工业对象是复杂的动态系统时，人们必须完整、历史地认识考察它的全貌，才能得到正确的认识；对应工业大数据分析，就体现为多个因素的复杂关系，进而导致了“多因素”的现象。认清“多因素”特点对于工业数据收集有着重要的指导作用。人们往往需要实现尽量完整地收集与工业对象相关的各类数据，才有可能得到正确的分析结果、不被假象所误导。对于非线性、机理不清晰的工业系统，“多因素”会导致问题的维度上升、不确定性增加；对应在工业大数据分析过程中，人们常常会感觉到数据不足、分析难度极大。

“因果性”源于工业系统对确定性的高度追求。为了把数据分析结果用于指导和优化工业过程，其自身就要有高度的可靠性。否则，一个不可靠的结果，可能会引发系统巨大的损失。同时，由于工业过程本身的确定性强，也为追求因果性奠定了基础。为此，工业大数据的分析过程不能止步于发现简单的“相关性”，而是要通过各种可能的手段逼近“因果性”。然而，如果用“系统”的观点看待工业过程，就会发现：系统中存在各种信息的前馈或反馈路径。工业技术越是成熟，这种现象就越普遍。这导致数据中体现的相关关系，往往并不是真正的因果关系。为了避免被假象迷惑，必须在数据准确完备的基础上，进行全面、科学、深入的分析。特别是对于动态的工业过程，数据的关联和应对关系必须准确，动态数据的时序关系不能错乱。

“强机理”是获得高可靠性分析结果的保证。我们认为“分析结果的可靠性体现在因果和可重复性。而关联系统复杂往往意味着干扰因素众多，也就不容易得到可重复的结论。所以，要得到可靠性的分析结果，需要排除来自各方面的干扰。排除干扰是需要“先验知识”的，而所谓“先验知识”就是机理。在数据维度较高的前提下，人们往往没有足够的数据用于甄别现象的真假。“先验知识”能帮助人们排除那些似是而非的结论。这时，领域中的机理知识实质上就起到了数据降维的作用。从另一个角度看：要得到“因果性”的结论，分析结果必须能够被领域的机理所解释。事实上，由于人们对工业过程的研究往往相对透彻，多数现象确实能够找到机理上的解释。

虽然工业大数据的概念脱胎于互联网大数据，但与互联网大数据相比仍有一些不同之处：

（1）工业环境中的大数据与互联网大数据相比，最重要的不同在于对数据特征的提取。工业大数据注重特征背后的物理意义以及特征之间的关联性的机理逻辑，而互联网大数据则倾向于仅仅依赖统计学工具挖掘属性之间的相关性。

（2）相对于互联网大数据的“量”，工业大数据更注重数据的“全”，即面向应用要求具有尽可能全面的样本，以覆盖工业过程中各类变化条件，保证从数据中能够提取出反应对象真实状态的全面性信息。

（3）互联网大数据可以只针对数据本身进行挖掘和关联而不考虑数据本身的意义，挖掘到什么结果就是什么结果。相比互联网大数据通常并不要求多么准确的结果推送，工业大数据对预测和分析结果的容错率远远比互联网大数据低得多。在工业环境中，如果仅仅通过统计的显著性给出分析结果，哪怕仅仅一次的失误，都可能造成严重的后果[98, 99]。

数据并不会直接创造价值，真正为制造业带来价值的是数据流转，是数据经过实时分析后及时地流向决策链的各个环节，成为面向客户、创造价值与服务的内容与依据。简单地照搬互联网大数据的分析手段，或是仅仅依靠数据工程师，解决的只是算法工具和模型的建立，还无法满足工业大数据的分析要求。工业大数据分析并不仅仅依靠算法工具，而是更加注重逻辑清晰的分析流程与分析流程相匹配的技术体系。对工业大数据的分析应用，也不是将深度学习、强化学习的方法放到这里就可有结果。我们需要获知研究对象的机理模型与定量领域知识，而这在当前基础上前进很困难。我们希望找出数据在输入、输出之间的统计关系，对机理和模型不确定、不清楚的部分加以补足，这是工业大数据应用的基础。如果仅仅因为工业互联网的概念很热，企业就要去盲目拥抱工业互联网和工业大数据、人工智能技术，实际上是一个非常错误的观点。

互联网大数据可以从数据端出发看问题，但工业大数据则要从价值和功能端思考。在工业互联网建设时就要考虑到数据具体分析和利用，以及相应的功能与目标，以及通过什么样的渠道，采集什么样的数据等。如果一切需求都能想清楚、各种影响因素都能兼顾当然是最好，但这往往是不可能的。当前，常见到的一种做法是：某个制造企业为了避免遗漏数据，在设备上布满了传感器，所有传感器采集的数据通过网络传递到总部数据中心，但并不清楚该如何使用这些数据，只是将数据存放在总部数据中心，结果造成了资源浪费和更大的经济负担。因此，我们应该对采集数据的需求进行认真分析，并根据业务目标设计方案。智能连接的核心在于按照活动目标和信息分析的需求进行选择性和有所侧重的数据采集。由于外部环境的多样性和复杂性，在智能连接感知过程中，如果不加以侧重或筛选，屏蔽掉无用的信息和噪声，同时强化关联数据的收集，则会严重影响分析的效率和准确性。然而，现有智能（自动化）系统的连接感知其实并不是智能的，因为其不具备以目标为导向的柔性数据采集的特征，而是将传感器布置，之后就不加选择地进行数据采集与传输。

在工业互联网出现之前，制造业，特别是离散制造业，由于其研制生产的产品通常是多品种、小批量，有时甚至只生产单件的产品（小样本）。例如：卫星、运载火箭、船舶等每一批次只生产一件或几件产品，围绕产品全生命周期产生的有关产品、过程、组织等数据样本数很少，而且由于当时的技术、感知设备条件限制，历史上积累的数据也不多。为解决制造中的特定问题，通常采用建模与仿真方法，希冀能依据本领域的知识，建立问题的数学模型，利用小子样（甚至极小子样）数据确定模型的参数，对模型进行评价，并通过仿真预测未来。建模仿真技术在科学研究与工程实践中发挥的作用越来越显著，近年来，建模与仿真技术与高性能计算（High Performance Computing）一起，正成为继理论研究和实验研究之后第三种认识、改造客观世界的重要手段[100]。

建模与仿真这种研究形式被认为是科学实验的利器，建模与仿真在本质上也是建立在精确化和定量化的基础上的。建模与仿真在具有“系统组成关系复杂、系统机理复杂、系统的子系统间以及系统与其环境之间交互关系复杂和能量交换复杂、总体行为具有涌现、非线性，以及自组织、混沌等特点的系统”等典型特征的复杂系统研究中发挥着越来越重要的作用，能够为复杂系统中已发生、尚未发生或设想的现象，以及难以通过实验到达的微观、中观或宏观世界的研究提供有力支撑。由于其显著的无破坏性、代价低、可重复等特点，已成为复杂系统论证、顶层体系结构设计、产品研制、鉴定定型、性能评估、使用训练、部署优化、技术保障等全生命周期中不可缺少的关键支撑技术，在服务于复杂系统全寿命、全系统和全方位管理中发挥巨大作用。

建模与仿真的逼真性和可信度是其生存的基础。建模与仿真的最大难题就是其可信度的验证，以往在模型VV&A的理论探索和技术研究中，出现过很多的方法和手段，但是这些方法手段自身的可信度都无法令人信服，模型VV&A技术成为当前仿真的一大难题。大数据时代的到来为模型VV&A提供了一种新的解决方式，数量巨大的案例数据大大提高了与目前仿真课题相似案例的出现概率，基于相似性原理，运用足量的相似案例，既可得到仿真的逼真度数据和可信度数据，验证仿真的真实性，同时也验证了其中各个模型的正确性。虽然因果关系未被验证，但大量涌现的客观现象和事物，将被作为公理或科学结论来使用，在大数据时代，被大量数据佐证或足够量试验的客观现象和事物，虽然没有被理论推导和因果关系未验证，根据概率论理论，依然可以当作科学结论来运用，也可以承认其为新的科学发现[101]。

建模者必须明确指出模型的局限性，以免模型的结果被误读，生搬硬套，或者过分渲染。应当审视这些模型，弄清楚所得到的结果的普遍性。最好的方法就是看看这些结果是不是可重复的。阿克塞尔罗德说："可重复性是科学积累的基础。必须确认得到的仿真结果是否可靠，也就是说可以从头进行复制。如果没有进行确认，所发表的结论中有些可能只不过是程序错误导致的，歪曲了仿真的对象，或是对分析结果存在错误所致。可重复性对于检验模型结论的稳健性也很有用。"物理学家安德森在1977年诺贝尔奖授奖仪式上讲过这样一段话：建模的艺术就是去除实在中与问题无关的部分，建模者和使用者都面临一定的风险。建模者有可能会遗漏至关重要的因素；使用者则有可能无视模型只是概略性的，意在揭示某种可能性，而太过生硬地理解和使用实验或计算的具体结果样本[102]。

关于慎重使用模型，本书作者建议参照Golomb[103]提出的以下观点

（数学建模五不要）：

（1）不要相信模型就是真实事物。

（2）不要在限定范围外进行推断。

（3）不要为适应模型而歪曲事实。

（4）不要使用不可信模型。

（5）不要盲从于模型。

五不要的第一条提醒我们要注意模型的局限性。即在讨论模型对真实系统的影响时，应该始终牢记模型的简化假设。五不要的第二条是说，只有在获得试验数据充分支持的参数空间内，才能使用模型进行预测。第三条至第五条提醒我们摒弃无法通过验证的模型[92]。

迄今为止，制造业很多应用场景的数据依然是小子样（甚至极小子样），很多机器学习方法应用没有取得预期效果。20世纪90年代初，有专家学者着手解决小子样建模问题，研究提出了“虚拟样本”的概念[140]和产生方法（Virtual Sample Generatin，VSG），其思想是通过小样本+虚拟样本组合来扩展样本空间，解决因样本数量不足造成的模型精度低的问题。虽然VSG在一些领域取得了一定的进展，如图像识别、文本识别等，但一些虚拟样本产生方法未能给出严格的理论证明，或人为假定了总体样本分布，以及虚拟样本容量难以确定等问题，导致工程应用成果不显著。近几年，本书作者之一曾在审查大数据立项申请报告中或立项审查会上，多次看到或听到项目申请者“设想”采用“工业小数据+仿真大数据”组合来解决工业数据样本数不足的问题。在分析项目申请者拟采用的技术路线时（本以为是VSG的研究与应用，其实不是），发现有一部分申请者对建模仿真、大数据等的理解存在误区，更有甚者以为利用已有小样本数据，就可以建立模型，再利用该模型进行多次仿真就可获取足够的样本数据。通俗地讲，如果模型精度不满足要求（模型不可信），仿真结果也失去了意义。

从理论上讲，当前的数字仿真是建立在模型和数据基础上精确化科学研究的产物，其只生产数据值而不生产数据项，只能做瞬时状态生成而不能做统计。根据数字仿真原理，运用蒙特卡洛方法进行的随机现象生成，其随机数分布状态是事先在模型中设定，多次模拟后得出的数据统计，其结果必然还是回到预先设定的状态上，为避免此类现象的发生，以前的方法是在仿真中加入半实物和机电式仿真内容，或利用人在回路的方式，以非数字部分的随机性特征解决仿真真实性问题[101]。

****

英国演化经济学家卡罗塔·佩蕾斯在《技术革命与金融资本》中提出，每一次的技术革命都有两个不同的时期：导入期和展开期。而每一个时期又会经历两个不同的阶段：导入期的爆发阶段和狂热阶段，展开期的协同阶段和成熟阶段。两个时期中间会有狂热泡沫之后的调整期。在导入期，技术创新中的大量关键产业和基础设施在金融资本的推动下得以形成，但同时也会遇到旧范式的抵抗并产生各种矛盾，各种制度变革的呼声日益高涨。在展开期，技术革命的变革潜力扩散到整个经济中，为整个经济的发展带来的助益达到了极致。

世界工业不断发展的过程，本质上是数据的作用逐渐加强的过程，数据在工业生产力不断提升的过程中发挥着核心作用。以自动化和信息化为代表的第三次工业革命以来，工业不断发展的过程也是数据传输和处理效率不断提高、数据质量不断提升、不确定性因素的应对效率不断加强的过程。伴随着第四次工业革命的来临，工业数据在不断积累，制造企业很多的问题一定能通过建模仿真获得解决。而今，我们一定要保持清醒的认识：今天工业大数据的应用水平依然处在初级阶段，在机器智能方面人类其实才刚刚起步。

6.4 未来制造业的生态环境

随着云计算、大数据、物联网、移动互联为代表的智能时代的到来，制造企业的生态环境（竞争格局）发生了巨大变化，企业“霸道”的主导地位慢慢减弱，员工和消费者等个体则正在获得越来越大的主导权。虽然传统以企业为中心的价值创造体系已经为我们服务了几百年，但由于全球竞争格局发生了巨大变化，迫使企业重新审视这种体系，发现它已经无法满足当今全球化市场竞争的要求。现在，我们需要一个新的价值创造体系。答案就是一个以共同创建机制为中心的新型体系。在新兴经济中，竞争将会以个性化的共创体验为中心，产生的价值对每个个体来说也是独一无二的。这一变化始于产业系统中消费者角色的转变。

（1）角色的转变

最基本的转变是消费者角色的转变。过去，消费者是孤立的、一无所知、被动的。现在的消费者可以轻松地获得前所未有的信息。有了这些信息，他们就可以做出更加明智的决定。对于那些惯于限制消费者获悉更多信息的企业来说，这一变化是天翻地覆的。千百万的网络消费者不仅可以共同向各个行业的传统发起挑战，还可以获得全球范围的公司、产品、技术、性能、价格、消费者的行为和反馈的信息。虽然信息的地域性限制依然存在，但是这一限制正在逐渐减弱，改变着商业竞争规则。比如说，现在的消费者对不同国家产品的序列、价格和性能有了越来越多的了解，这使得跨国公司无法因产品销售地不同而随意变换产品的价格和质量。

改变消费者在产销格局中地位的根本原因是“无时无刻地连接”。移动互联网、社交网络能使消费者和成千上万素未谋面的同行产生瞬间连接，相互交换自己的观点。消费者的个性化需求，正在相互连接成一个动态的需求之网。消费者之间的交流比以往任何时候都要轻松和开放。因此，消费者可以不考虑地域限制或社会壁垒，自由地分享想法和感受——这就形成了“主题消费社区”，这使新兴市场发生变革并改变着已建立的市场。消费者群体的强大力量源于他们独立于公司之外。以制药行业为例，比起某种药品本身宣称的益处来说，消费者对药品的亲身经历进行口头宣传会更多地影响患者对药物的需求。因此，消费者网络改变了传统的自上而下的市场传播方式。

现在的消费者还可以借助互联网用产品做实验以及开发产品，特别是数字产品。全世界消费者群体的多样性建造了一个广泛的技术、专业和兴趣基础，任何人都可以从中获得想要的信息。消费者不仅相互交流体会，也会主动向企业提供越来越多的反馈信息。比起企业的市场营销，来自网络团体的消费者倡议可能会起到更大的作用。从社会学的角度看，消费者基于互联网在虚拟空间的自发聚集和互动，会形成新的社会力量，这就是C（消费者）端力量的崛起，这种崛起重构了B（企业）与C之间的关系，这就是所谓的“B2C”的基础，也是工业4.0的前提[104]。

消费者角色的转变意味着公司不能再自行主动、自作主张。产品的设计、开发生产过程、市场营销信息以及销售渠道的控制都会或多或少地受到消费者的干预。现在的消费者力图在商业系统的每一个环节都施加影响。消费者不满足于现有的选择，且有了新工具的帮助，他们想要与公司相互影响、相互作用，并共创价值。互联网时代，人人都将是知识工作者，人人也都是某个领域的专家，这将让个体的工作与生活更加柔性化。个体的柔性化、专家化，正在给企业管理带来巨大的挑战。

在传统价值创造过程中，企业与消费者拥有截然不同的角色——生产和消费。产品和服务中包含价值，生产者和消费者通过市场交换价值，价值发生于市场之外。但是在价值共创过程中，这一区别消失了。消费者更多地参与到了定义价值和创造价值的过程中。消费者共同创造价值的体验构成了价值的基础。从企业与消费者的关系来看，此前的模式是由企业向消费者单向地交付价值，而在消费者面向企业（C2B）的模式下，价值将由消费者与企业共同创造，如消费者的点评、参与设计、个性化定制等。托夫勒在20世纪所观察到的企消合一浪潮，就是此类消费者的典型角色。在云计算和大数据的赋能下，企（B）消（C）双方正在开始新一轮的协同演化。消费者与企业之间的互动模式形成了价值创造过程，对当前的经营和价值创造方式是一种挑战。同时，这一新型互动模式创造出了巨大的新机遇。

（2）价值创造的变化

传统的经营模式以企业创造价值为前提（企业为中心）。企业独自决定价值，即企业通过选择产品和服务提供价值。消费者表现出对企业提供产品的需求。企业和消费者之间需要一个关联界面，即一个交换过程来转移产品和服务。长久以来，企业与消费者之间的界面一直是企业从消费者那里提取价值的发生点。企业有多种方式提取价值，可以通过增加产品种类，高效地提供产品，为个体消费者提供定制化产品和服务，也可以围绕它们的产品和服务创造一个背景，然后进行价值创造过程。管理者关注的中心是价值链。价值链通过由企业控制或者影响的经营来捕获产品和服务流程。员工关注企业产品和生产过程的质量，可通过内部规则来提高质量，比如“六西格玛”和全面质量管理法等。传统的价值创造过程是与市场分离的，各方仅仅是在市场上进行价值交换。在这种情况下，企业的供给和消费者的需求相匹配的重要性是显而易见的。事实上，长久以来供需平衡一直是价值创造过程的基础。

现在，消费者被市场上产品种类的多样化搞得不知所措和不满。有了互联网，消费者想要进行交流和共同创造价值，而且是不仅与一家企业交流共创价值，他们想要互动的对象是整个社区，包括专业人员、服务提供商以及其他消费者。新的前提是消费者与企业共同创造价值，所以价值共创的体验成了价值的基础。价值创造过程的中心是个人和他们共创价值的体验。消费者和企业之间的交互作用成了价值共创的新发生点。数百万的消费者肯定会寻找不同的互动，价值的创造过程必须适应不同的共创体验。背景环境和消费者的参与促成了个体的特定体验和共创价值独特性的意义。企业管理者必须关注共创体验的质量，而不能仅仅是在意企业产品和生产过程的质量。质量取决于企业与消费者互动的基础设施，围绕创造各类体验的能力来调整。共同创造不是将企业经营活动转移或者外包给消费者，不是产品和服务的边际定制，也不是围绕企业的不同产品而创造出来的剧本或表演。在新兴经济中，竞争将会以个性化的共创体验为中心。

在工业经济中，企业之间的协同是单向的、线性的、紧密耦合的控制–被控制关系。产品生产企业处于价值链的核心，对供应商实施线性控制。在工业互联网环境中，企业间的协作必须像互联网一样，要求网状、并发、实时的协同。未来的产业链不再以制造端的生产力需求为起点，而是将用户端的价值需求作为整个产业链的出发点；改变以往的工业价值链从生产端向消费端，从上游向下游推动的模式；从用户端的价值需求出发提供定制化的产品和服务，并以此作为整个产业链的共同目标，使整个产业链的各个环节实现协同优化。

（3）竞争核心的转变

表6-1中总结的转变还反映出竞争的核心正在发生变化[47]。

表6–1 价值创造过程的转变

	以企业和产品为中心的价值创造	以个人和体验为中心的价值共创
价值观	价值与企业产品相关联；竞争空间围绕着企业的产品和服务	价值与体验相关联；产品和服务帮助促成个人和以社区为媒介的体验。竞争空间围绕着消费者体验
企业的角色	为消费者定义和创造价值	在定义和共创独特的价值中，将个体消费者融入其中
消费者的角色	对企业定义的产品和方法被动地需求	在寻找、创造和提取价值的过程中，消费者是积极的角色
价值创造观	价值由企业创造；消费者只有一个选择——企业提供的产品种类	消费者与企业和其他消费者共创价值

越来越多的企业开始认识到消费者是创新能力的有力源泉。企业能力的核心必须包括从供应商到消费者的整个关系网。事实上，通过发掘供应商、合伙人和消费者作为资源乘数扩大了企业的资源基础。我们从这些或其他资源中使用和获得能力的效率越高，这些乘数的机制就会越大。当然，这其中也会出现紧张局面。我们的供应商、合作伙伴和消费者既是合

作者也是价值的竞争者。很显然，供应商想要更高的价格，消费者却想要低廉的价格。所以二者都会从共享的共创体验中提取经济价值。即使我们要在提取经济价值上相互竞争，也必须合作以共创价值。企业核心竞争力的转变轨迹如表6-2所示。

表6–2 企业核心竞争力的转变轨迹[47]

项　目	企　业	企业关系网/成员	增强的关系网
分析单元	公司	扩展的企业和价值关系网—公司、供应商及合伙人	整个系统——企业、供应商、合伙人和消费者
资源基础	公司内部的可用资源	使用关系网中其他企业的竞争能力和投资能力	除资源基础外，使用消费者能力和消费者投入的时间和努力
能力使用权的基础	公司内部的特定流程	在关系网中使用企业资源的优先权	与不同消费者不断地进行积极对话的基础设施
管理者增加的价值	培养和构建能力	管理合作伙伴	利用消费者能力，共创个性化体验，共塑消费者期望
价值创造	自主	合作	共创
管理张力的来源	业务单元独裁与利用核心竞争力	合伙人既是创造价值的合作者，也是提取价值的竞争者	消费者既是创造价值的合作者，也是价值提取的竞争者

价值基础从产品向个性化体验的转变是一个持续不断的过程。未来，我们不仅要将关注重点从以企业为中心的价值创造观转向以消费者为中心的共创观，还要从以企业为中心的视角看待个人，转向以个人为中心的视角看待企业。

（4）产业融合

产业融合是当今经济学研究的前沿性课题。产业融合是随着技术的进步和管制的放松，发生在产业边界和交叉处的技术融合，改变了原有产业产品的特征和市场需求，导致企业之间竞争合作关系发生变化，从而导致产业边界的模糊化。在当今经济发展中，制造业与服务业之间出现了融合发展的势头。这种融合主要体现在两个方面：一是服务业向制造业的渗透，特别是与生产过程相关的生产性服务业直接作用于制造业的生产流程；二是生产制造业企业越来越多地通过向服务业的价值链延伸来增加企业的增长空间。制造业与服务业的融合可以从三个层次进行分析，即企业内部、产业链和区域产业集群三个层次。

（5）无边界的企业组织

20世纪的很长一段时间里，有四个关键因素影响了组织的成功，即规模、角色清晰性、专业化、控制。因此整个20世纪，管理层的一个主要任务就是控制其他人的工作，以确保他们以正确的顺序在正确的时间做正确的事。21世纪，组织的新成功因素为：速度、灵活性、整合、创新。因此，未来的管理者必须打造既具备规模效应，又能够在变化着的商业领域中灵活、敏捷畅游的组织。

未来的企业组织将是“无边界”的组织，即组织的每一种边界［垂直边界（层级壁垒）、水平边界（内部壁垒）、外部边界（外部壁垒）、地理边界（文化壁垒）］都被打破，或至少具有适当的渗透性和灵活性，以便创意、信息和资源能够自由地流上流下、流进流出、穿越组织[48]。

这样的企业，它既保持作为大公司对更广泛资源的享用权，又像一个行动迅速的小公司那样去运作。它可随着任务的转变而不断重组临时团队来取得成功。它是善于改变方向的组织，其流程可以把改变注入组织的血液中，合理地调动资源，保证各种不同活动可以按需整合。它营造利于创新的流程和环境以鼓励和奖赏创新，并通过不断的创新来适应快速变化的世界。

6.5 迎接挑战

在过去十多年里，许多政府都在加大对第三产业的投入。但新经济泡沫的幻灭和经济危机使政治家和企业家认识到，强大的工业是保证就业率、经济稳定增长、社会和平、公民幸福的主要保障；也正是强有力的工业才促使了服务业的发展。因此，许多西方国家纷纷回归制造业。

当前，全球正经历以信息网络、智能制造、新能源和新材料为代表的新一轮技术创新浪潮，对产业发展产生了日益深刻的影响。智能制造作为这一轮产业革命的核心组成部分，将推动制造业生产方式变革、促进全球供应链管理创新、引领制造业服务化转型、加速制造企业成本再造。只有主动加快促进智能制造技术的突破和大规模应用，才能有效应对新一轮技术革命对全球制造业可能造成的巨大冲击。

大家都知道，工业企业欲在未来长期保持竞争优势，必须做好三件事：提高生产力，加强节能高效，提高生产灵活性。只有这样，才能降低成本；缩短产品上市时间，并通过提高产品的种类，扩大需求；满足个性化的生产需求。为实现高度灵活的规模化生产，对客户和合作伙伴能够在日益复杂的价值创造链条中进行高效资源优化，使生产和服务形成更加紧密的连接，工业企业还需要高效地生产和运营。为此，许多国家纷纷出台了以先进制造业为核心的再工业化国家战略。

2011年以来，美国政府将重塑先进制造业核心竞争力上升到国家战略。美国政府、企业及相关组织发布了《先进制造国家战略计划》、《高端制造业合作伙伴计划》（Advanced Manufacturing Partnership，AMP）、《制造业创新国家网络》、《国家制造创新网络战略计划》等一系列纲领性文件，旨在推动建立本土创新机构网络，借助新型信息技术和自动化技术，促进及增强本国企业研发活动和制造技术方面的创新与升级。2012年，美国发布的《振兴美国先进制造业》（AMP 1.0）报告提出建立国家制造业创新研究所网络的具体建议。在2013年、2014年的国情咨文中，美国总统奥巴马提出：建立国家制造业创新网络，通过联邦及资金私营启动15家研究所（NNMI），提高美国先进制造技术和工艺。美国政府的最终目标是以增材制造为试点项目，未来10年投资30 亿美元成立45家研究所，借鉴德国弗朗霍夫应用研究所经验，构成全国性网络。2014年12月17日，美国通过的《复兴美国制造业创新法案》（RAMI）将有助于上述目标的实现，加强美国创新和提高美国竞争力。2014年，美国发布《先进制造合作伙伴》报告2.0，提出优先发展的三大技术领域，即先进传感器、控制制造平台（ASCPM）技术，可视化、信息化和数字化的制造（VIDM）技术，先进材料制造（AMM）技术。其中，可视化、信息化和数字化的制造技术领域主要研究工业数据。2016年2月19日，美国商务部部长、总统行政办公室、国家科学与技术委员会、先进制造国家项目办公室，向国会联合提交了首份NNMI国家创新年度报告和NNMI国家制造创新网络战略计划。

德国政府于2011年公布《德国高技术战略2020》，涵盖工业4.0（工业4.0即第四次工业革命）、数字化进程、智慧服务、大数据、云计算等课题。2012年1月在德国政府的支持下，德国正式成立工业4.0工作组（Platform-i 4.0），集中全力为该项目的实施起草全面的、综合性战略意见。2013年的汉诺威展会上，联邦信息经济通信和新媒体协会（BITKOM）、德国机械设备制造业联合会（VDMA）以及电子和电气工业中央协会（ZVEI）联合布置了工业4.0展台并向公众开放。2013年4月，德国在汉诺威工业博览会上发布《实施“工业4.0”战略建议书》，正式将工业4.0作为强化国家优势的战略选择。作为支撑《德国2020高科技战略》实施的组织保障，由德国政府统一支持、西门子公司牵头成立协同创新体系，并由德国电气电子和信息技术协会发布了工业4.0的标准化路线图。德国工业4.0通过打造智能工厂，将生产设备、生产系统、业务管理系统全部连接起来，形成全新的赛博物理系统（CPS），从根本上改变企业的制造模式。

2011年12月，英国政府提出“先进制造业产业链倡议”，政府计划投资1.25亿英镑，打造先进制造业产业链，从而带动制造业竞争力的恢复。2012年1月启动了对未来制造业进行预测的战略研究项目。该项目是定位于2050年英国制造业发展的一项长期战略研究，通过分析制造业面临的问题和挑战，提出英国制造业发展与复苏的政策。2013年10月，英国政府科技办公室发布报告《未来制造业：一个新时代给英国带来的机遇与挑战》。2014年，英国商业、创新和技能部发布了《工业战略：政府与工业之间的伙伴关系》，旨在增强英国制造业的竞争性，促使其可持续发展，并减少未来的不确定性。

2015年1月，日本政府发布了“机器人战略”，希望保持“机器人大国”的优势地位，在各个领域推进机器人，大幅度提高作业效率和质量，增强日本制造业的竞争能力。同年，日本政府发布了“制造业白皮书”，提出了“重振制造业”的战略目标。2016年12月，日本“工业价值链参考架构”（Industrial Value Chain Reference Architecture，IVRA）正式发布。

2018年7月，工业和信息化部印发了《工业互联网平台建设及推广指南》和《工业互联网平台评价方法》；2019年1月18日，工信部印发了《工业互联网络建设和推广指南》。《2019年国务院政府工作报告》报告指出：围绕推动制造业高质量发展，强化工业基础和技术创新能力，促进先进制造业和现代服务业融合发展，加快建设制造强国。打造工业互联网平台，拓展“智能+”，为制造业转型升级赋能。

第7章 CHAPTER 7 工业4.0浅析

在过去二十多年里，许多人倾向于认为工业——尤其是制造业——预告了自身的终结。未来看起来属于服务业，特别是金融服务业。人们越来越多地在廉价的地方生产，不再大规模地使用昂贵的工厂设施、建筑、机器以及受过良好训练的工人。在美国，高科技和软件产业是一个例外。在这个领域里，至少在理念、发展和管理方面，美国可能还将继续保持其领先地位。但对于真正的制造业来说，美国远远算不上领先，这在汽车工业尤为明显。类似情况也发生在英国和法国身上。英国已经完全放弃了汽车工业。美国汽车业在政府强有力的干预下得以存活，但是距离稳妥的上升势头看起来还很遥远。

制造业在德语区始终是最重要的经济元素，德语区的工业尽可能全面地实现了自动化，而没有大规模外迁到工资和生活成本较低的国家去。德国作为一个工业国一如既往地在世界上具有重要地位。许多公司和行业的产品都是国际市场上同类产品中的领头羊。尽管如此，一些行业仍不得不放弃领先地位，甚至基本上从市场消失，其中包括纺织工业、消费电子产品生产业、若干软件分支产业和集装箱船舶制造业[13]。

人类社会经历了二百多年的科技革命后，已经积累了巨大的存量，工业的基础设施和大量基本生产要素，如机床、电力设施、动力设施、制造装备、交通装备等需求已经逐渐趋于饱和。以德国为例，其工业出口产值从2006年开始已经持续6年没有增长，根本原因就在于发展中国家已经逐渐完成工业化升级，对工业装备的需求已经基本饱和。由于客户需求的多样化，产品的复杂程度不断提高，产品的开发和制造所需程序的复杂性也在不断增加。传统的方法、手段和结构不足以稳定控制这种复杂性。甚至是数十年以来基本保持不变的商业模式也无法保持现状。复杂的、智能的、网络化的技术体系强迫人们必须找到新的商业模式。这一挑战涉及整个制造业及其产品全生命周期。工业4.0的概念在德国产生并非偶然。

7.1 工业4.0简介

德国政府于2011年公布《德国高技术战略2020》，涵盖工业4.0（工业4.0即第四次工业革命）、数字化进程、智慧服务、大数据、云计算等课题。自工业4.0提出以来，在德国备受推崇，德国总理默克尔更是不遗余力地支持工业4.0在德国进行大范围推广。该表象的背后其实是德国的再工业化战略，即德国升级版的工业体系。工业4.0的提出与发展大致分为三个阶段：

（1）工业4.0问世。2011年由德国工业——科学研究联盟提出的工业4.0是一项高科技计划，德国将它视作基于赛博物理系统（CPS）的第四次工业革命。

（2）工业4.0成型。2012年1月在德国政府的支持下，德国正式成立工业4.0工作组（Platform-i 4.0），集中全力为该项目的实施起草全面的、综合性战略意见。2013年的汉诺威展会上，工业4.0展台并向公众开放。

2013年9月工作组发表一篇名为《把握德国制造业的未来：关于实施“工业4.0”战略的建议》的报告，该报告标志着德国工业4.0正式成型。

（3）工业4.0标准化。2013年12月，德国电气电子和信息技术协会（VDE）发布了德国首个工业4.0标准化路线图，标志着工业4.0已全面进入战略落地实施阶段。与此同时，德国西门子等公司也同步开展了数字化工厂的全球布局和实验性建设。在大众创业、万众创新的时代背景下，工业4.0作为德国《国家高技术战略2020》十大重点项目之一，承载着德国工业未来的发展目标。这一概念提出以后，立即引发了各国产业界和科技的广泛关注，它将推动德国乃至世界制造业的转型，所以称工业4.0是全球时代性的革命。不久的未来，世界各国都将做好准备工作，全面迈向工业4.0。

工业4.0可谓是时代进步的产物。德国率先意识到生产性问题：产品缺乏“智能”与“交流”，并提出在德国坚实的制造业基础上与先进的智能生产技术相结合，这便是工业4.0的雏形。工业4.0的概念包含了由集中式控制向分散式增强型控制的基本模式转变，目标是建立一个高度灵活的个性化和数字化的产品与服务的生产模式。在这种模式中，传统的行业界限将消失，并会产生各种新的活动领域和合作形式。创造新价值的过程正在发生改变，产业链分工将被重组。智能制造、网络制造、柔性制造成为生产方式变革的方向，促进生产过程的无缝衔接和产业链中的协同制造。工业4.0的发展目标具体体现在：定制化和可重构的生产系统、生产流程的透明化、设备状态的可监控、具备自主决策能力的自动化、供应链和市场信息的融合、智能运维排程和企业资产管理等。

工业4.0把如下任务放在几乎所有企业面前：同时在多方面调整现有

结构。必须发展跨学科的体系，而其障碍是传统的组织间的隔离以及专业的领导。今天，还只有少数大型企业组织具备对系统工程的负责能力，未来几乎任何组织都必须具备这种能力。迄今为止那些主要是按照顺序行动的部门如何才能平行工作并且同步优化？唯一确定的是，到现在仍处于大规模分隔状态的部门必须做到数据的流通，而且是双向流通，只有这样，企业才可以依靠共有数据来实现逐步转变。

从事制造业的企业始终面临一个任务：反思自己的战略，可能还要做根本调整。工业4.0迫使几乎所有公司都要这样做。涉及的不同视角的战略和商业模式太多，因此光靠小调整是不够的。管理层必须决定哪些类别的产品，以及通过或者围绕这些产品提供哪些服务。对于从事制造业的企业决策者来说，还有更深一步的问题：构想的产品和服务通过哪种商业模式能获得经济上的最大成功？哪些模式会给企业带来危险？软件将决定产品的几乎所有功能，产品战略以及企业战略一定越来越依赖软件的开发。

德国工业4.0是以智能制造为主导的第四次工业革命或革命性的生产方法，目标是建立高度灵活的个性化和数字化的产品与服务的生产模式，推动制造业向智能化转型。工业4.0概念的基础是赛博-物理系统（Cyber-Physical System，CPS），采用信息通信技术与网络空间虚拟系统——赛博-物理系统（CPS）相结合的手段，即实体物理世界和虚拟网络世界的融合，由集中式控制向分散式增强型控制的基本模式转变，实现数字化和基于IT的端到端的集成。其核心是融入虚拟制造及智能制造，实现产品生命周期管理（Product Life-cycle Management）和生产生命周期管理（Production Life-cycle Management）的对接和信息共享，旨在把产品、机器、资源和人有机联系在一起，并实时感知、采集、监控生产过程中产生的大量数据（大数据），达到生产系统的智能分析和决策优化。

工业4.0战略强调，未来工业生产形式主要包括：在生产要素高度灵活配置的条件下大规模生产高度个性化的产品，顾客与业务伙伴广泛参与到业务过程和价值创造过程中来，以及生产和高质量服务集成等。工业4.0关注整个产品生命周期，对产品开发、物流以及生产的集成将通过材料流、产品流以及信息流得以实现，从而构建高度复杂又极为高效的全球化生产运营。这样一来，一条生产线就能够与供应商以及消费信息进行连接，从而根据消费者需求对生产环节进行动态调整，并对所交付的原材料进行相应调整。

在工业4.0规划中，制造商将以CPS为框架建立包含其设备、仓储系统和工业产品的全球性网络。CPS的意义在于将物理设备联网，连接到互联网上，让物理设备具有计算、通信、精确控制、远程协调和自治五大功能。CPS本质上是一个具有控制属性的网络，但它又有别于现有的控制系统。CPS则把通信放在与计算和控制同等地位上，因为CPS强调的分布式应用系统中物理设备之间的协调是离不开通信的。CPS对网络内部设备的远程协调能力、自治能力、控制对象的种类和数量，特别是网络规模上远远超过现有的工控网络。

工业4.0的科技背景包括五个方面：一是工业基础雄厚，相当数量的企业基本实现工业3.0；二是已经在技术上基本实现工业4.0的纵向集成；三是已经完成工业4.0横向集成和端到端集成的核心关键技术布局，并开始攻关突破；四是信息通信技术虽是短板，但已在积极整合资源；五是与工业4.0相关的标准制定工作已在扎实推进。

由上可见，工业4.0是在继承的基础上提出的，那些大家熟悉的名词：工业自动化，CAX、DFX、PDM、MES、ERP、计算机集成制造（CIM）、精益生产、柔性制造、敏捷制造、大规模定制、协同制造等，依旧被提及。同时，工业4.0的提出又是技术创新驱动的，可以这样理解：

$$\text{Industrie } 4.0 = f_1(\text{CIM}) + f_2(\text{CPS}) + f_3(\text{IT})$$

工业4.0是伴随着CIM、CPS、IT等技术的发展创新而提出的，如图7-1所示。

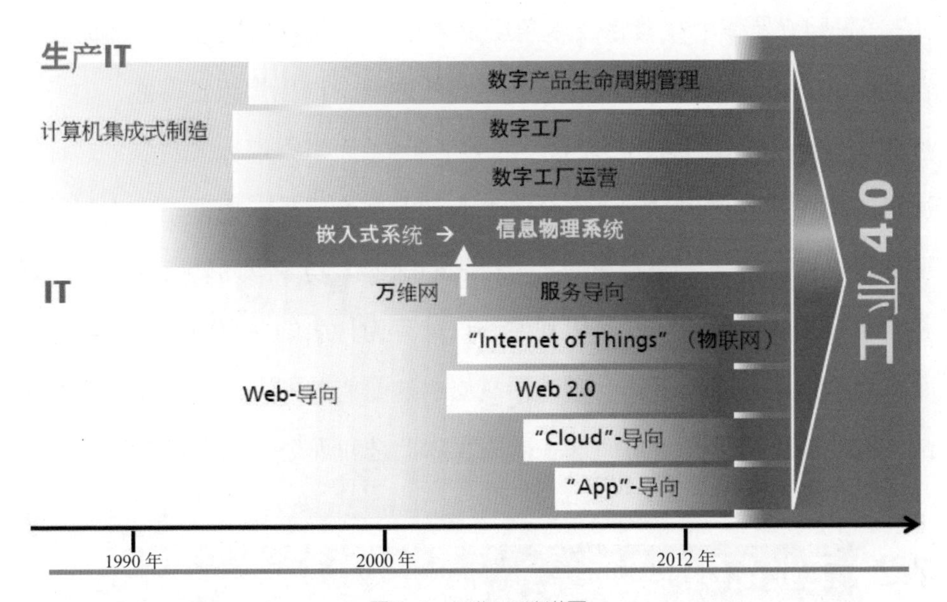

图7-1 工业4.0演进图

根源于继承和创新，工业4.0技术内涵深远，深度融合了信息、先进制造、自动化术和人工智能等多领域技术，重点包括CPS、数字化设计制造一体化技术（MBD/MBE等）、软件（PLM/ERP/MES等）、硬件（工业机器人、自动化、智能设备、数字化检测工具及仪器等）、大数据分析与集成、云制造、增材制造（3D打印）等智能制造的支撑技术。

目前这一理念已经得到广泛传播，只是各类企业对它的接受程度还存在一定差异。规模越大、技术含量越高的企业越容易接受工业4.0的理念。以西门子的安贝格工厂为例，这是一家号称最接近工业4.0的工厂，工厂里超过三亿个元器件都有自己的“身份证”，每年可生产出约1200万件Simatic系列，出错率只有百万分之十。工业4.0的目标已十分明确，但要实现这一目标，还有很长的路要走。西门子公司也正在为实现这一目标尽着自己最大的努力，积极而有的放矢地改进现有机制。

工业4.0是一个在营销技术角度上来说十分高效的概念，其传播速度快到令人诧异。有人对此大加渲染，突然之间全世界都想告诉你，他们的产品恰好反映了工业4.0的理念。因为工业4.0而举办那么多会议，这种情况已经很久没有出现过了。这个概念为什么这么成功？也许是因为制造工业从以机器、设备、油脂和钢屑为代表的陈旧事物一瞬间转变为某种恰好符合当今以软件、互联网、机动性和云计算为代表的摩登时代的事物。这个概念的影响一直到达社会和政治高层，这是有益的，因为工业界应对挑战会因此变得简单一些，而这一挑战实际上是和现今的变革相关联的。

7.2 工业4.0的实质

德国制造业是世界上最具竞争力的制造业之一，在全球制造装备领域拥有领头羊的地位。这在很大程度上源于德国专注于创新工业科技产品的科研和开发，以及对复杂工业过程的管理。德国拥有强大的设备和车间制造工业，在世界信息技术领域拥有很高的能力水平，在嵌入式系统和自动化工程领域具有很高的技术水平，这些因素共同奠定了德国在制造工程工业上的领军地位。

2008年国际金融危机后，新一代信息技术的突破扩散及与工业融合发展，引发了国际社会对第四次工业革命、能源互联网、工业互联网、数字化制造等一系列发展理念和发展模式的广泛讨论和思考。2011年德国发布了《高技术战略2020》，正式提出了“工业4.0”，其目的是确保德国未来在世界上的竞争力和领先地位。这既体现了德国对制造业传统发展理念的深刻反思，也反映了其抢占新一轮国际制高点的意图和决心。可以看出，工业4.0在这么短的时间内在德国得到广泛认同，有其必然性。这种认识来自德国长期以来把工业作为国家经济的基石，来自信息通信技术给工业带来的革命性影响，也来自新一轮科技革命中对德国工业地位的担忧。甚至可以这样说：德国工业4.0的本质就是确保德国制造业的未来。

正如菲尼克斯电气集团高级执行副总裁Roland Bent教授所说：“工业4.0战略的推出从根本上来说正是德国制造业发展的需要。德国制造业的领导地位源于德国在制造技术方面的研究和创新，当前德国制造业面临着种种挑战，包括降低成本、提高效率及增加生产的灵活性的需求，而要实现这些，需要大量新的技术和新的产品，因此‘工业4.0’应运而生[114]。”

第四次工业革命（工业4.0）给德国制造业带来了巨大的发展潜力。越来越多的德国工厂配备虚拟网络——实体物理系统（CPS）将改善德国制造业的国内生产效率，进而做强德国制造业。同时CPS技术的发展也为出口技术和产品提供了主要机遇。由此，实施工业4.0主要是为德国制造业撬动市场潜力杠杆，通过采用双重战略，即一方面在制造业装备CPS系统，另一方面推广CPS技术和产品，进而达到增强德国装备制造业的目的，使德国在继续保持国内制造业发展的前提下再次提升它的全球竞争力。

为了实现这一双重的CPS战略目标，必须落实以下几点。

- 通过价值链及网络实现企业间横向集成：将围绕产品和服务的全生命周期、不同阶段和商业计划的IT系统集成在一起，这其中既包括一个公司内部的材料、能源和信息配置（例如，原材料物流、生产过程、产品外出物流、市场营销），也包括不同公司间的配置（价值网络）。横向集成需要打破企业（部门）的水平边界，实现价值链（网络）上企业内部、企业间的水平渗透，实现整个产业链的价值链整合和协同优化。针对的问题：为什么企业通过使用CPS系统，可以使其新商业策略、新价值网络和新商业模式得到持续的支持和实施？这种集成的目标是提供端到端的解决方案。
- 贯穿整个价值链的端到端工程数字化集成：在整个工业生产过程中实现端到端的数字集成，使现实世界和数字世界在产品的全价值链和不同公司之间实现整合，同时也满足客户的需求。端到端集成实现了消费者（消费者社团）、生产企业、供应商、销售商等共同创造价值。针对的问题：如何应用CPS系统实现包括工程流程在内的端到端的商业过程？从产品开发到制造工程、产品生产和服务，应装备恰当的IT系统，为整个价值链提供端到端支撑。一个跨越不同技术学科的、全面的系统工程方法是必需的。
- 企业内部灵活且可重新组合的网络化制造体系纵向集成：为了提供一种端到端的解决方案，将不同层面的IT系统集成在一起（例如，执行器和传感器，控制，生产管理，制造和执行及企业计划各种不同层面）。纵向集成在企业组织上需打破企业的垂直边界（科层级），实现企业的垂直渗透。针对的问题：如何应用CPS系统创建灵活且可重新组合的制造系统？纵向集成是在工厂进行。在将来的智能化工厂里，制造业结构不会固定并被先期限定。取而代之的，是根据个性化需求定制一组IT结构化模块，根据不同情况下产品生产的需要自动搭建出特定的结构（拓扑）——包括模型、数据、通信和算法等所有相关需求。

工业4.0在战略层面有助于创建横向价值网络，在业务流程层面提供全价值链的端到端系统集成，包括工程以及在工业系统上形成纵向集成和网络化设计。工业4.0提出全周期价值链视角：一是基于IEC 62890标准，将工业价值链划分为虚拟原型和实物制造两个阶段，体现工业价值从数字世界到物理世界的生成过程；二是以零部件、机器、工厂为代表的工业各要素都有数字和物理两个过程，即信息和物理的融合涵盖各要素、全要素的数字双胞胎。三是在价值生成中工业要素间依托数字系统紧密耦合，实现工业系统中的端到端集成。

通过CPS应用到基于模型的开发，可以完成端到端、模拟、数值方法等涵盖了从客户需求到产品结构、加工制造、成品完成等各个方面的配置。它可在端到端的工程工具链中，对各环节的相互依存关系进行确定和描述。这种制造业系统是打包开发模式，意味着它总能跟上产品开发的脚步。结果是，它开启了个性化定制的可行性。在保存现有装备价值的基础上，可以通过多个阶段逐渐转移到这个工具链上。

工业4.0的一项主要挑战是在更广泛的工程领域提高对模型潜力的认识。为工程师提供方法和工具，使他们能够在虚拟世界中使用适当的模型来描述真实世界的系统。首先，需要对产品和制造系统综合考虑，既要为他们配备模块化的设计，又要确保不同学科的参与（如制造工程、自动化工程及IT）。其次，实际发生在工厂的开发、工程和制造工艺等过程也必须全面地考虑到。最后，建模需要高效的软件工具，进行优化和调整提供必要的功能，使它们能与现有的工具和流程集成在一起，并使其与推广战略相一致。

本节内容是根据《把握德国制造业的未来：关于实施“工业4.0”战略的建议》有关章节的内容在认知的基础上整理而成，为我们认识工业4.0夯实了基础。

7.3 对工业4.0的粗浅认识

随着先进制造模式的研究与实践进展，已经逐步形成了一套涉及人/组织、经营管理、技术“三要素”，信息流、物流、资金流、知识流、价值流“五流”的先进制造模式，从CIM、并行工程、敏捷制造，正逐步走向云制造（含智能制造），为工业4.0的提出和推广奠定了理论和实践基础。工业4.0为制造业展示了未来愿景，提供了一种新的制造模式，即具有自组织、自主感知与自律、自学习与维护、全系统智能集成等特点的智能制造模式。以下谈几点对工业4.0的粗浅认识[45]。

（1）工业4.0是以CIM、并行工程、敏捷制造等为代表的先进制造模式与技术发展的必然产物。

在集成系统方面：它是在充分借鉴原有先进制造模式、技术的基础上，进一步强调将当今云计算、物联网、大数据、人工智能等成果用于构建一个理想的赛博–物理系统（Cyber-Physical System，CPS），实现制造企业横向、纵向，以及价值链等多维度的集成优化（维度增加）。构建CPS，并不意味着完全放弃原有信息系统，工业4.0中提到了从目前工业

3.0设施（可能继续使用相当长一段时间）向4.0的迁移问题。工业4.0方案的参考架构应尽可能地使它们向后兼容现有的工业3.0系统等。

在工作组织方面：除了采用多学科团队，还继承了敏捷制造中动态企业联盟（虚拟企业）的思想。通过建设全面宽频的互联网基础设施，使更多的企业，特别是中小企业，乃至个体设计师（工程师），构成跨地域的虚拟组织，每个成员都能通过CPS参与到产品设计、生产与服务等过程中，使整个CPS系统中的制造资源，包括人力资源（以人为本），得到高效利用，实现优化资源生产率和效益的总体目标。互联网技术的飞速发展，使全球化虚拟企业的构建成为可能。

在流程优化方面：强调优化制造企业的价值链，把减少浪费作为生产过程持续优化的核心，减少不必要的环节，突破了单纯依靠提高效率减少浪费的局限性，激励员工更直接、更深入地参与生产优化的过程，最终实现提高效率、降低成本的目标。

在建模与仿真方面：建模与仿真结果的好坏可反映对现实物理世界的认知程度，建立高逼真度的模型是摆在我们面前的一个难题。在产品全生命周期建模与仿真成果的基础上，工业4.0提出了两类模型，即规划模型和解释性模型。工业4.0指出："模型的使用是数字世界的一个重要战略，对于工业4.0来说也是至关重要的。数字世界通过规划模型对现实世界的设计产生重要的影响，而现实世界也通过解释模型影响数字世界中模型的使用。"如何建立此两类模型，工业4.0中没有给出，需要我们研究与探索。全生命周期的模型共享与重用是实现智能制造的基础。

（2）工业4.0是一种具有强烈的、德国特色的先进制造模式。

毋庸置疑，德国的产品创新能力强，制造自动化水平也属世界一流的。德国地理条件好，但由于劳动力缺乏，促使德国在工业自动化方面进行了较大的投入，并取得了长足的进展。工业4.0的提出是符合德国国情的，具有强烈的德国特色。正如工业4.0自己描述的："如果这样做成功的话，工业4.0将使德国提升全球竞争力，并保护其国内制造业"。近年来，德国采取了一系列措施与行动，其目的是不但使德国制造业成为工业4.0的受益者，同时还使德国成为工业4.0解决方案的提供者。德国不仅为全球制造业提供自动化工业设备，还提供支持产品全生命周期研制的软件产品/系统。以西门子公司为例，2007年收购了美国UGS公司，一跃成为世界一流的CAD/CAM、PLM解决方案提供商。2016年11月西门子出资45亿美元收购EDA供应商明导国际（Mentor Graphics），并于2017年3月完成整合。至此，西门子公司成为工业数字化领域唯一能够将机械、热能、电器、电子和嵌入式软件设计功能集成于同一平台的企业。

（3）正确理解工业4.0覆盖的产品生命周期范围。

工业4.0覆盖的产品生命周期范围不是"大制造"意义上的产品全生命周期。尽管工业4.0涉及制造企业的全价值链条，包括从产品设计开始，一直延续到售后服务，但对设计部分描述的内容不多，基本上保持现有水平（如：CAX/DFX、PLM），主要描绘的内容集中在从客户个性化订单到产品工程、加工生产，以及售后服务的过程。工业4.0指出："工业4.0的意义在于将传统工业生产与现代信息技术相结合，实现工厂智能化，提高资源利用率、生产灵活性及增强客户与商业伙伴紧密度，并提升工业生产的商业价值。"

（4）正确理解工业4.0的应用企业类型。

目前来看，愿意参加工业4.0的企业都是全球一流的大企业，即所谓已经实现或接近实现工业3.0的大企业。工业4.0明确指出："实施工业4.0需要较高的初期投入。在高产量行业（如汽车行业）或有严格安全标准的行业（如航空电子行业），公司更有可能接受较高的初期投入。如果它们只生产小批量或个性化产品，则不太可能这样做。"小批量、个性化定制企业（非流程化企业）如何实施工业4.0还需要进一步研究、探索。

工业4.0提出了一种新的制造模式，涵盖了影响未来制造业的诸多方面，如它提出的三个特性（横、纵向集成与贯穿整个价值链的端到端集成）和八个关键领域，在人/组织、过程、技术等方面都进行了较为详细的描述，说明了实施工业4.0将带来的影响和变化，但它依然是一个具有普适性、纲领性的指导文件。工业4.0为未来制造业发展指明了方向，但它并不是一个直接可操作的作业文件，实施工业4.0必须依据国情和行业特点，制定相应的策略、技术路线图，准确落地，才能赋予实施。

7.4 小结

总结多年对先进制造技术与模式的研究与应用实践经验，结合对工业4.0的了解、认识，我们不难得出：工业4.0横空出世不是偶然的，它是CIM、并行工程（CE）、敏捷制造（AM）等先进制造模式与先进制造技术的发展与延伸，是在已有现代制造技术成果基础上，充分利用云计算、物联网/务联网、智能感知、大数据等技术成果的综合产物，是指导制造业发展的普适性、纲领性文件。同时，我们也清楚地认识到：全球在产品虚拟研发方面已经取得了长足的进展，支持企业生产了大量的高品质产品，但是依然存在一些不足。最大的问题是对现实物理世界的精准建模与仿真；建模的语言、方法多种多样，协调统一还很困难，特别是还缺乏支持产品全生命周期的多学科虚拟样机的构建方法、语言和工具；系统异构，信息共享与互操作还存在一定的难度。当今技术的进展，还无法覆盖制造业全面实现智能化的需求，实现工业4.0描绘的制造业未来愿景，还有很长的一段路要走。

对于我国的制造企业而言，借鉴并实施“工业4.0”需要：

（1）坚持采用系统工程的实施原则，即“一把手挂帅”“效益驱动，总体规划，突出重点，分步实施”的指导思想，制订好发展规划与阶段性实施方案。

（2）加大力度研究人工智能算法，独立自主地开发多学科建模与仿真的工具集，逐步构建智能化、可按需重构的产品研制信息系统，支持产品全生命周期的虚拟化、智能化、网络化、协同化研发与生产。

（3）大力开展应用示范工程和推广应用，突出行业、企业特点，突出以问题为导向，突出模式、手段和业态的变革，突出企业的三要素（人/组织、经营管理、技术）、五流（信息流、过程流、物流、知识流、价值流）的综合集成、优化和智慧化。

第8章

CHAPTER 8

工业互联网浅析

近年来，工业互联网发展如火如荼，当前5G、物联网、边缘计算、人工智能等技术正在加速融合到工业互联网的肥沃土壤中，各种服务商、集成商如雨后春笋般不断涌现，逐鹿市场，行业公司在竞争与协作中也共同参与着整个工业互联网生态系统的搭建，共同推进制造业走向智能制造的未来。

8.1 工业互联网的内涵

近年来，随着以互联网为基础的新一代信息技术的兴起以及向工业领域的融合渗透，发达国家纷纷提出以智能制造为核心的再工业化战略，力图率先建立先进工业生产范式，掌握未来主导权。2011年以来，美国分别从政府层面和产业层面先后提出先进制造战略和工业互联网理念，加快推动智能制造发展。2012年11月，通用电气公司发布《工业互联网：突破智慧和机器的界限》白皮书，旨在通过智能机器间的连接最终将人机连接，结合软件和大数据分析，突破物理和材料科学的限制，升级关键的工业领域，重构全球工业，激发生产率，提高能效和效率。

工业互联网着眼于利用新一代信息技术满足制造业亟须提升效率，优化资产和运营的迫切需求，强调数据分析等软实力在制造业发展中的关键作用，符合美国先进制造业发展战略支持的发展方向，一经提出即成为美国《先进制造伙伴计划》的重要组成部分。2013年3月，美国国家标准与技术研究院（NIST）发布《工业互联网标准框架任务》，标志着工业互联网正式上升为美国国家战略。2013年3月，在GE的推动下，AT&T、思科、GE、IBM和Intel五家分别来自电信服务、通信设备、工业制造、数据分析和芯片技术领域的行业龙头企业，联手组建了带有鲜明“跨界融合”特色的工业互联网联盟（IIC），旨在制定通用标准，打破技术壁垒，利用新一代信息通信技术激活传统工业过程，促进物理世界和数字世界的融合。工业互联网联盟的建立，使得工业互联网突破了GE一家公司的业务局限，内涵拓宽至整个工业领域。

工业互联网的概念最早由美国通用电气（GE）于2012年提出，它给出的定义为：工业互联网属于泛互联网的目录分类，使用开放性网络来连接人、数据与机器，从而激发工业化生产力[119]。GE工业互联网的内涵是在工业互联网络的支撑下，通过软件应用对机器设备进行远程监测、远程控制和远程维护，促进机器之间、机器与控制系统之间、企业之间的广泛互联，优化生产流程，提高生产效率，并由制造商向解决方案提供商转型。

工业互联网，顾名思义，是连接工业设备和生产的网络。通过传感器、信息通信技术连接众多工业设备，使得系统能够以前所未有的方式收集、传输、交换和分析工业数据，并对生产过程和各个环节进行监控和优化，帮助企业进行更明智和更快速的业务决策，优化资源的配置。

2016年我国成立了工业互联网联盟（AII），其对工业互联网的概念进行了权威的阐述：工业互联网是互联网和新一代信息技术与工业系统全方位深度融合所形成的产业和应用生态，是工业智能化发展的关键综合信息基础设施。重点强调工业互联网络中的角色包括机器、物品、计算机与人，工业互联网将以先进算法深度整合信息网络、大数据、机器学习等各领域的技术应用于机械装置，从而让机器更具有智能性，可以高效完成具有复杂物理结构的机械在网络中与传感装置和功能软件的集成。

分析多版本的工业互联网定义，本书作者采用以下定义：

工业互联网是新一代信息通信技术与工业经济技术深度融合的全新工业生态、关键基础设施和新型应用模式，通过人、机、物的智能互联，实现全要素、全产业链、全价值链的全面连接，推动形成全新的工业生产制造和服务体系。

工业互联网是全球工业系统与高级计算、分析、感应技术以及互联网连接融合的结果。GE在文献[119]中指出：工业互联网实现的三大要素是智能联网的机器、人与机器协同工作及先进的数据分析能力。工业互联网的核心是通过智能联网的机器感知机器本身状况、周边环境以及用户操作行为，并通过这些数据的深入分析来提供诸如资产性能优化等制造服务。工业互联网所形成的产业和应用生态是新工业革命与工业智能化发展的关键综合信息基础设施。其本质是以机器、材料、控制系统、信息系统、产品以及人之间的网络互联为基础，通过工业数据的全面深度感知、实时传输交换、快速计算处理和高级建模分析，实现智能控制、运营优化和生产组织方式的变革。

（1）智能机器。以崭新的方法将现实世界中的机器、设备、团队和网络通过先进的传感器、控制器和软件应用程序连接起来。

（2）高级分析。使用基于物理的分析法、预测算法、自动化和材料科学、电气工程及其他关键学科的深厚专业知识来理解机器与大型系统的运作方式。

（3）工作人员。建立员工之间的实时连接，连接各种工作场所的人员，以支持更为智能的设计、操作、维护以及高质量的服务与安全保障。

工业互联网通过智能机器间的连接并最终将人机连接起来，结合软件和大数据分析，重构全球工业、激发生产力，让世界更美好、更快速、更安全、更清洁且更经济。我们可以从构成要素、核心技术和产业应用三个角度去认识工业互联网的内涵[122~124]：

（1）从构成要素角度看，工业互联网是网络基础设施上机器、数据和人的融合。工业网络、机器、数据和人共同构成了工业互联网生态系统。在工业生产中，各种机器、设备组和设施通过传感器、嵌入式控制器和应用系统（含大量工业APP）与网络连接，构建形成基于“云—管—端”的新型复杂体系架构系统。

（2）从核心技术角度看，工业互联网是实现数据价值的技术集成。贯彻工业互联网始终的是大数据，从原始的杂乱无章到最有价值的决策信息，经历了产生、收集、传输、分析、整合、管理、决策等阶段。这其中，就需要集成应用各类技术和各类软硬件，完成感知识别、远近距离通信、数据挖掘、分布式处理、智能算法、系统集成、平台应用等连续性任务。

（3）从制造企业应用角度看，工业互联网是基于互联网的巨型、复杂制造生态系统。工业互联网构建了一个庞大的网络制造生态系统，为制造企业提供全面的感知、移动的应用、云端的资源和大数据分析，实现各类制造要素和资源的信息交互、数据集成，释放数据价值。

制造企业拥有一些传统的老旧设备，由于缺乏必要的接口，还无法直接连入工业互联网，需进行必要的改造，使“哑设备”能张口。多年来积累的大量机理模型需要实现软件化，并迁移到工业互联网平台上。此外，还有许多相关工作要做。归纳起来，工业互联网建设的主要任务包括三个方面：

（1）对机器设备的智能化改造。通过对机器设备添加传感和控制器件，使机器设备可感知、可联网和可控制，企业管理者可以通过软件灵活调度生产能力，实现敏捷制造和大规模定制生产。

（2）对数据链信息的建模、应用和产业化。通过将机器运转参数、生产经验、海量供应商和市场信息等模型化，开发多用途工业互联网软件控制应用，实现对机器设备的精确控制，并进一步将软件应用打造成服务产品，创造新价值。

（3）对软件应用的平台化无缝集成。实现从生产单元到工厂、从供应链管理到用户服务管理、从生产控制系统到IT系统的无缝集成，打破信息感知、传递、处理与反馈的障碍，彻底消除信息不对称，实现整个工业系统的开放与智能。

从工业互联网的三项任务来看，工业互联网的本质是以工业互联网络为基础，在操作系统（如Predix）上通过软件控制应用（如Pre-dictivity）和软件定义机器（SDM）的紧密联动，促进机器之间、机器与控制平台之间、企业上下游之间的实时连接和智能交互，最终形成以信息数据链为驱动、以模型和高级分析为核心、以开放和智能为特征的工业系统。通俗地讲，就是通过工业互联网平台把设备、生产线、工厂、供应商、产品和客户紧密地连接融合起来。可以帮助制造业拉长产业链，形成跨设备、跨系统、跨厂区、跨地区的互联互通，从而提高效率，推动整个制造服务体系智能化。这有利于推动制造业融通发展，实现制造业和服务业之间的跨越发展，使工业经济各种要素资源能够高效共享。

工业互联网与制造业的融合将给制造业带来四个方面的智能化提升。一是智能生产，即实现从单个机器到产线、车间乃至整个工厂的智能决策和动态优化，显著提升全流程生产效率、提高质量、降低成本。二是网络化协同，即形成众包众创、协同设计、协同制造、垂直电商等一系列新模式，大幅度降低新产品开发制造成本、缩短产品上市周期。三是个性化定制，即基于互联网获取用户个性化需求，通过灵活柔性组织设计、制造资源和生产流程，实现低成本大规模定制。四是服务化转型，即通过对产品运行的实时监测，提供远程维护、故障预测、性能优化等一系列服务，并反馈优化产品设计，实现企业服务化转型。

强调一点：工业设备数字化改造和数据联网只是第一步，却意味着巨额资金的投入，而整个智能生产系统的建设，更是不少的投入和漫长的过程。

8.2 工业互联网平台

工业互联网平台是工业互联网的核心。根据2017年11月27日发布的《关于深化“互联网+先进制造”发展工业互联网的指导意见》，工业互联网包括网络、平台、安全三大功能体系，其中网络是基础，平台是核心，安全是保障。

所谓工业互联网平台，是指面向制造业数字化、网络化、智能化需求，构建基于海量数据采集、汇聚、分析的服务体系，支撑制造资源泛在连接、弹性供给、高效配置的工业云平台，包括数据采集（边缘层）、工业PaaS（平台层）（PaaS，Platform as a Service，平台即服务）和工业SaaS（应用层）（SaaS，Software as a Service，软件即服务）三大核心层级，以及IaaS（基础设施层）（IaaS，Architecture as a Service，基础设施即服务）。

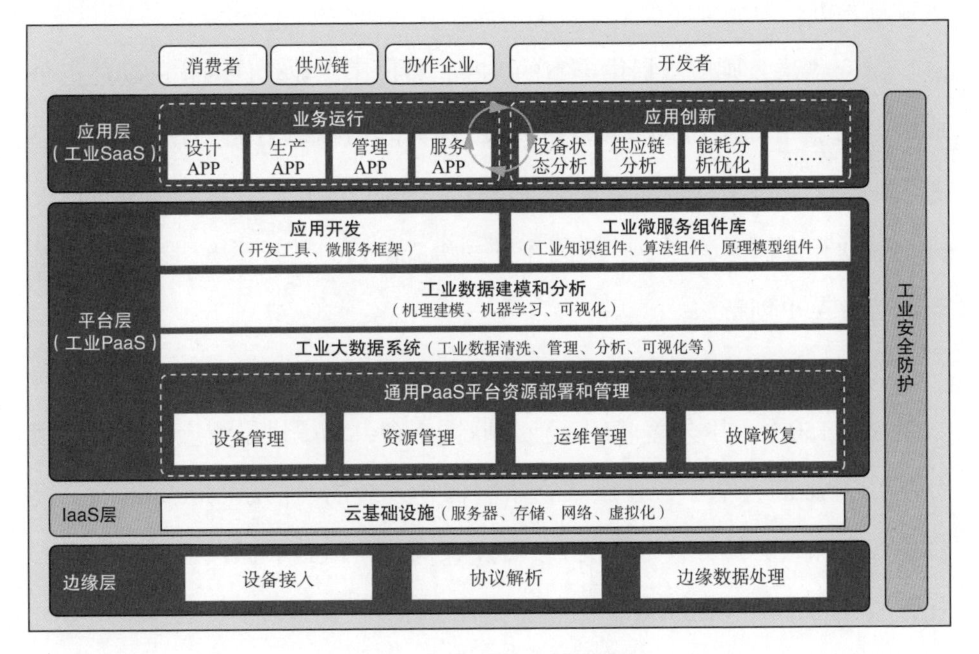

图8-1 工业互联网功能架构图
（注：图片来自中国工业互联网联盟）

在IaaS和边缘层，工业互联网平台需要实现从设备的控制系统、传感器、可穿戴设备、摄像头和仪表进行数据采集、传输和存储。IaaS是支撑，使计算、存储网络资源池化。边缘层解决数据采集集成问题，一是兼容各类协议，实现设备/软件的数据采集；二是统一数据格式，实现数据集成、互操作；三是边缘存储计算，实现数据的预处理和实时分析。

在PaaS层，解决工业数据处理和知识沉淀问题，形成开发环境，实现工业知识的封装和复用，工业大数据建模和分析形成智能，促进工业应用的创新开发。工业互联网平台需要能够支撑更加复杂的算法，例如深度学习技术进行图像分析，利用SPC方法分析质量数据，应用仿真技术对设备的数字化模型进行性能仿真，应用GIS数据对车辆进行定位，从而对物料运输过程进行追溯等。

在SaaS层，则应当提供丰富的APP，将原来工业软件固化的功能拆分成很多功能相对独立的插件，可以在PaaS平台即插即用。通过工业SaaS和APP等工业应用部署的方式实现设计、试验、生产、管理等环节价值提升，借助开发社区等工业应用创新方式塑造良好的创新环境，推动基于平台的工业APP创新。

2013年以来，全球各类产业主体积极布局，目前全球工业互联网平台数量超过150个。国外著名的工业互联网平台，如提供了资产性能优化服务的GE Predix、基于云开放式物联网操作系统的西门子MindSphere、提供了产品和服务优势技术解决方案的PTC ThingWorx、提供了全面管理云托管服务的IBM Watson等，在业界拥有了标杆性的地位。

目前，从工业互联网平台开发和应用落地上看，平台市场呈现IaaS寡头垄断,PaaS以专业性为基础拓展通用性,SaaS专注专业纵深发展的态势。IaaS、PaaS、SaaS建设成熟度不一致，IaaS发展成熟度较高、技术创新迭代迅速，亚马逊AWS、微软Azure、阿里云、腾讯云等占据了全球主要市场，IaaS主流服务商集中在中美两国。当前多数工业PaaS在工业Know-How和专业技术方面积淀不足，受消费互联网横向整合大获成功的影响，忽视制造与消费领域之间专业性的巨大差异，容易导致战略方向和发展路径的误判，工业PaaS开发建设应在专业性基础上向提供通用能力方向发展。工业SaaS发展受PaaS赋能不足的约束，潜力尚未发挥出来，均处于萌芽阶段。SaaS正逐步深入制造业细分行业领域，中小型企业的SaaS应用需求最迫切、服务量最大、价值创造最直接。

从整体上看，工业互联网平台市场仍然不成熟。备受制造企业关注的工业PaaS建设仍处于起步阶段，需要制造业和ICT行业在技术、管理、商业模式等方面深度融合。一是PaaS平台既需要特定领域制造技术的深厚积累，还需要把行业知识经验通过ICT技术转化为数字化的通用制造技术规则。GE Predix平台的技术和成本两道门槛限制了平台用户和开发者数量，可用性、易用性成为平台急需解决的共性问题。二是PaaS市场体系尚未建立，平台主要完成传统服务与流程的云迁移，主营业务仍为线下解决方案，从传统渠道转移的固有用户占九成以上。三是商业模式不清晰，平台大多处于投入期，交易成本高，交易标准化、安全保障、用户信用体系等方面的探索尚未展开或刚刚起步。例如，Predix应用成本过高，GE已调整其业务架构，平台商业前景不明。事实上，2018年12月13日，GE宣布，该公司已达成出售部分通用数字（GE Digital）业务的协议，且剩余业务将被组成一家独立公司。MindSphere主要为西门子客户提供服务，开放性问题尚未解决。树根互联主要依靠后服务市场盈利，平台核心服务推进相对缓慢。

美国咨询公司Gartner于2019年6月末再次发布工业互联网平台的魔力象限，如图8-2所示。此次魔力象限从7个维度来衡量16个入选企业，围绕着状态监控、设备预测分析和互联资产进行评分。与2018年一样，四个象限空出两个高堂，空空荡荡是遥不可及的天宫，而75%的入选者则挤在左下角的“利基玩家”之中，真实反映了工业互联网平台仍处于发展初期的不争事实。根据Gartner的定义，在大多数情况下，利基选手企业倾向于将其端到端的物联网平台功能，销售给原有的忠诚大客户群（也就是传统锁定的客户），或作为捆绑的“垂直物联网”应用平台或作为托管服务。而在需要将IT、OT和物联网集成在一起的“新客户”面前，由于以前不曾有过合作关系，利基选手很难获得巨大成功。许多利基选手的一个关键弱点是，尽管与工业企业接触，但主要从事的仍然集中在物联网的“商业”应用。

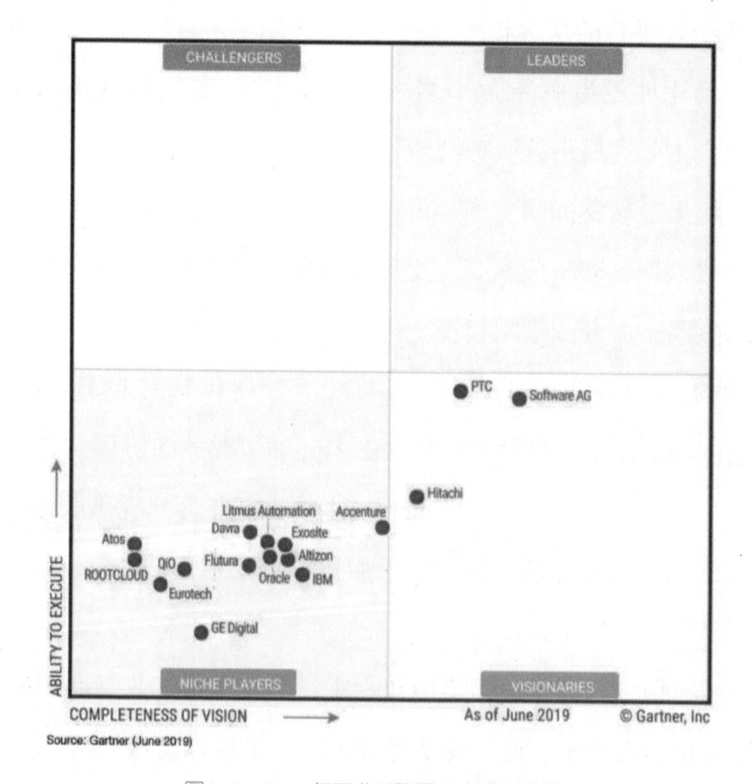

图8-2 2019年工业互联网平台魔力象限

（资料来源：Gartner魔力象限2019年6月）

当然，这只是Gartner自行定义了一个多边形的边界，提供了一个筛选的维度。然而，探讨这个边界的规则，对理解当下的工业互联网平台具有很好的借鉴意义。这次，Gartner进一步强化了一个观点，那就是工业互联网必须能够实现本地部署，以便既可以在离网的情况下使用，同时也可以在云端使用。去年GE Predix虽然呼声很高，但却落到纵轴的最低端，早已风光不再。曾被业内看好的西门子、施奈德、SAP等大厂竟然纷纷落选，这不免让人觉得有些出乎意料。根据Gartner的解释，不能私有化部署，都不能称其为工业互联网平台。也就是说，只有可以将自己的整套东西授权出去，让别人能够基于此封装形成自己的开发者平台，才是真正的工业互联网平台。

Gartner分析结果只是对工业互联网平台发展现状的一种认识，属阶段性产物，也是对工业互联网平台现状的折中。无论是工业互联网的定义，还是工业互联网的本质，谁都没有强调工业互联网平台一定能够在本地部署。如果一定要强调能部署在本地才是工业互联网，那么，由于认识的局限性、知识壁垒，以及对信息、数据安全的担忧等，大型制造企业一定会将工业互联网平台建立在自己的“地盘”上。另外，由于竞争的存在，同质企业也根本不可能在同一“私有云”上共建智能制造系统，共创价值。短时间内，其结果必然是遍地私有云，到处“云孤岛”。与制造业传统的信息系统“烟囱林立”的状况相比，差别只不过是有没有“云”罢了。这与工业互联网的初衷大相径庭。问题到底在哪，需要专家学者、制造企业、平台供应商们思考并及早给出答案。

现阶段，我国制造企业和平台供应商在推进工业互联网时面临的主要问题是：

（1）工业互联网平台“百花齐放”给制造企业带来选择性困难。根据AII（中国工业互联网产业联盟）发布的统计结果：“初步统计，我国当前有269个平台类产品，装备、消费品、原材料、电子信息是主要应用方向。”目前有一定行业区域影响力的区域平台超过50家。

（2）工业互联网集成困难。各种平台之间要实现集成，涉及诸多的标准和安全问题。对于制造企业和工业软件企业而言，将所有工业软件都变成APP，既不现实，也没必要。另外，实现不同工业互联网平台上的APP之间的互操作还面临很多难题。

（3）工业互联网平台能力不足。市场上已有的工业互联网平台实际上只能支持某些单点应用和特定功能，还缺乏真正基于多租户的工业互联网平台。AII对全国168家企业平台企业进行评估之后，看到了这样的数据：80%平台连接的设备协议种类不足20个，83%平台提供的分析工具不足20个，68%平台提供的工业机理模型不足20个，54%平台提供的微服务不足20个。

（4）制造企业的“惰性”。制造企业已经应用了很多IT系统，由于知识壁垒、对数据的敏感，以及对工业互联网平台安全性的担心等，不可能把所有的应用都转到工业互联网平台。

（5）工业互联网良性的生态环境尚未建成。今天，几乎所有的工业互联网平台业务都还没有完全进入到良好的盈利阶段，都还需要依靠本公司其他业务的补贴，大家都在艰难度日，争取活得久些，因为唯有活下去才能有一丝希望。虽然这样的结果大大出乎人们的意料，却印证了工业互联网的门槛远高于消费互联网，不能简单套用互联网思维。我们对工业互联网的认识还不充分，无论是制造企业，还是工业互联网平台供应商，双方都没有做好必要的准备。

****

《工业互联网白皮书（2019）》[128]指出，工业互联网平台应用短期内仍将以设备侧和工厂侧为主，数据确权、数据流转与平台安全仍然是平台治理面临的主要问题。可以肯定地讲，工业互联网的发展方向、目标都是明确的。今天的工业互联网平台，它或许没有宣传的那么好，正处于新技术发展的缓慢阶段。随着对工业互联网认识的深化，生产过程机理的积累，大量工业APP的开发，数据分析算法的优化，平台日趋完善，制造业全要素、全产业链、全价值链的全面连接一定会实现。

8.3 复杂系统的脆弱性

想知道什么是复杂系统的脆弱性，首先要了解什么是复杂系统。复杂系统的研究尚处于初级阶段，还没有给出复杂系统的严格科学上的定义。通常情况下，我们可以将系统看作是单元（节点）和关系（连线）所构成的整体。那么，复杂系统就是那些单元数目很多，同时相互联系比较紧密，而且错综复杂的系统。蚂蚁、蜂群社会是典型的复杂系统，个体简单，整体却非常复杂有序。这种在整体表现出来的，但却在个体级别看不到的属性、行为、特征等就是所谓的涌现。

复杂系统要有一定的规模，复杂系统中的个体一般来讲具有一定的智能性，这些个体都可以根据自身所处的部分环境通过自己的规则进行智能的判断或决策。这意味着系统内的元素或主体的行为遵循一定的规律，根据“环境”和接收的信息来调整自身的状态和行为，并且主体通常有能力来根据各种信息调整规则，产生以前从未有过的新规则。通过系统主体的相对低等的智能行为，系统在整体上显现出更高层次、更加复杂、更加协调智能的有序性。在复杂系统中，没有哪个主体能够知道其他所有主体的状态和行为，每个主体指可以从个体集合的一个相对较小的集合中获取信息，处理“局部信息”，做出相应的决策。系统的整体行为是通过个体之间的相互竞争、协作等局部相互作用而涌现出来的。另外，复杂系统还具有突现性、不稳定、非线性、不确定性、不可预测性等特征。

真实地理解复杂系统和系统行为这个需求，来自突发灾难的刺激，至少部分如此。亚瑟·D.霍尔三世在其著作[130]中给出了许多复杂系统崩溃事例，如发生在1986年的印度博帕尔化工厂泄漏事件，1986年美国国家宇航局（NASA）“挑战者号”航天飞机爆炸事件，1967年“阿波罗”1号飞船失火事件，1986年切尔诺贝利核电站爆炸事件，1979年三哩岛核电站事故，等等。

核电站这类系统十分复杂，各部分往往以意想不到的隐蔽方式相互作用。复杂系统不像装配线，更像一个精密的网络。其中的许多部分以错综复杂的方式联系在一起，容易相互影响。甚至表面看上去没有联系的部分也可能会有间接的联系，有些系统则与系统的许多部分联系。因此，当某个地方出现问题时，各种毛病会四面开花，接踵而至，人们很难弄清楚到底发生了什么。

三哩岛事故是史上最严重的核事故之一，也是一次令人手足无措、史无前例的危机，而这次危机改变了我们对现代系统崩溃的一切知识。

三哩岛、切尔诺贝利和福岛——这些核电厂的事故，难道说高素质的设计人员和管理人员不曾倾尽全力在事前避免这些灾难的发生？按组织理论家查尔斯·佩罗（Charles Perrow）的说法，上述三次事故属于“正常的意外”（Normal Accidents）。他写过一本经典作品，名为《正常的意外：与高风险技术并存》（*Normal accidents: Living with High-Risk Technologies*）。他在书中指出，意外，甚至灾难，是复杂基础设施的“正常特点”。这些基础设施复杂得超出了人的理解能力，因为它们涉及多个流程（且多为不相关流程）里存在的故障。单个错误本身并不致命，可组合起来，就会导致无法预测到的系统性故障。佩罗指出：“我们的设计太复杂了，人无法预料必然故障所有可能带来的相互作用；我们增加的安全装置，受到系统里的隐藏路径的欺骗、回避和遮掩。”佩罗认为，有两个因素促使系统容易发生这种崩溃。一是复杂性，复杂系统各部分之间并非线性关系，当各个部分存在着复杂的相互作用时，细小的变化也可能产生严重的结果，就是我们常说的“蝴蝶效应”。我们无法一进去就能对混乱危险的局面一览无余。在大多数情况下，我们只能依赖间接的指示器评估形势，从杂乱的信息拼出完整的图像，因此，我们的判断很容易出错；二是紧耦合，如果一个系统是紧耦合，则它的各部分之间很少有松动或缓冲。一部分出现的失误很容易传导到其他部分。由于复杂系统内部之间的强烈耦合作用，一组或多组元故障能导致级联故障，这会造成系统功能灾难性的后果[129]。

如果一个系统是复杂的，我们就无法正确地理解它如何运作，也不太可能准确知道它内部发生了什么，而这样的认识失误很可能以令人费解的方式与其他失误耦合，于是紧耦合造成的崩溃往往令人始料不及。复杂性和紧密耦合创造了一个危险地带，在这个地带中任何微小的差错都可能转为崩溃[131]。然而，常态事故其实极为罕见。大部分灾难是可以避免的，造成灾难的直接原因并不是复杂性或者紧密耦合，而是可以避免的错误，如管理失误、忽视警示、沟通有误、缺乏训练和鲁莽承受风险。例如，2019年3月10日上午，一架载着149名乘客的波音737-MAX8坠毁在埃塞俄比亚首都亚的斯亚贝巴附近，所有乘客全部罹难，令人扼腕痛心！该型号飞机的自动驾驶系统设计了一个智能化功能，在传感器探测到飞机失去升力或气动失速时，自动以俯冲方式获得加速。但在相关操作手册中，对该功能未做准确描述。自动驾驶系统基于错误的信息自动触发了错误的决策，并且无法进行人工干预，可能是这次灾难的原因之一。

灾难有时是大规模的，如英国石油公司（BP）在墨西哥湾的石油泄漏、日本福岛的核灾难，以及全球性的金融危机，它们似乎源于各自不同的问题。但从实质上说，这些灾难的根源惊人地相似。这些事件有共同的DNA，而研究人员对此才刚刚有所认识。有共同的DNA意味着，某个行业中发生的事故可以为其他领域的人提供经验教训。

许多人担心黑客和电脑恐怖分子威胁全球网络基础，但连锁失效带来的威胁可能更大。例如，2007年8月，美国海关计算机系统崩溃了近10个小时，导致1700多名旅客滞留在洛杉矶国际机场。事故是由一台计算机的网卡故障引起的。这个故障很快导致其他网卡也连锁失效，不到1小时，整个系统崩溃了。系统专家安东诺普洛斯（Andreas Antonopoulos）指出：威胁来自复杂性本身[132]。

工业互联网是一个开放的、复杂自适应系统（Complex Adaptive System，CAS）①，连接了成千上万的智能装备，采用了许许多多的人工智能算法

① 复杂自适应系统（Complex Adaptive System，CAS）理论，由美国密歇根大学心理学教授、机电工程和计算机科学系教授、“遗传算法之父”约翰·霍兰（John Holland）于1994年提出。

（软件），构成了庞大的智能网络。复杂自适应系统被看成是由规则描述的、相互作用的适应性主体组成的系统[133]。主体可以在不断与环境以及其他主体的交互作用中“学习”和“积累经验”，并根据学习到的“经验”改变自身的结构和行为方式，正是这种主动性及主体与环境的、其他主体的相互作用，不断改变它们自身，同时也改变着环境，是系统发展和进化的基本动因。整个宏观系统的演变和进化，包括新层次的产生、分化和多样性的出现，以及新的、聚合而成的、更大的主体等的出现等，都是在这个基础上逐步派生出来的。

在工业互联网虽然通过人、机、物的全面互联和全局优化实现全系统效率的提升，但这种效率的提升是以脆弱性为代价的，任何一个环节出了问题，都会影响全局。脆弱性表示系统容易受到攻击或容易被破坏的趋势，描述系统的不完美性、缺陷性或容易受到破坏的性能；而脆弱点是系统中比较薄弱的、有缺陷的节点或链路，一旦失效将造成严重后果。

在工业互联网中，很多人工智能算法是不透明的，对人类专家和企业员工来讲就是“黑盒子”，算法的行为无法预测。目前的人工智能的逻辑推理带有强烈的程式化意味，由于既定模型的局限性，即使是最为优越的AI系统也会在判断时出现偏差，而在生活中，这种推理机制带来的缺陷，也很可能会为人们带来极大的不便或者其他隐患。与此同时，人工智能算法软件中是否存在“BUG”也不得而知。由于系统过于复杂，人们难以对系统进行全面的了解，因此对系统的行为把握不足，当发生未知异常时，则多处于“茫然”状态。另外，各类人员的危险意识淡漠，或由于系统误报频发，大家对“狼来了”习以为常、熟视无睹。还有，我们所对付的系统的耦合程度可能如此紧密，以至于贸然停止，整个系统将会立即分崩离析。试图控制失控的核反应堆或失速的飞机时，我们无法停止。复杂系统脆弱性产生的威胁无时无刻不在，如何尽早发现"内忧"，找到解决问题的方法，防患于未然，是学术界、工业界十分迫切的任务。

工业互联网不仅存在复杂系统脆弱性的"内忧"外，而且还存在来自外部黑客攻击的"外患"。工业生产泛在互联一方面可以提高生产力，提升创新能力，减少工业能源及资源消耗，助力产业模式转型升级；另一方面也会因为互联而诱发一系列网络安全问题。工业控制系统遭受的网络攻击已经成为我们所面临的最严重的国家安全挑战之一。

物联网（工业互联网的组成部分）给我们提供的是一种浮士德交易。一方面，它让我们能够做更多的事情：搭乘无人驾驶的汽车旅行，使飞机发动机更可靠，为我们的家节省能源。另一方面，它为真实世界中的黑客创造了一条捷径。复杂计算机程序更可能带来安全隐患。现代网络已经成熟，各部分的相互连接和相互作用达到意想不到的程度，这是攻击者可以利用之处。紧密耦合意味着，一旦黑客有了立足点，形式将急转直下，不易摆脱。事实上，在各种不同的领域中，复杂性都为不法行为创造了机会，而紧密耦合则放大了不法行为的后果。利用系统复杂性的危险区干坏事的不仅有黑客，还有世界上一些大公司的高管[131]。

以前我们的工业生产网络是在一个相对封闭的环境中，是一个闭环，通过警卫、摄像头、门禁等物理环节进行安全防护；但是在工业互联网中，工厂的各个控制系统、设备都接入网络并对外部开放，是一个开环。工业控制系统本身存在的安全漏洞（软硬件缺陷）以及管理漏洞（弱口令）等直接暴露在互联网中，成为攻击者虎视眈眈的目标，仅有的物理环节防护已经失效。例如，2010年爆发伊朗核"震网"事件，约1000台离心机报废。2011年美国伊利诺伊州斯普林菲尔德市的公共供水网络系统受到黑客攻击，毁掉了一个向数千家庭供水的水泵。2012年“Flame”病毒攻击了中东多个国家，它能收集各行业敏感信息，卡巴斯基推测这种病毒可能是“某个国家专门开发的网络战武器”。2015年乌克兰电网系统遭黑客攻击，引发持续3小时的大规模停电事故。2016年5月，世界首个真正意义上的可编程逻辑控制器（PLC）病毒问世，该病毒可以在PLC之间传播，使被感染的PLC拒绝服务、停止工作等。2017年，工业“勒索病毒”直接利用被控制的控制器进行勒索，不给钱就断掉控制器电源。

随着工业无线网络的部署，将出现各种无线电安全问题。业界人士都知道，无线通信具有易受干扰的特性。由于工业现场生产环境复杂，大量机械电子设备聚集，各种机械、管道对于无线电信号存在反射、散射，其自身运行时又会产生大量杂波辐射，这些都会对无线通信产生干扰。目前，工业无线通信没有专门频率，而是与大量科学、医学等应用公用免许可的工科医频段，而且市场上的各类WiFi、蓝牙设备也大量使用这一频段，造成该频段电磁环境复杂，无线电干扰问题严重。随着工业互联网迅速推广，海量数据和应用将对无线通信提出高可靠性、高速率、低时延等新要求。

未来高度互联的电网通信网络有可能暴露出如今电网所没有的漏洞。数以百万计的全新电子通信设备从自动化电表到同步相量，都会带来攻击渠道——也就是攻击者可用来获取计算机系统或其他通信设备访问权限的通路——这也就增加了有意和无意的通信中断风险。详见麻省理工学院公布的研究报告《电网的未来》。

****

复杂系统的一个基本特点是我们无法通过单纯地思考它们的思考来找到所有的问题。复杂性能够引起如此复杂与罕见的相互作用，人们不可能预见将会出现的大部分错误链。但在复杂系统崩溃之前，它们会发出能解释这些相互作用的警示信号。我们可以用这些线索来解决它们的问题。但我们经常未能注意到那些线索。只要看上去没问题，我们往往便会假定，我们的系统运转良好，而没有出问题可能只不过是因为偶然的运气。为了控制复杂性，我们需要从系统现实的信息中学习，这些信息以小错误、几乎出事或其他形式的警示出现。

通过减少复杂性、增加松动空间的方法可以帮助我们避开危险地带。它可以成为一种有效的解决办法。透明的设计让我们避免错误的操作，而且当我们确实做错了时，也比较容易理解。诚然，在系统中加上松动空间，或者是为了减少复杂性而进行重新设计，都可能意味着更高的支出和较低的性能。想了解更多的事例，解决方法建议，例如，可以设计更安全的系统，做出更好的决策，注意警示信号，从多元化和异见者的建议中学习。感兴趣的读者可以参阅文献[131 ~ 135]。

由于人的生命、昂贵的设备和重要的使命都面临风险，因此在采取自主技术时必须反复强调安全性和可靠性。无论机器人在实验室里有怎样的表现，一旦它们接近处于危险环境中的人类生活环境和关键现实资源时，我们都会加强对机器人自主性的审查和干预[136]。

8.4 对工业互联网的粗浅认识

通过研究工业互联网的概念、关键技术，开发工业互联网平台，以及在实践中探索应用模式，对工业互联网形成了一些粗浅的认识。这些认识包含了我们对工业互联网的理解，工业互联网应用现状与难点的了解，以及解决问题途径的一些思考。具体如下：

工业互联网是制造业实现全球一体化的愿景。工业互联网所追求的是以贯穿产品全生命周期的信息数据链驱动工业系统的智能化决策与执行，打通企业设计、制造和服务全流程，打破企业内层级和企业间界限，实现企业资产与运营双重优化，同时创造新的服务价值。制造企业逐步打破企业、行业、地域、文化等壁垒，构成全球化的无边界组织，最终，实现全球制造企业在工业互联网中按需灵活地组织，智能化、协同地为消费者提供满意产品和服务，为消费者创造美好的价值体验。当然，要实现这一愿景还需要很长的过程，需要打造一个健康的生态系统。

工业互联网是制造系统的数字神经系统。狭义的工业互联网侧重于生产现场人、机器、产品等互联互通，机器与机器、机器与人、机器与产品间协同工作，使得企业生产过程达到最优；广义的工业互联网则是围绕产品全生命周期中不同企业资源的整合，实现产品设计、生产制造、使用维护等产品全生命周期的管理和服务，在为客户提供更有价值的产品和服务的同时，重构产业链的价值体系，是制造及管理模式的转变。工业互联网所隐含的部分先进制造技术及理念，如网络制造、智能制造、绿色制造、全球制造、精益/准时生产等在20世纪90年代或21世纪初就已提出，只是部分理念受限于当时的科技水平无法完全实现罢了。

工业互联网面对巨大的标准化挑战。工业互联网具有较强的跨领域综合性，正在形成全新和复杂的生态系统，亟须建立相应的标准体系，亟须不同层级相关标准的指导。工业互联网面向的企业都是个性化的，因此标准化难度大，而如果不能实现标准化，则很难推广。标准化难度大主要是由于工业互联网涉及设备多种多样，业务链条长，模型复杂。由于缺乏统一的标准，制造业将面对数量众多的工业互联网平台和工业APP。制造企业除了难以选择外，还将面对新一轮系统集成的困难。由于不同行业采用不同的平台产品，有可能导致更大的“孤岛”出现，势必给建设全产业链、复杂的生态系统带来无比巨大的挑战，甚至是灾难。

工业互联网需要统一的时间管理。任何一个网络，只要处理多源时序数据，就需要有统一的时间认知，即统一全局时间。与消费互联网不同（时间例程不太重要），工业互联网中数据的多源性是司空见惯的，而且有强烈的时效性。不同的工业装备、软件系统由于产生、处理数据所花费的时间不同，制造系统在时间同步上存在问题。如果没有统一的全局时间管理，不仅数据的正确性、时效性难以保证，而且根本无法保证决策的准确性。

工业互联网需要新型的系统结构。由于工业互联网与生产的实际进行过程结合，因此工业互联网对响应速度、可靠性、安全性等方面的要求更加严苛，否则就可能导致相关设备损毁、生产线非正常停止，甚至人员安全方面的问题发生。工业互联网既对安全性提出了很高要求，同时又对响应速度提出非常高的要求。另外，在工业互联网中，制造企业能够快速响应市场变化需求，灵活地组建项目团队，按需协同、优化调度分布全球的制造资源。所以工业互联网需要有不同于一般互联网的系统架构，需要开发能够适应工业互联网特殊需求的新型系统结构。

工业互联网的实施是一个循序渐进、优化的过程。工业互联网的实施不仅仅是一个企业的问题，它与国家整个经济市场大环境、国民经济发展水平及人口素质等息息相关。工业互联网的实施存在一个企业内部小环境与外部科技、经济发展大环境相匹配的问题。工业互联网战线广阔、纵深庞大，相关的技术会有更大的扩展，因此它的实现是一个不断更新加强和完善的过程。在整个工业互联网发展过程中，工业设备数字化改造和数据联网只是第一步，但却意味着巨额资金的投入，而整个智能化生产系统的建设更是不小的投入和漫长的过程。即便纯粹从技术角度来说，全面实施工业互联网也还存在着标准化、工业通信基础设施建设以及网络安全保障等技术难题，更需要大量的生产过程机理模型，不可能一蹴而就。

工业互联网的建设需要大量的人才。工业互联网概念提出才几年的时间，制造企业、平台供应商对它的认识都很有限，双方在人员储备上都存在明显的不足。不同于消费互联网，推广应用工业互联网，从技术、平台、应用等多方面都提出了对人才的需求，特别是那些既懂生产过程、又了解工业互联网的复合人才。大量从事工业互联网技术研究、平台开发的优秀专业人员，与制造企业的专业人才紧密合作，在实践中不断探索、积累，努力提升技术、平台产品和服务的能力，并持续不断地培养、壮大人才队伍，稳步推进工业互联网建设。

工业互联网应用与产业化现状应予以正确认识。“理想很丰满，现实太骨感”是当下工业互联网研究、应用与产业化的真实写照。面对工业互联网产业强大的宣传攻势，为数众多但功能单薄的工业互联网平台，以及精准反映生产过程机理的工业APP稀缺的现实，制造企业对工业互联网的热情渐渐消退。工业互联网概念的提出仅有几年，由于人才、技术和产品等储备不足，还远没有达到深层次应用的程度。由于企业太过急于求成，迫切希望能够借此机会实现“弯道或换道超车”，才导致理想和现实的失衡。事实上，一项技术从产生到取得良好的应用效益往往需要相当长的时间。例如，蒸汽机从1712年发明到1765年经瓦特改良获得巨大成功曾历时50余年。虽然今天的技术发展大大加速，但由于工业互联网技术、系统过于复杂，仅仅几年的时间还是不够的。我们应该正确对待，审时度势，理智地分析、选择，避免头脑忽冷忽热。

8.5 小结

近几年，工业互联网的呼声一浪高过一浪，解决方案提供商如雨后春笋般涌现，为制造业描绘了美好的应用前景，然而制造企业实际应用效果与预期的目标却有天壤之别。由于需求方和解决方案提供商把问题简单化了，对技术进展水平、平台产品的能力，以及应用难度的预判出现了偏差，加上双方都急于求成，导致当下应用落地未能较好地实现预期目标。雷·库兹韦尔在《机器之心》[20]一书中提道：技术界的“新贵”威胁着要排挤那些老技术，其追随者过早地宣布了胜利的消息。尽管新技术能带来一些独特的益处，但仔细思考之后你会发现其功能和质量方面存在着关键元素缺失的问题。

工业互联网虽然在近年来获得快速发展，制造企业本身并没有表现出迫切的需求，这是因为制造业面临其他亟待解决的问题，包括产能过剩、技术的更新换代以及软件与互联网大数据的完善。工业互联网的建设是一个循序渐进、不断优化的过程，需要有与之相匹配的设施基础。制造企业需要投入大量的人、财、物，对传统设备进行必要的设备改造，完善价值流程，开发所需的工业APP，工业互联网平台定制等。市场上提供了许多解决方案，但任何方案都不可能使企业一步跨入工业互联网。因此，企业首先要清楚地了解自己当前是否具备一定的基础条件，实施工业互联网要达到什么样的阶段目标，想一步到位、一劳永逸地实现“跨越式”发展是不现实的。

实现工业互联网落地应用，对于制造企业，对于工业互联网平台开发商，对于整个产业链而言，都还任重而道远。首先，政府或科研机构、行业协会层面需要在理论概念、参考架构、商业模式、样板点建设及技术标准化等方面为企业提供指导蓝图；其次，联网为数据的流动提供了可能，为相关设备之间、企业之间，企业与用户、产品之间等集成交互提供了管道，但随之而来是海量的市场、需求、研发、生产、物流、售后以及管理等数据的爆发性增长，现有的宽带基础设施还不足以完全支撑工业领域应用，需要为企业提供性价比较高的基础宽带服务；最后，工业网络中的数据往往包含知识产权和商业机密等关键信息，以及联网设备的状态和控制信息等，安全形势严峻，需要在网络安全技术及法律法规上不断完善，为工业互联网平稳运行保驾护航。

工业互联网的目标，是未来，而不是现在，也不可能一蹴而就。需要思维方式、管理、设备、平台、工业APP等多方面的不断成熟才能逐步实现，需要时间慢慢演化。

第9章 CHAPTER 9 智慧云制造

参照“工业4.0”的发展目标，未来制造模式将是一个高度灵活的个性化产品制造与服务的制造模式。在这种模式下，传统的行业界限将消失，各种新的交叉领域和合作形式将会不断产生，新价值的创造过程会发生重要改变，产业链分工将被进一步细分和重组。由李伯虎院士牵头的我国专家学者在国际上率先提出了云制造和智慧云制造（云制造2.0）的理念，也为制造业的未来描绘了类似的愿景，它在对各种先进制造模式继承和创新的基础之上，有望通过制造模式、手段和业态的创新实现制造业竞争能力的跃升和突变。

9.1 智慧云制造的内涵

结合国内外信息通信技术（Information Communication Technology，ICT）、先进制造技术（Advanced Manufacturing Technology，AMT）的发展，2009年由李伯虎院士牵头的我国专家学者提出了云制造的概念[77~79]，开始了以网络化、服务化为主要特征的云制造1.0的研究与实践。随着有关技术的发展，特别是新兴信息通信技术智慧化（云计算、物联网、移动互联网、服务计算、高性能计算、建模仿真、大数据、网络安全等）和新兴制造技术智慧化（3D打印、先进工艺、智能机器人、智能机床、全生命周期虚拟样机工程等）的快速发展，以及人工智能技术（机器深度学习、大数据驱动下的知识工程、基于互联网的群体智能、跨媒体推理、人机协同的混合智能等）的新发展，标志着“新互联网+云计算+大数据+人工智能+”的时代正在到来，新技术为加强云制造的智慧化提供了技术支撑。因此，由李伯虎院士牵头的我国专家学者于2012年提出并开始了以互联化（协同化）、服务化、个性化（定制化）、柔性化、社会化、智能化为主要特征的“智慧云制造”（云制造2.0）的研究与探索，它在制造模式、技术手段、支撑技术、应用等方面进一步发展了云制造1.0，也实现了对各种先进制造模式的继承和创新。可以说，智慧云制造是“新互联网+云计算+大数据+人工智能+”时代的一种智能制造新模式、手段与业态；按智慧云制造内涵构建的制造系统——智慧制造云是一种“新互联网+云计算+大数据+人工智能+”时代的智能制造系统[142]。

智慧云制造[142]是一种基于新互联网，用户能按需、随时随地获取智慧制造资源、能力与产品服务，进行数字化、网络化、云化、智能化制造的新制造模式、技术手段和业态。

智慧云制造技术手段：基于新互联网，借助新兴的制造科学技术、信息科学技术、智能科学技术及制造应用领域的技术等深度融合的数字化、网络化（互联化）、云化、智能化技术手段，构成以用户为中心，统一经营的智慧制造资源、产品与能力的服务云（互联服务系统），使用户通过智慧终端及智慧云制造服务平台便能随时随地按需获取智慧制造资源、产品与能力服务，进而优质地完成制造全生命周期的活动。

智慧云制造模式：以用户为中心、人／机／物／环境／信息融合、互联化（协同化）、服务化、个性化（定制化）、柔性化、社会化、智能化的智慧制造新模式。

智慧云制造业态：泛在互联、数据驱动、共享服务、跨界融合、自主智慧、万众创新。

智慧云制造特征：对制造全系统及全生命周期活动中人、机、物、环境，信息自主智慧地感知、互联、协同、学习、分析、认知、决策、控制与执行。

智慧云制造的实施内容：借助上述技术手段，促使制造全系统及全生命周期活动中的人 / 组织、技术 / 设备、经营管理、数据、材料、资金（六要素）及人才流、技术流、管理流、数据流、物流、资金流（六流）集成优化。

智慧云制造目标：高效、优质、节省、绿色、柔性地制造产品和服务用户，提高企业（或集团）的市场竞争能力。

“智慧制造云”是按上述智慧云制造内涵构建的制造系统，也称为智慧云制造系统。这里的智慧首先体现在它有三个方面的深度融合，即[142]以用户为中心的人，机、物、环境、信息的深度融合；数字化、网络化、云化、智能化的深度融合；工业化和信息化的深度融合。同时，这个系统能够智慧地运营制造全系统和制造全生命周期活动中的人、机、物、环境与信息；另外，很重要的一点，它是基于工业大数据作为战略资源，利用智能化学习技术，并行、互联、协同、实时、智能地进行制造创新。

本书作者在消化吸收国内专家研究提出的智慧云制造概念、内涵的基础上，参照先进制造模式的定义，兼顾核心竞争力、价值链、现代生产力要素等定义与内涵，结合复杂产品智能制造系统技术国家重点实验室研发团队现阶段研究、开发和初步应用成果，总结归纳出一种未来智能制造模式（称为智慧云制造1.X版）。其定义如下：

智慧云制造模式（1.X）是智能时代的一种先进制造哲理、指导思想和先进生产方式。在工业互联网环境中，以价值创造和体验为中心，快速、自主适应市场需求的变化，灵活、协同地组织全价值网络的制造资源、制造产品和制造能力，实现制造全要素、全产业链、全价值网络（链）的智能、综合优化，精益、敏捷、优质、高效地为客户提供定制化的产品和服务，使消费者获得完美体验，提升制造和服务的竞争力。智慧云制造模式作为未来的一种先进制造范式，其先进性表现在：组织结构合理、管理手段得当、制造技术先进、市场反应快（Quick）、客户满意度高（Better）、单位制造成本低（Cheaper）等诸多方面。

9.2 智慧云制造系统

智慧云制造系统隶属于先进制造系统（Advanced Manufacturing System，AMS）。所谓先进制造系统是指在时间（T）、质量（Q）、成本（C）、服务（S）、环境（E）诸方面，能够很好地满足市场需求，采用了先进制造技术和先进制造模式，协调运行，获取系统资源投入的最大增加值，具有良好的社会经济效益，达到整体最优的制造系统。

智慧云制造系统是复杂的、开放的、自适应系统[143]。其复杂性体现在成千上万的智能装备、算法连接在一起，并且人在回路当中；开放性表现为系统运行中有大量的信息、能量和物质交换；自适应体现在系统由多智能体组成，自主响应环境变化。智慧云制造系统多层次组成如图9-1所示。复杂系统中的个体被称作主体（Agent），主体是具有自身目的性与主动性、有活力和适应性的个体。主体可以在不断地与环境以及其他主体的交互作用中“学习”和“积累经验”，并根据学习到的“经验”改变自身的结构和行为方式，正是这种主动性及主体与环境的、其他主体的相互作用，不断改变它们自身，同时也改变着环境，是系统发展和进化的基本动因。整个系统的演变或进化，包括新层次的产生、分化和多样性的出现，新的聚合而成的、更大的主体的出现等，都是在这个基础上派生出来的。

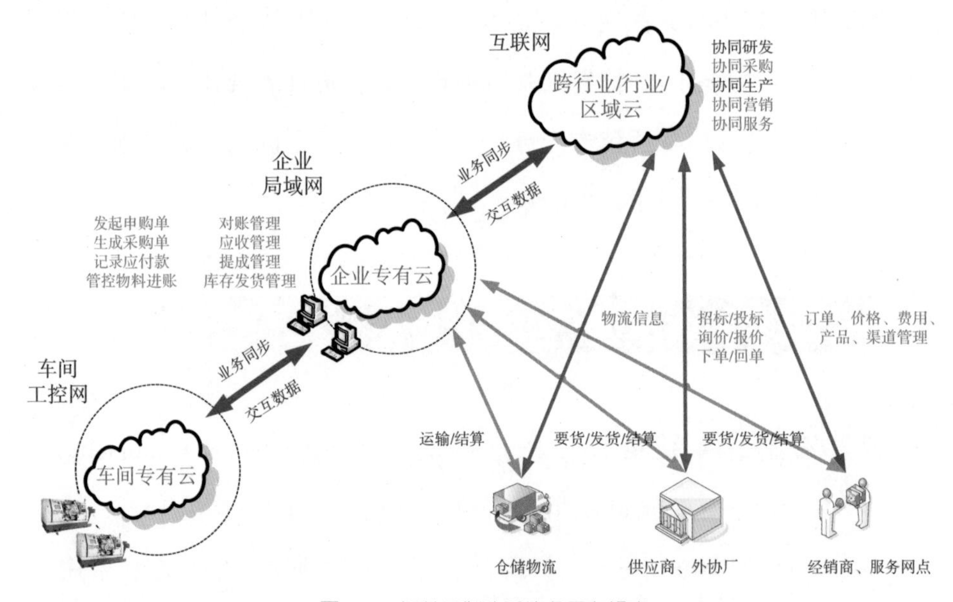

图9-1　智慧云制造系统多层次组成

- 系统具有明显的层次性：跨行业、行业、区域、企业、车间、单元等层次都可以形成智慧云制造系统，各层次之间界限分明。
- 层与层之间具有相对的独立性：层与层之间的直接关联作用少，各层的主体主要是与同一层次的个体进行交互。
- 个体具有智能性、适应性、主动性：系统中的个体可以自动调整自身的状态、参数以适应环境，或与其他个体进行合作或竞争，争取最大的生存机会或利益，这种自发的协作和竞争正是自然界生物“适者生存、不适者淘汰”的根源。这同时也反映出CAS是一个基于个体的、不断演化发展的演化系统。在这个演化过程中，个体的性能参数在变，个体的功能、属性在变，整个系统的功能、结构也产生了相应的变化。

- 个体具有并发性：系统中的个体并行地对环境中的各种刺激做出反应，相互之间会不断地建立和深化协作关系，并且不断演化和相互适应，最终形成优化的计划和执行安排。

复杂适应系统[143]的模型应该考虑随机因素，使它具有更强的描述和表达能力。复杂适应系统建模方法的核心是通过在局部细节模型与全局模型（整体行为、突现现象）间的循环反馈和校正，来研究局部细节变化如何突现出整体的全局行为。它体现了一种自底向上的建模思想，与传统的从系统分析与描述、建立系统的数学模型、建立系统仿真模型到模型的验证、确认这样一种自顶向下的建模思路是不同的。借鉴复杂适应系统的思想，我们得到如图9-2所示的智慧云制造系统模型。

智慧云制造系统应支持（管理层面）：

- 制造全生命周期：论证（需求对接）、研发（设计试验）、生产制造、维护支持乃至报废回收。
- 产品管理概念上的生命周期：产品战略、产品市场、产品需求、产品规划、产品开发、产品上市、产品退市等7个部分。
- 经营流程：覆盖产业链、价值网络。
- 价值创造：生产与消费通过市场的对接（点）、基于价值链的价值创造(线)、基于价值网络(空间)的价值创造(面或体)。

- 使用者:消费者/主题社区/独立专家、制造商/供应商、经销商/零售商、运输/安装/服务商。

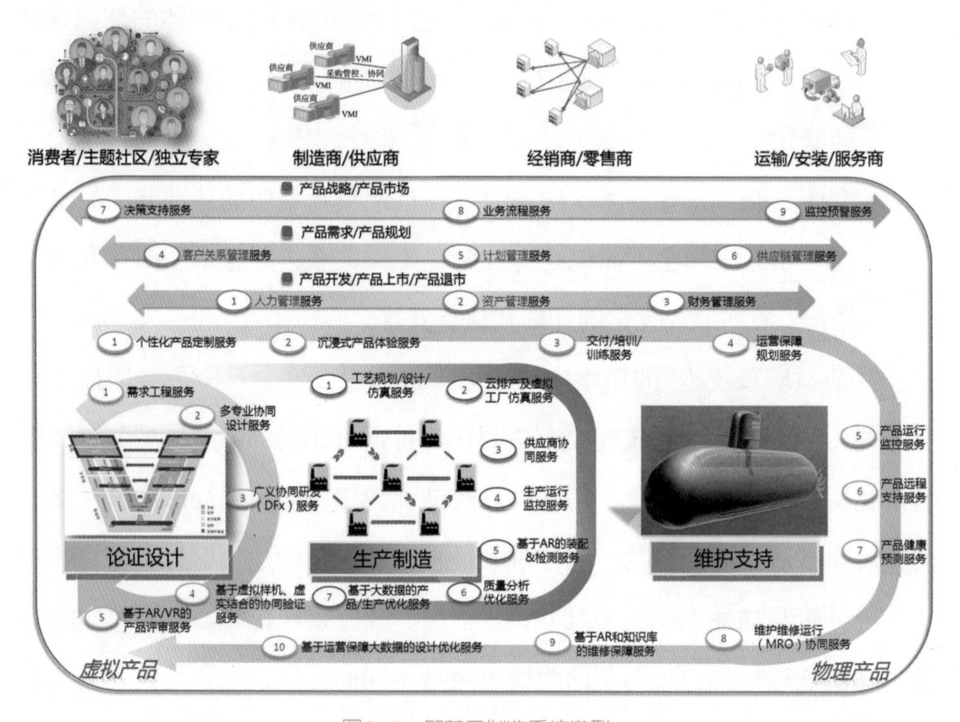

图9–2 智慧云制造系统模型

就智慧云制造系统的具体形态,第10章会有详细的介绍,本节只简要说明智慧云制造平台、网络及其连接的制造资源、产品和能力组成系统的功能组成与总体逻辑。

从门户上看智慧云制造系统的功能区域划分(使用者视角):体验中心(需求对接、主题交流、消费者体验),研发中心(设计、仿真、试验)、生产中心(零部件加工、产品装配、测试),销售与服务中心(产品销售、服务支持、维修、保障),回收中心(产品回收、材料循环、销毁)。

总体上看智慧云制造系统是一个“云–边缘–端融合”、“赛博–物理融合”的系统，如图9-3所示。

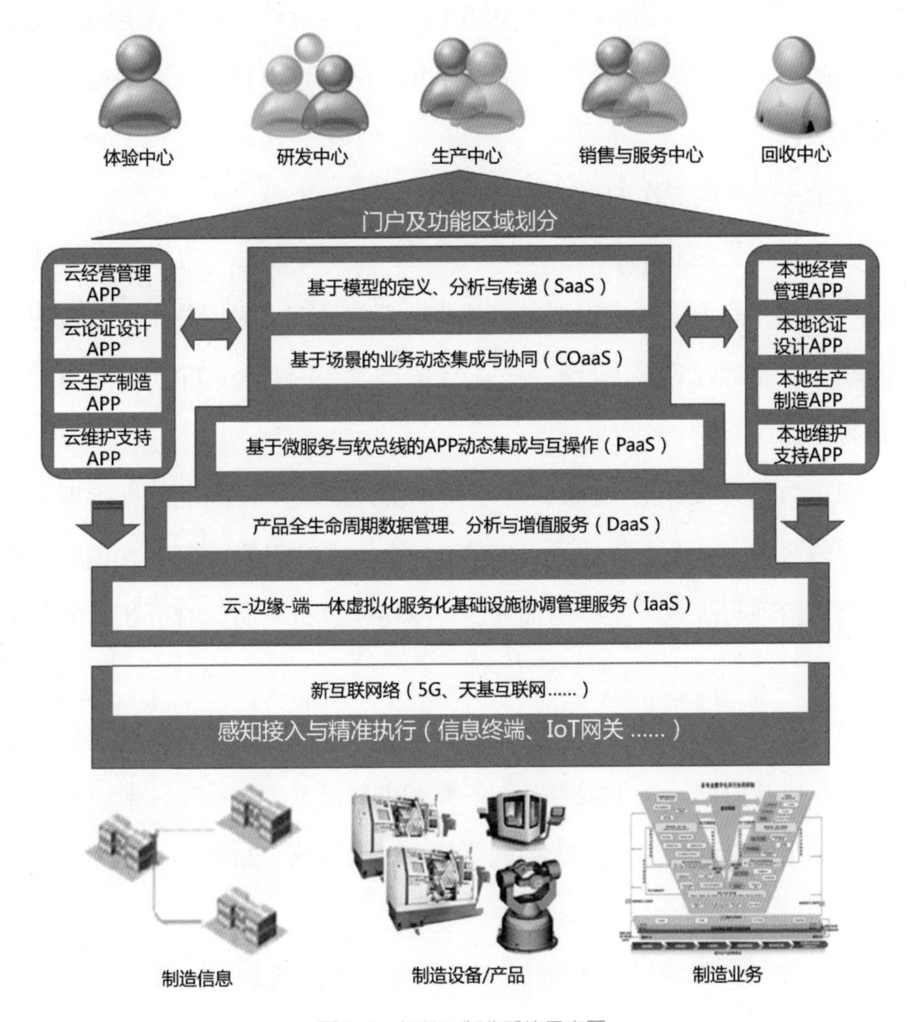

图9-3 智慧云制造系统示意图

（1）制造信息、制造设备/产品、制造业务被无缝纳入系统，构成了智慧云制造系统的实体空间。

（2）通过新互联网络（5G、天基互联网等），基于信息终端、IoT网关等的感知接入与精准执行是连接虚体空间与实体空间的纽带。

（3）虚体空间构建在云、边缘、端一体化的工业互联网平台（如INDICS）和云制造支持系统（CMSS）之上，通过建立全产业链的集成与协同、产品全生命周期管理，开展数字化产品论证设计、生产制造、维护支持、经营管理等。

这是一个不同层次的系统结构，其中包括：

（1）基础设施层为服务（IaaS）：主要负责整合云、边缘、端的制造资源、产品和能力，形成虚拟化服务化的基础设施。对于各企业本地的各类APP主要是通过连接进行整合；对于云端发布的各类APP主要是通过部署进行整合。

（2）数据为服务层（DaaS）：主要负责产品全生命周期数据管理、分析与增值服务，各企业本地及云端发布的各类APP的数据都将在该层积累与存储、治理与规范、交换与提取，并支持主题分析与融合分析，为各类APP提供服务。

（3）平台为服务层（PaaS）：主要负责基于微服务与软总线实现APP的动态集成与协同。基于微服务，各类APP都可互不干扰地注册、发布和发现；基于软总线，各类APP都能够公布订购数据、接口支持动态、柔性的互操作。

（4）协同为服务层（COaaS）：主要负责基于场景的业务动态集成与协同，支持不同工作场景下按需链接、访问各类人、机、物、环境、信息，并有望借助“智能+”将人、机、物、环境、信息自动推荐给用户，真正实现以人为中心制造和服务。

（5）软件为服务层（SaaS）：主要负责实现基于模型的定义、分析与传递，支持全生命周期的建模与仿真，在此基础之上联合其他各类APP，完成数字化产品论证设计、生产制造、维护支持、经营管理等活动。

9.3 智慧云制造模式的深入思考

随着研究与应用推广的进展，我们逐步认识到，21世纪制造业的生态环境、消费者与制造企业、供应商的关系、价值创造方式、现代生产力要素构成等都发生了变化，一定会使未来的生产方式也发生相应的变化。我们需要深入思考智慧云制造模式中相关要素的变化，对这些要素的思考具体包括（但不限于）以下几点。

（1）无边界企业：灵活而敏捷畅游的组织[144]

互联网使得全球化动态联盟成为可能，许多全球著名的公司通过在国外设立分公司，兼并国外的相关领域公司，或将一定量的低附加值项目外包，取得了跨时间空间、全球化经营的成功。未来的制造企业通过工业互联网将来自全球的消费者、主题社区、供应商、经销商与制造商（主营企业）紧密联系在一起，形成全球化的动态虚拟企业（动态联盟）。一些企业的设计团队遍布全球，每个时区均有成员，不仅可以24小时连续工作，而且可以贴近全球各地消费者的需求。管理者必须打造出既具备规模效应、又能够在变化着的市场中灵活而敏捷地畅游的组织，以使组织能够迅速而富有创造性地适应环境的变化。

由于未来的制造企业涉及整个产业链、价值网络，我们不妨将它看成系统的系统（SOS）——体系。整个价值网络（链）上的所有成员在工业互联网上形成一个无边界组织。无边界组织的四类边界（垂直边界、水平边界、外部边界、地理边界）都将被打破，或至少具有适当的渗透性和灵活性，使创意、信息和资源等能够自由地流上流下、流进流出、穿越组织。四类边界如下[48]。

- 垂直边界（层级壁垒）：通过等级层次、头衔、身份和地位把组织成员分隔开来。垂直边界构成了组织的房屋的“地板”和“天花板”。
- 水平边界（内部壁垒）：通过职能、业务单元、制造群体或部门把组织成员分隔开来。水平边界构成了组织房屋的“墙壁”——不同部门、单位和职能之间的分界线。
- 外部边界（外部壁垒）：把企业同自己的供应商、客户、社区以及其他外部支持者分隔开来。就像被城墙和护城河环绕的城堡一样，很多组织人为地在自身与外界之间设下了边界。外部边界所指的却不仅仅是组织房屋的“外墙”，而且也是包括组织房屋所在的“社区”。
- 地理边界（文化壁垒）：既有其他三类边界的特点，又可以跨时空、跨越不同的文化而存在。高效地提供制造和服务需要考虑文化因素。很显然，要想真正地实现全球化，组织需要做出各种各样的、综合的、一致的转变。

其实，边界是永远真实存在的。没有了边界，组织将不复存在。缔造无边界组织，就是要让边界具有更大的可穿透性。向宽松边界的迈进就像是调整数字调节开关，是一个迭代的、积累经验的过程，需要在一个灵活的愿景背景中不断尝试。任何过分规范化的东西都是无用甚至是不利反害的。这个世界在如此迅速地改变，以至于任何确定的总体规划在墨还未干时就已经过时了。

无边界的组织是一种智慧型企业，其智能体现在其快速适应变化的能力上。它能够感知和学习在其所处的环境中发生的变化与扰动，因而它们能够以社会群组或团队的形式快速协调地对变化做出预测和响应。这样的群组学习提高了对变化和机遇的适应能力，能够提前从嘈杂纷繁的市场消费需求中捕获信息（信号），及早改变自己，实现信息互通、资源共享、能力协同、互利共赢，从而保持竞争优势，有利于在其未来长时间内的生存和持久发展。

（2）经营流程：并行与协同的价值网络

进入21世纪以来，技术开发面临的最大挑战是产品乃至系统无限增加的复杂性，同时导致开发与制造的工业过程的复杂性也倾向于无限增加。未来制造业的竞争将不再是单个企业之间的竞争，而是产业链之间的竞争，产业链的质量、产业链的整合水平、产业链的优化能力将是制胜的关键。成功将来自整个价值链的总体盈利能力和持续生命力的改善，而不仅仅是企业自身的盈利和组织健康。经营是一次马拉松，而不是百米跑。经营是一个耐力和坚持的问题，我们需要找出对实现目标最为关键的经营流程。

在工业互联网环境中，企业间的协作必须像互联网一样，需要网状、并发、实时地协同。未来的新型产业链不仅仅是制造一个产品，而是集合整个产业链上的知识为最终用户提供增值服务，通过提供服务的方式参与到用户的使用场景中，解决用户使用场景中的效率、质量、成本的持续优化，共创业态融合的、分享型的、网状的价值创造关系。由此引发的价值创造、经营过程变化势必给企业全生命周期管理、控制带来较大影响。未来的经营流程必须支持企业内部（层级间、部门间）、企业间、跨地域（全球化）的多级并行与协同。如何建立适应价值网络的并行、协同经营流程，对其进行优化和评估，进而提高企业生产要素的综合利用率、全要素生产力，对未来的制造企业来说是十分重要的。

围绕智慧云制造的经营流程，将是覆盖全生命周期的全流程，致力于打通产业链，优化价值链，构成价值网络、空间，支持：① 产业资源/能力整合共享。针对企业信息化水平提升的需求，整合并提供“软”、“硬”制造资源、制造能力、产业配套服务，以盘活存量社会资源，降低产业整体发展成本；② 产业链业务协作。针对企业间高效协作的需求，提供研发、采购、生产、营销、服务等的协同服务，以加强全产业链管控，提升产业链辐射带动能力及区域整体竞争能力；③ 产业对接、交易。针对企业社交及商机发掘的需求，提供商圈构建、商机对接，开展服务型制造、社会化制造，以获取高端、共性、基础服务，弥补本地产业链短板，降低开发产业链成本，敏捷响应市场，改善T、Q、C、S、E。

（3）价值创造：从线性价值链到价值循环

在传统制造模式下，价值链上下游信息不互通、资源不共享、能力不协同，大量的企业不能直接接触和服务最终的客户，用户的需求、产品和服务提供过程产生的知识不能被有效地传递和汇聚，导致产品和服务创新难，不能为用户创造新的价值，价值链上下游只能是零和博弈。随着智能时代的来临，消费者、主题社区与企业之间的互动模式形成了新的价值创造过程，对当前的经营和价值创造方式是一种挑战。在产业链条中，已经不再是某个企业内部的数据交换了，而是通过跨企业的数据交换来实现潜力的优化。并且可以预见的是，今后的终端客户可以更加直接地参与产品工程及设计。因此，这条产业价值链的形态也会变得更加复杂。

特别是对于复杂产品制造业而言，围绕为大客户提供更快交付（T）、更好品质（Q）、更低成本（C）的复杂产品和服务的需求，基于总承式的产业链整合模式构成价值网络、空间，以面向复杂产品的专有云平台的形式，支持制造企业整合复杂产品产业链中的设计所、供应商、外协厂等能力服务，并基于云端的产品数据管理和产品计划管理进行排产、协作和管控，从而对复杂产品产业链中的信息流、物流、资金流进行集成和优化，促进复杂产品制造业经济发展方式由传统的资源投入型向基于信息化的产业链整合优化型转变。

未来，倍受制造企业关注的应该是可持续价值的创造。可持续价值意味着在生产和消费之后，其价值仍然存在（从线性价值链转向价值循环）。可持续价值是由对未来的投资驱动的，现在消耗的以后会得到填补，现在播种的以后能得到收获。有意义的价值意味着对他人的重要性。这样的价值在成本相同的前提下，对他人有更大、更积极的影响力，在人们生活中具有极大的重要性。真正的价值是可以增长的价值，对董事会、股东、公众、社区、社会、自然环境和后代都有益。

（4）制造系统：因开放、灵活而充满生机

未来的智慧型企业，其生产已由原来的“push”（生产之后想办法卖出去）模式转变为“pull”（按单设计、按单生产、按单装配等）模式，相应的先进制造技术、系统也都发生了进化。价值网络上的所有成员都连接在工业互联网上，按照需求，灵活地配置所需功能，敏捷、柔性地进行产品设计、生产、服务等。因此，智慧云制造系统必须是可重构、柔性的开放系统，根据自主感知的市场需求的变化和预测，可动态调整系统的部署，并根据任务的执行情况迅速调度制造资源。项目团队可按需配置工业APP，确保高质量完成计划任务。生产线是可重构生产系统，一条生产线能够生产多种产品。

构建智慧云制造系统时，要通盘考虑已有系统的继承性问题。将产业链中大量已存在的系统汇集在一起时，看上去各个组成部分应该不会相互补充，它们应该也不会以理想的方式相互配合、协调行动。毕竟，在汇集到同一个架构之前，它们都拥有各自的目的、各自的运行使用构想、各自的“做事方式”或文化。一旦汇集起来，就有可能需要协调它们的行动，使各不相同的部分“更加地互补”，以加强它们之间的合作与协调。如果运气好的话，这也许不需要。

（5）建模与仿真：CPS不可或缺的关键技术

智慧云制造系统涉及很多的关键技术，如，工业互联网、工业大数据、人工智能、数字化设计、仿真、生产、管理、智能装备、生产线、数字工厂等。这些技术有大量文献、资料可以参考，此处不再赘述。此处仅强调支持全生命周期的建模与仿真技术。随着工业互联网的建立，工业大数据的兴起，为制造机理研究提供了新的途径，使建模与仿真技术有了更多的应用领域、更广阔的前景。同时，建模与仿真（模型）成果的积累，为开发大批急需的工业APP奠定了基础。

到目前为止，产品全生命周期管理主要是机械产品开发的领地。局限在机械和电子机械产品结构上的产品数据管理还不够，包含软件数据在内的产品全生命周期管理（PLM）是绝对必要的。在过去十年以来，在产品开发、制造和使用的信息工具开发中，越来越多的领域转向基于模型的工作。比如软件和系统工程的过程建模与仿真，包括体系、系统、分系统、设备的需求定义、功能描述、逻辑验证，一直到机、电、软的定义和实现分析。未来的智能化、网络化系统还要把这种专业的、基于模型的工作继续拓展下去。网络化系统必须能够根据需求来模型化，以此支持定制化、集成化、协同化。由此产生的模型必须是所有专业领域、所有专家都能阅读、理解并且使用的。从产品体系（系统）需求分析、产品设计、产品工程、产品生产到维护保障，乃至报废全过程的多学科模型都能重复利用和共享。当然，现在的模型还做不到这些。这些模型是应用智慧云制造系统中虚拟部分的核心（凝聚着制造业几乎全部的知识），也是助力制造业实现转型升级、提升经济效益所必需的。

（6）标准体系与标准：智能制造系统的基石

无规矩无以成方圆，标准体系与标准是构建未来智能制造系统的基石。古人云：闭门造车，出则合辙。一方面体现了制造者的设计、生产水平，另一方面更体现了对相关标准的掌握。未来的智能制造系统是复杂的系统，由成千上万个相互作用的部分构成，系统组成错综复杂的多层次网络，如果没有标准体系和标准的约束，则难以构成一个统一的、灵活的、开放的集成系统，其结果也必然导致“烟囱林立”的现象发生，根本谈不上构建一个支持整个产业链的工业互联网环境。

迄今为止，中国的工业互联网平台数已超过300家，给制造企业带来了可供选择的平台产品。然而，这些平台是在标准约束严重不足的情况下开发出来的，制造企业不仅面临选择难的问题，而且许多实施的工业互联网系统由于使用的标准不同，将来也注定要面对难以实现它们之间的互联和互操作的问题。虽然说边建设边应用是一种好方法，但统一的标准体系和制定相关标准也是刻不容缓的，没有标准指导和约束，真的做不到“出则合辙”。

（7）安全与可靠性：脆弱性防护与可靠性保障

安全与可靠性是智慧云制造系统的生命，也是每一个智慧制造服务提供者、智慧制造服务使用者（既包括制造企业用户，又包括制造产品用户）以及智慧云制造运营者的基本需求。

随着越来越多智能设备的接入，未来工业互联网、智能制造系统的组成越来越庞大，功能越来越丰富，系统复杂度也越来越高，系统、数据安全与可靠性要求则与日俱增。数字化世界密集性和复杂性的背后，风险将如影随形。我们的技术基础设施正变得前所未有的复杂而且还高度互联。任何将复杂性和紧密耦合性整合在一起的系统都有两个相互关联的弱点。首先，更容易看到一些微小的疏漏以让人无法预料的序列连续发生，就有可能变成更大的、更具破坏性的大事故。其次，集复杂性与紧密性于一体的系统更容易成为那些间谍、犯罪分子以及追求极大破坏性的极端分子的选择目标。

对于外部的攻击给予的关注容易引起大家的共识，而对复杂系统自身的脆弱性导致“崩溃”的认知则明显不足。智慧云制造系统引入了大量的智能装备、智能算法等，而智能系统中智能算法又大都是不透明的，对人类专家和企业员工来讲就是“黑盒子”，设计这些系统时是否存在“BUG”也不得而知，因此难以预测它们的行为。无论一个黑箱外表看起来多么清丽绝俗、光可鉴人，信任它便可能引起灾祸。同时，由于各类人员的培训不到位，或由于系统误报频发，大家对“狼来了”习以为常、熟视无睹。当有一天“灾难”真的来临时，面对五花八门的警报，迫于时间压力，人们大都表现得惊慌失措，采取的措施也常常是南辕北辙。因此，我们对系统内部“脆弱性”风险应给予足够的重视。

（8）教育与培训：人员的适应性培训与教育

在过去几年的研究与实践中，我们发现无论是制造企业应用团队，还是工业互联网平台的服务团队，都或多或少存在技术欠缺或经验不足的问题。在建设智慧云制造系统的过程中，针对不同的人员对象应该开展不同类型的培训与教育工作。

制造企业的适应性教育与培训包括：企业领导层应重点培训智慧云制造的价值，从效益增长和成本节约的角度探讨企业实施智慧云制造的战略和落地举措。企业中层重点培训智慧云制造的流程，从业务效率和管理提升的角度掌握企业实施智慧云制造的方法论；企业普通员工重点培训智慧云制造系统的功能，从应用功能和操作体验的角度讨论智慧云制造的使用手册。特别强调一点，全层级人员都需要接受适应性教育与培训。

随着智慧云制造的实施和推广，形成一批覆盖咨询、研发、实施、培训等业务并服务于智慧云制造产业链的新兴企业。相应的适应性教育与培训包括：咨询服务公司可以培训员工如何利用自身的经验和制造企业积累的数据资源，为制造企业精准分析用户需求、产业走势，以及提供完整的解决方案；技术研发中心可以培训员工贴近市场开发新型制造服务，升级改造智慧云制造系统；智慧云制造应用实施的服务公司可以培训员工对制造资源和制造能力进行云化改造，对注册企业进行业务定制；培训服务机构可以培训员工运作智慧云制造的体验、培训中心，培养大批使用智慧云制造的专业人才；此外智慧云制造的运营中心还需要培训一批第三方保障服务公司，建立完善的智慧云制造客户服务渠道。

9.4 系统工程方法论

智慧云制造系统建设是典型的系统工程。系统工程以系统为对象，从系统的整体观念出发，研究各个组成部分，分析各种因素之间的关系，运用数学方法，寻找系统的最佳方案，使系统总体效果达到最佳。该方法关注技术系统的动态性、开放性、交互作用环境，关注对所处环境中其他系统应具有的适应性，以及展示出涌现特性、能力和行为的可能性。该方法强调组分之间的动态交互作用，追踪来自外部系统作用到内部组分，以及从内部组分作用到外部的环境的耦合交互作用过程。在这种情况下，重点在于行为、功能、功能架构、过程和作用机理。特别强调一点，迄今为止，任何成功的工程系统都与人密切相关，即系统整体的目的、功能、行为、适应性、灵活性、多样性和能力等，大多是由人类团队所确定的，即使没有技术上的支持——技术支持仅能起到增强的作用而不能取代人。也许未来有一天，机器智能超过了人类，复杂系统完全可以由智能机器自己设计和建造，但这些技术进展都是在人类几千年创造的基础上实现的，也必须以满足人类自身的需求为前提。

如何解决复杂系统工程的问题，有大量的优秀案例可以参照。典型案例如美国航天局（NASA）的“阿波罗”登月计划，它的成功为保障顺利完成大型系统工程项目树立了典范。NASA开发了最终经受时间考验的系统工程的基本原理和实践经验[138]：

（1）系统工程需要有一个清晰且单一的目标或目的。

（2）从使命任务开始直到结束应当有清晰的运行使用构想。

（3）应该进行系统的总体设计，从开始到结束全程处理整个使命任务。整个运行使用构想应该能在设计中保证逐步实现。

（4）系统总体设计方案可以被分解到相互作用相互补充的子系统中，每个子系统本身又应当具有明确的使命任务和运行使用构想的系统。

（5）系统总体设计不仅要针对整个系统，总体设计还要针对各个分系统。所有这些构成了使命任务系统，尽管其中只有部分系统正式参与执行使命任务。不直接参与任务的组分在任务过程中同样重要，特别是出现问题时。

（6）每个子系统都应该有自身的设计师和系统工程师，在上层系统（系统整体）中以及在与上层系统的其他子系统交互作用和相互适应的环境下，专注于该子系统整体。子系统设计团队与上层系统的设计师密切合作，同时与内含的子系统的工程师密切配合。

（7）每个子系统可以和其他子系统并行独立开发，但需保证构造、功能和接口始终得到维护。一旦出现无法回避的偏差，需要重新检视系统的总体设计。

（8）在进行子系统集成时，需将整个系统置于执行使命任务时可能会经历的极端环境条件和危险之中，接受真实的和模拟的试验和测试。此类试验包括完整使命任务过程实验，这样做有助于检测并修复缺陷。

上述步骤、方法仅涉及复杂系统工程项目中技术开发部分，它是NASA整套工程方法论有机组成部分的成功应用。管中窥豹，略见一斑。它清楚明了地告诉大家：面对无法预测的复杂系统，应该如何思考、该做些什么。借鉴美国航空航天局（NASA）的系统工程基本原理和实践经验，可指导复杂系统工程的建造，规范系统工程过程，确保工程沿着正确的轨道前进。有兴趣的读者可以学习《NASA系统工程手册》[140]，以便较为全面地了解复杂系统工程项目中系统设计、产品实现、技术管理等流程、实施指南。当然，该套系统工程方法只能作为一个“标杆”，因为“一鞋无法适百足”，对具体问题还要具体分析，还要制定操作层面的程序文件和作业文件。

大型工程项目的一般开发程序包括：总体规划、可行性研究、制定方案、技术经济论证、系统设计、系统分析、系统开发、系统生产、安装调试、鉴定验收。具体的方法在很多专业书籍、文献中都有很好的阐述，此处不再赘述。对于工业互联网（智慧云制造系统）而言，这些方法是必需的。在这里，仅提请大家注意，对于智慧云制造系统这类复杂自适应系统，解决复杂系统问题的方法应该纳入已有系统工程方法学中。

借鉴多年的研究和工程实践积累的经验，我们总结归纳了应对复杂系统的几点建议，供大家参考。

（1）思维模式：应摒弃传统的线性、确定性思维方式，用复杂的方式行动和思考。首先要做的是认识和理解问题的复杂性，认真思考复杂系统（体系）是什么？参与方有哪些？变化性导致了哪些相互作用等[134]。

（2）关注重点：对于复杂系统，整体大于个体因素的总和。将关注的重点放在个体要素间的相互作用，对系统的影响，以及复杂系统的整体结构、性能和行为，而不要止步于将复杂系统行为理解为个体因素的简单加和。

（3）变换视角：从个体因素和整体两个视角去发现哪些方面和因素对复杂系统（体系）起着关键性的作用。简单的观察可以帮助我们发现其中的关系网络模式。同时必须将它与任务相关联，因为实现目标才是关键。

（4）情境验证：复杂系统无法预测，也无法全面掌握，因此强化对假设的灵活运用，为未来发展尽可能找到一个好的方案是非常有意义的。我们应该尝试在情境中推进各项工作，就各种不同的情景思考不同的解决方案，并通过情境验证。

（5）求同存异：组建多专业的跨界团队，鼓励团队成员大胆谏言。认真倾听团队成员的不同声音，是形成错综复杂解决方案的基本条件。必须允许多样性的存在，这意味着讨论和差异性。

（6）设计方法：当一个网络由数以千计的各自独立又相互作用的组件组成时，加上迅速变化的环境，几乎不可能有任何可靠的方法来进行自上而下的整体性设计。应对复杂系统的开发，兼顾采用“自下而上”设计也是一种很好的方法。

（7）控制速度：应当具体观察每个问题、症状、情况和任务各自的关联。不要依赖于快速判断和放之四海而皆准的方法，因为复杂性意味着相互关联。必要时应适当减缓推进速度，减少因匆忙决策造成的、原本可以避免的疏忽。

（8）防微杜渐：从其他项目中吸取经验，善于捕捉复杂系统暴露出来的、微弱的危险信息，及时采取补救措施。在日常工作中，不断提高安全意识，积累识别和解决“危险”的经验。预见到可能会发生危险，及早提交讨论，避免因小失大。

9.5 小结

智慧云制造的终极目标是建立一个高度灵活的数字化、网络化、云化、智能化的产品与服务的生产模式。在这种模式中，传统的行业界限将消失，并会产生各种新的活动领域和合作形式。创造新价值的过程正在发生改变，产业链分工将被重组。智能制造、网络制造、柔性制造成为生产方式变革的方向，促进生产过程的无缝衔接和产业链中的深度协同。

智慧云制造系统作为复杂自适应系统，具有复杂系统的典型特征。解决复杂系统引发的一系列问题，经典的还原论已经明显存在不足，必须采用复杂性科学理论和方法，并根据具体情况，提出多种解决方案，并逐步收敛到一组较好的方案。智慧云制造系统的构建是一个边研究、边实践的过程，并通过适应性进化不断完善，当然也不可能一蹴而就。

第10章

CHAPTER 10

智慧云制造平台

最近几年，国内外的智能制造平台如雨后春笋般冒出来，不同的公司从各自擅长的领域出发，都在向着全价值链、生态化的方向发展。本章从他山之石的比较分析出发，在前一章对智慧云制造进行充分分析的基础之上，提出符合中国特色的智慧云制造平台。特别地，本章引入了架构分析的思想，详细讨论了智慧云制造平台的业务架构、系统架构、数据架构和技术架构。智慧云制造平台为实现制造业信息化的突变提供了一种可能，它为下一章未来的展望打开了一扇窗。

10.1 典型智能制造平台的比较分析

目前，主流的基于云的智能制造平台国外有原GE的Predix平台和西门子的MindSphere平台，国内有航天云网的INDICS平台（INDICS就是智慧云制造平台）[119, 145, 146]。Predix与MindSphere的架构类似，大体分为设备感知接入、数据管理分析以及APP开发服务几个层次，体现竞争能力的是二者之上的工业APP体系。

（1）Predix的工业APP体系

Predix主要提供预测性维护APP、工业资产管理APP、设备在线监控

APP、智能资源APP等一系列工业软件，支持对海量历史数据进行分析和挖掘（Historical Analytics）和对实时数据进行分析和响应（Operational Analytics）。另外，Predix提供第三方开发功能，支持其他行业的开发者提供专业的分析算法与模型。目前，GE通过与PTC公司合作，提供制造全生命周期的工业软件解决方案。

（2）MindSphere的工业APP体系

MindSphere配合西门子的Teamcenter的软件平台，能够提供覆盖产品从设计、生产到服务的制造全生命周期APP。目前，MindSphere之上除了提供西门子以前在若干个领域积累的分析算法与模型，也提供开放的接口，便于用户嵌入满足个性化需求的专业的分析算法与模型。特别地，通过引入IBM的Watson Analytics人工智能引擎，提供了多个智能分析工具，支持认知分析、预测分析等。

不难发现：Predix代表了美国工业制造业的特点，其产品领先、商业发达，因此其更强调服务，侧重于发展工业装备的联网，只要装备运行效率能提升1%，就能带来巨大的价值；MindSphere代表了德国工业制造业的特点，其制造能力强、数字化程度高，因此其更强调生产，侧重于发展信息物理系统。

Predix和MindSphere值得借鉴的地方包括对设备的感知接入、对数据的管理分析以及引入各类工业制造业APP提供专业服务。相比之下，中国需要怎样的智能制造平台，智慧云制造平台应该怎样才能具备竞争优势？笔者认为，面向制造全系统、全生命周期，感知接入的对象不仅要包括制造产品的感知接入，还应该包括制造业相关的各类制造资源（“软”制造资源、“硬”制造资源）和制造能力的感知接入；经营管理的内容不仅要包括数据的经营管理，还应该在虚拟化、服务化基础之上对各类异构、分布的制造资源、制造产品和制造能力进行经营管理；开发运行的应用不仅要包括一些典型工业制造业的APP，还应该以工业制造业的各应用场景为中心实现各类相关APP的聚合运行与协同应用，最终要支持处于工业2.0、工业3.0、工业4.0等不同阶段的中国制造企业的信息上云、设备/产品上云乃至制造全系统、全生命周期的业务上云。

10.2 从架构的视角——一种智能制造平台的描述

正如第9章所论述的，智慧云制造系统是复杂的、开放的、自适应系统。对于其中发挥核心支撑作用的智慧云制造平台的设计、开发和建设难以用一张图纸进行清晰描述，需要借鉴DoDAF、TOGAF等架构设计的方法，从多视图的角度进行描述，以准确定位、说明智慧云制造平台。

（1）DoDAF[147, 148]

美国国防部体系结构框架（Department of Defense Architecture Framework，DoDAF）源自规范军事信息系统的C4ISR框架，先后经历了1.0、1.5、2.0三个版本，其最终目标是确保开发出来的体系结构及最终系统是可以综合集成的、可互操作的和高费效比的。DoDAF 2.0包括8个视角和52个模型。全视角（AV）是与所有视图相关的体系结构的顶层方面描述内容，提供有关体系结构描述的总体信息；能力视角（CV）说明与整体构想相关的、在特定环境下行动或为达成期望效果的能力需求、交付时机和部署能力；数据和信息视角（DIV）反映体系结构描述中的业务信息需求和结构化的业务流程规则，描述体系结构中的数据关系和数据结构；作战视角（OV）说明任务或执行的活动以及彼此间必须交换的信息；项目视角（PV）说明作战能力需求与实施的各项目之间的关系，以及能力管理和国防采办系统流程之间的依赖关系；服务视角（SV）为作战能力提供支撑系统、行动、服务策略及彼此之间的交互；标准视角（StdV）用来管理系统各个组成部分或要素的作战、业务技术和政策、标准、指南、约束条件以及预测信息，确保系统能够满足特定的作战能力；系统视角（SV）说明支撑作战能力的系统及组成、系统之间交互关系以及系统功能等。

（2）TOGAF[149, 150]

开放群组架构框架（The Open Group Architecture Framework，TOGAF）是由是由国际标准权威组织The Open Group于1993年发表的架构框架，经过不断的研究与推广，现如今已发布TOGAF 9.1版本，最近几年在各大企业之中被普遍运用，因此知名度比较高。TOGAF总结、积累出的一套最佳实践模型，提供了一整套完整的架构开发和管理的框架，主要考虑从业务架构、应用架构、数据架构和技术架构四个领域进行设计。业务架构是对机构关键业务战略及其对业务功能和流程影响的表达，定义了机构行使职能的目的、如何行使职能以及机构或企业内外的协作关系；应用架构对企业当前应用系统状态进行描述，并需要梳理应用系统间的交互关系、应用与核心业务、管理对象的对应关系；数据架构描述了逻辑的和物理的数据资产和管理数据资源的结构，建立关键信息流模型，描述业务事件的关键输入、输出信息，为应用架构提供数据支撑；技术架构给出了实现应用架构与数据架构的技术途径。

总结DoDAF和TOGAF，它们都是采用多视角的方法来描述体系架构。DoDAF更丰富一些，但是也说明具体应用时可以根据需要来进行裁剪；TOGAF本来就是企业体系架构的描述，与本书致力于阐述面向制造企业（群）的体系架构更加贴近。综合这两种体系架构的描述方法，共通的地方是需要分别从业务、系统、数据和技术等方面进行体系架构描述，以说清楚干什么、建什么、怎么建等问题，适用于本章对智慧云制造平台的描述。

10.3 智慧云制造平台业务架构

智慧云制造平台业务架构是传统计算机集成制造、并行工程等业务架构的进一步发展，核心可以概括为大企业建专有云、中小企业享公有云，基于云生态实现信息互通、资源共享、能力协同、互利共赢；同时线上/线下、赛博–物理深度融合，实现虚体空间反复迭代精准决策、实体空间高效执行、虚实闭环反馈。智慧云制造平台业务架构如图10-1所示。

（1）组织架构

以企业有组织、资源无边界为发展方向，大企业将化身为平台型企业，为企业的创新活动动态、柔性、敏捷地整合内外部的优质资源，不断提升以P/T/Q/C/S/E/K为表征的综合竞争能力；中小企业将聚焦精而专，不断地通过云制造的生态系统对接各种市场机会，动态、柔性、敏捷地整合内外部的优质资源“吃下”过去“吃不下”的机会，或者加入强大的竞争团队成为“名配角”。

（2）业务流程

以赛博–物理系统相互映射、迭代为发展方向，基于云端的产品数据管理和产品计划管理进行对接、协作、排程的精准决策，对复杂产品产业链中的信息流、物流、资金流进行集成和优化；同时，基于对大企业信息、设备/产品、业务的改造以及中小企业信息、设备/产品、业务的云化，对制造全生命周期业务进行高效执行；最终形成闭环反馈，实现赛博空间反复迭代，物理空间不断优化。

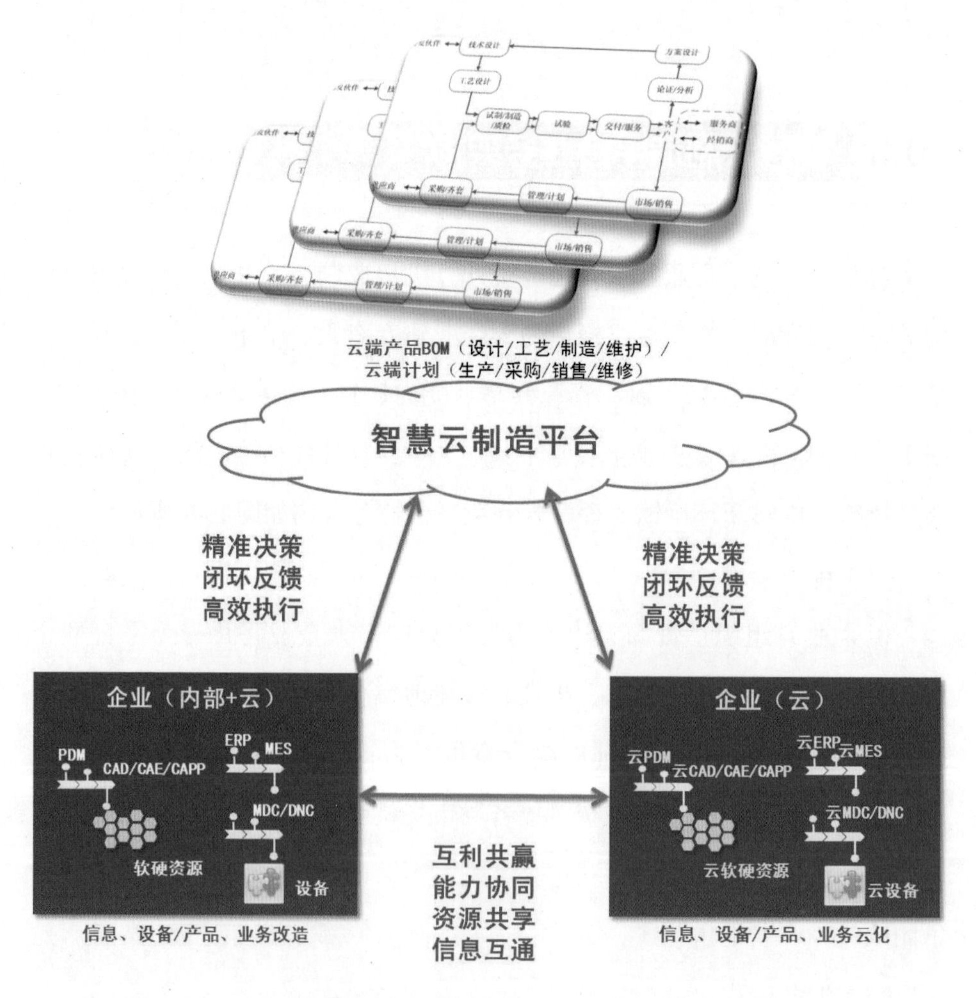

图10-1　智慧云制造平台业务架构

10.4 智慧云制造平台系统架构

智慧云制造平台、网络及其所整合的资源/产品/能力所构成的系统架构如图10-2所示，包括智慧物理层、智慧连接层、智慧网络层、智慧云制造服务平台层（可以部署在云端也可以部署在边缘端，适应联邦式集成方式也适应层级式集成方式），以及智慧应用层多个层次。

（1）智慧物理层：是制造系统中物理世界的部分，根据登云的深度，分为智慧制造信息、智慧制造设备/产品以及智慧制造业务。

（2）智慧连接层：针对智慧物理层主动、半主动的感知与执行，提供感知与控制接口，并分别通过信息终端、IoT网关/SCADA以及服务总线与虚拟世界进行连接。智能采集与管控赋予了智慧连接层根据决策需求变化以及相关状态变化，自主调整感知与执行的频率，实现任务驱动、事件驱动的连接模式。

（3）智慧网络层：提供智慧连接层与智慧云制造服务平台层的网络连接，在物理世界各部分传输网络及接口之上，通过智能跨网交换管理解决跨网数据通路、数据通信协议（IPv4/IPv6）匹配等问题。

（4）智慧云制造服务平台层

① 智慧虚拟化/服务化层：经信息融合与特征提取进行虚拟化封装与规范化描述，将物理世界的信息/设备/产品/业务映射成逻辑的信息/设备/产品/业务，并通过注册/发布/发现接口形成虚拟化智慧制造资信息/设备/产品/业务模板和实例池进行统一经营。

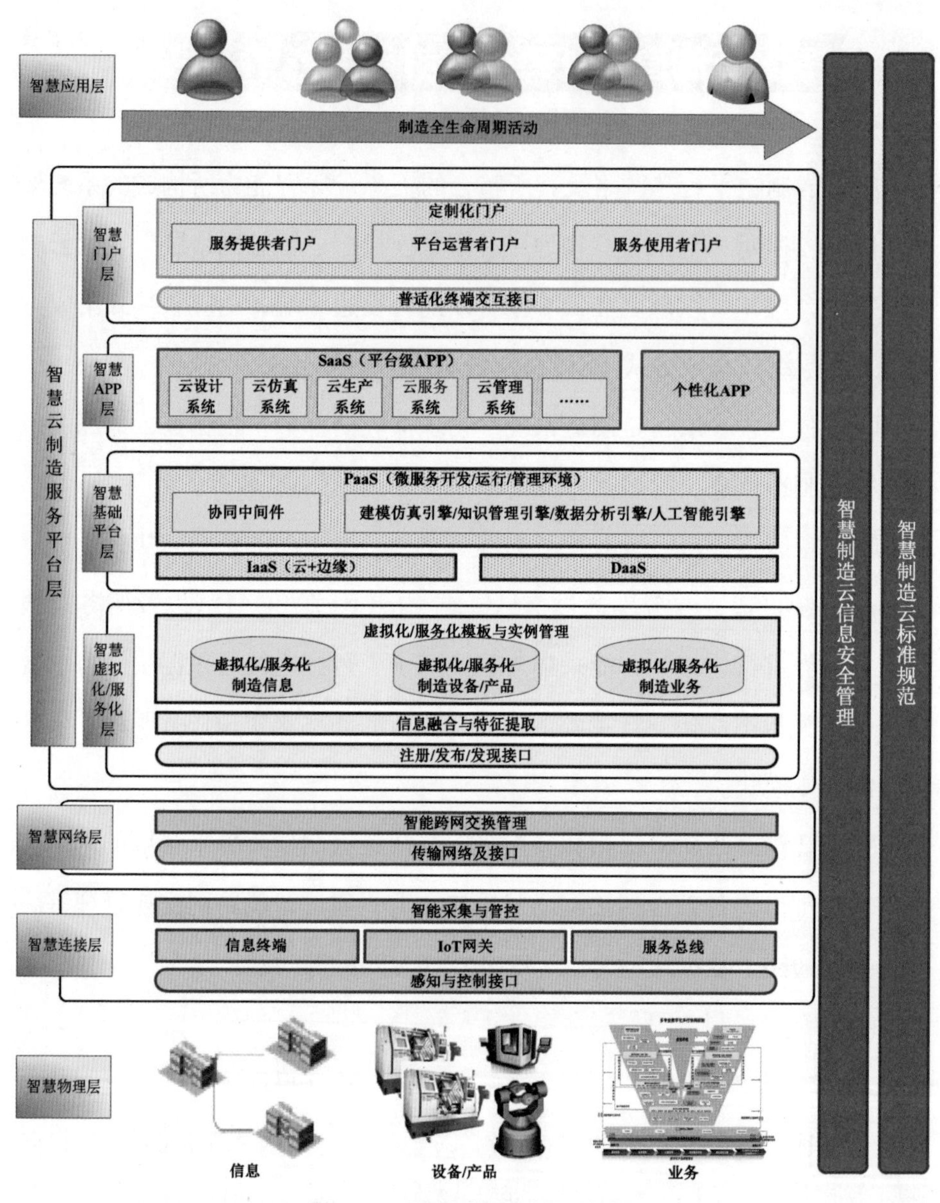

图10-2　智慧云制造平台系统架构

② 智慧基础平台层：在云和边缘两端基于IaaS服务模式提供计算、网络等基础设施，基于DaaS服务模式提供数据存储、管理和处理等基础

设施，并基于PaaS服务模式提供建模仿真引擎、知识管理引起、数据分析引擎、人工智能引擎和协同中间件，打造微服务开发、运行和管理的环境（中台）。

③ 智慧APP层：在智慧基础平台层的支持下，基于SaaS服务模式提供云设计系统、云仿真系统、云生产系统、云服务系统、云管理系统等平台级APP，同时开放整合海量个性化APP（第三方开发或第三方建设的系统、工具）。

④ 智慧门户层：针对服务提供者、平台运营者以及服务使用者三类用户，可以普适化地支持各类智慧终端交互设备（提供云服务以及云加端服务两类使用方式），可以实现用户使用门户的个性化定制。

（5）智慧应用层：以人/组织为中心，支持制造全系统及全生命周期活动中的人、机、物、环境、信息自主智慧地感知、互联、协同、学习、分析、预测、决策、控制与执行。

智慧云制造平台支持智慧制造信息、智慧制造设备/产品以及智慧制造业务等不同层次、深度的上云，适用处于工业2.0/3.0/4.0各阶段的制造企业。

（1）面向工业2.0阶段的智慧制造信息上云

考虑处于工业2.0阶段的制造企业还没有完全实现数字化、网络化，主要以信息上云为主。智慧云制造平台的系统架构将是下图中的实线模块构成。针对企业社交及商机发掘的需求，提供商圈构建、商机对接，实现供需对接、交易。为了方便应用，可以直接与企业现有的各类制造业信息系统CRM、SCM、ERP等实现电子数据交换，支持信息自动流动。面向工业2.0阶段的智慧制造信息系统如图10-3所示。

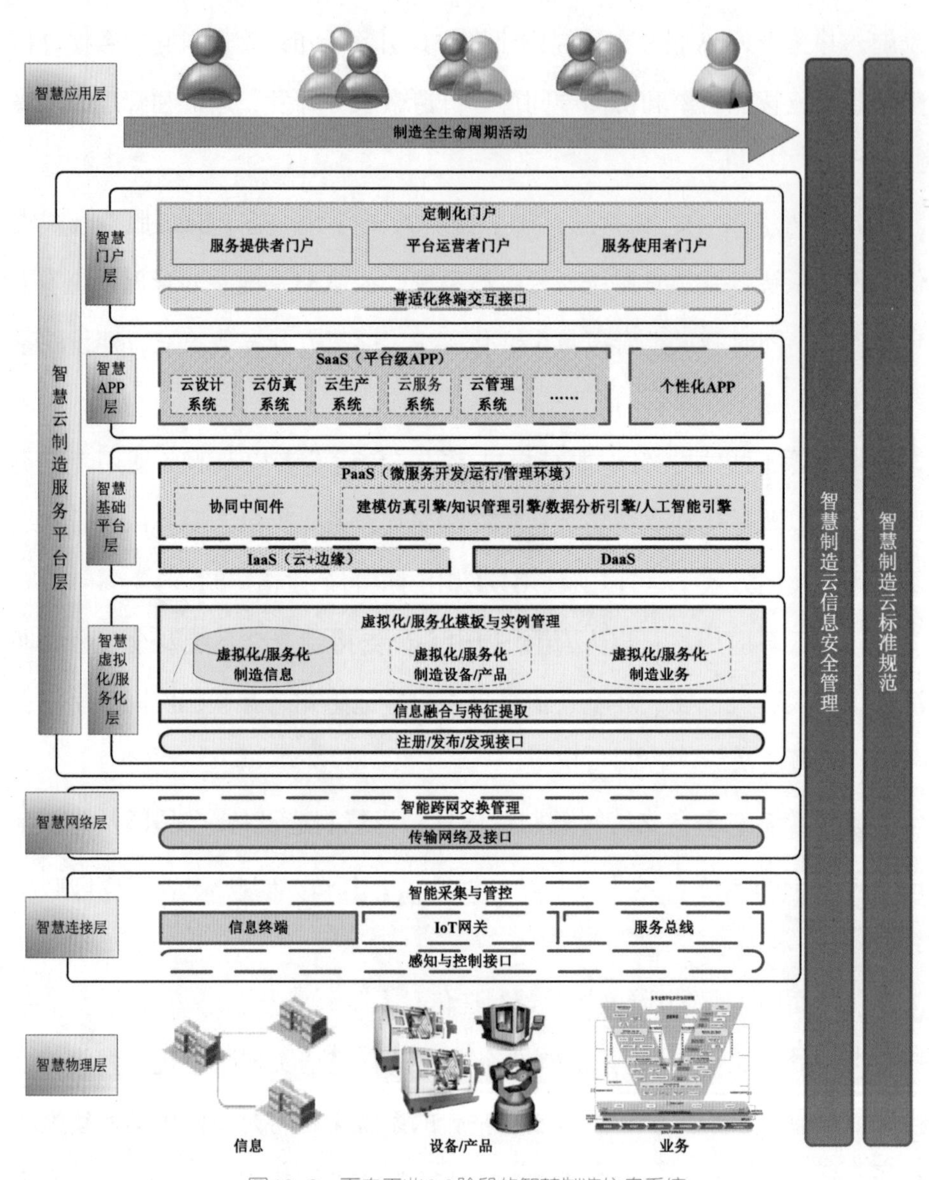

图10-3 面向工业2.0阶段的智慧制造信息系统

（2）面向工业3.0阶段的智慧制造设备/产品上云

考虑处于工业3.0阶段的制造企业基本上实现了数字化、网络化，在信息上云的基础之上开展设备/产品上云为主。设备/产品将会被全面地虚拟化、服务化，制造系统将通过重新组织服务的方式快速形成新的功能。可以初步形成赛博-物理系统，初步实现全面感知、精准决策、敏捷响应的闭合反馈控制。面向工业3.0阶段的智慧制造信息系统如图10-4所示。

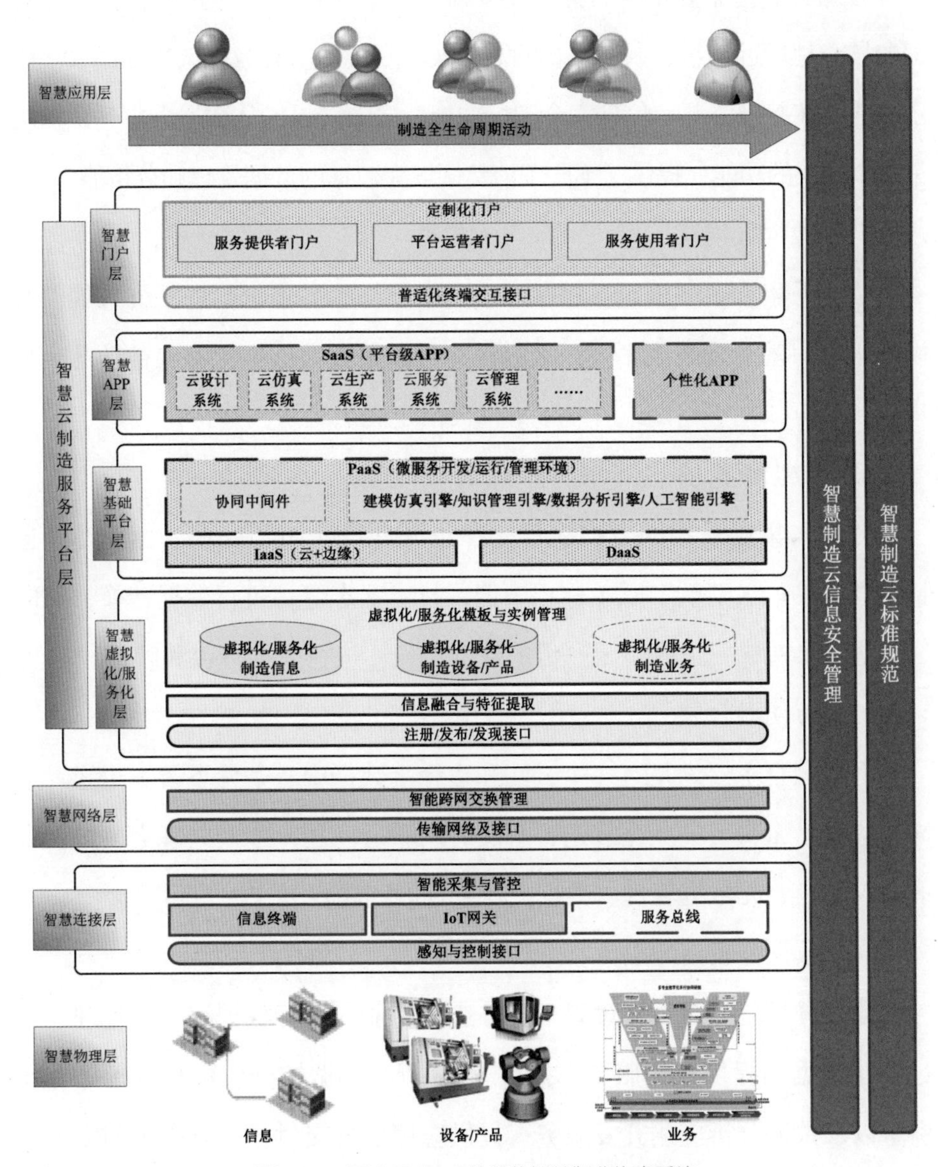

图10-4 面向工业3.0阶段的智慧制造信息系统

10.5 智慧云制造平台数据架构

智慧云制造平台的“智慧”主要源自其管理的数据提供的价值，而管理的核心是通过智慧云制造平台的数据架构实现的。其数据架构如图10-5所示，建立在基础资源、信息安全和标准规范之上，提供从数据采集到认知决策多个层次的功能，提供了不同于消费领域大数据的数据管理和分析能力。

（1）数据采集层

数据采集有多种渠道，包括互联网络及终端采集、信息系统采集以及设备采集，基于采集规则库，采集模式可以是主动、半主动和被动的，采集的频率可以基于周期或者基于事件灵活定制。

（2）数据解析层

数据采集层采集的数据将首先在边缘进行存储和处理。相关处理包括：数据抽取、清洗、赋予标识、记录技术状态等；进行数据转换，面向云—边缘、边缘—边缘、云—云的数据传送，进行数据打包和解析。

（3）万网融合层

万网融合主要满足有多个云端和边缘端数据中心条件下云—边缘、边缘—边缘、云—云的数据传送，解决跨网联通问题，以及共享交换过程中的协议转换、元数据管理、数据交互管理的问题。

（4）数据分析使能层

数据分析使能具体通过以下服务进行使能：进行数据编目与管理，通过构建数据湖提供数据服务；提供BI分析、数据挖掘、仿真分析等专业引擎以及数据分析应用开发服务；提供应用部署交付、计算资源调度等计算服务。

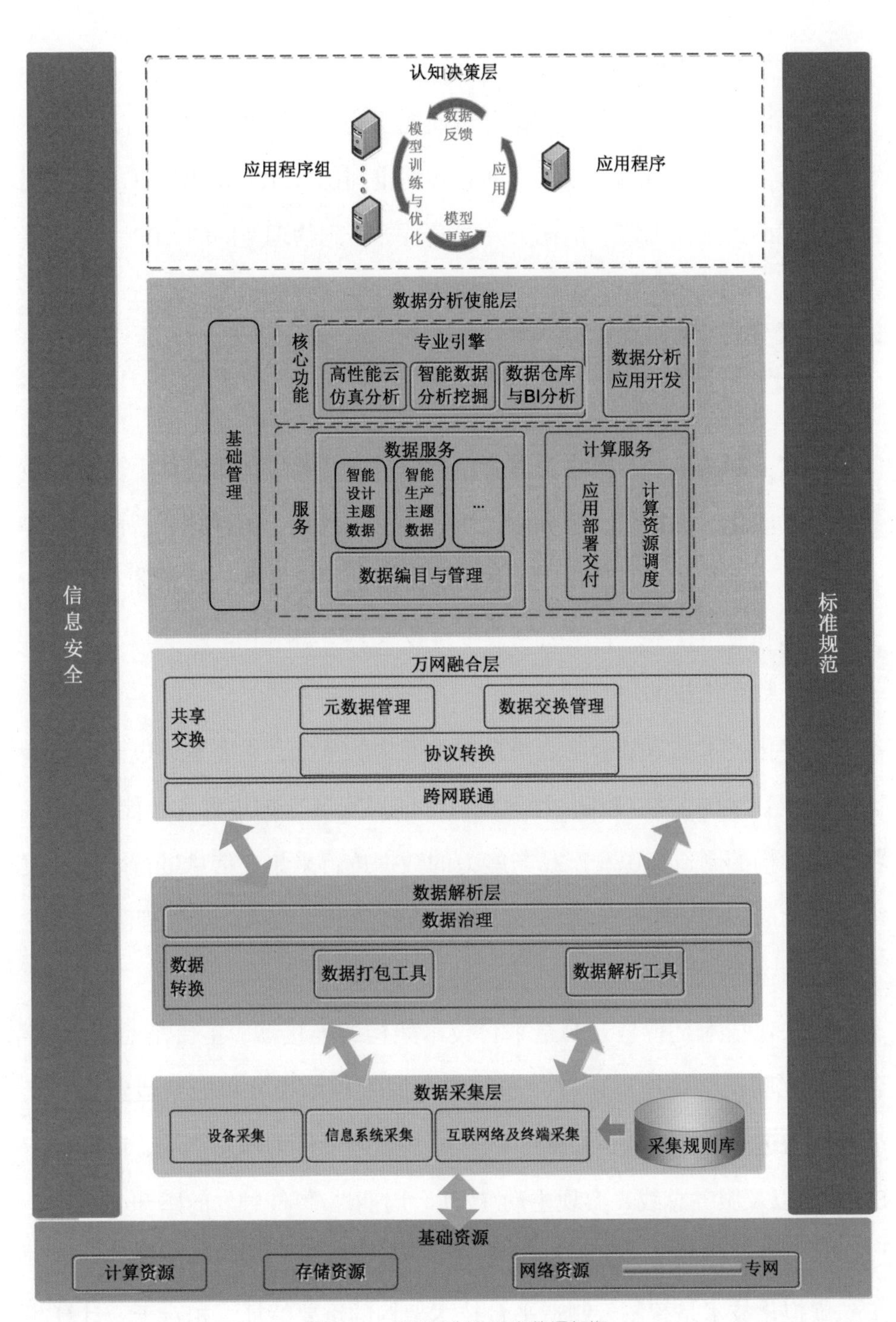

图10-5 智慧云制造平台数据架构

（5）认知决策层

主要涉及数据应用，在数据分析使能层构建的APP基础之上，在物理空间运行APP，并将相关数据反馈到赛博空间的APP实例组，在赛博空间进行模型的大规模训练与优化，并将模型更新到物理空间的APP。

10.6 智慧云制造平台技术架构

智慧云制造平台、网络及其所整合的资源/产品/能力整体上具有“数字化、物联化、虚拟化、服务化、协同化、个性化、柔性化、智能化”等综合体现为系统的“智慧化”的技术特征。除了这几些，技术体系还包括安全技术和应用技术。智慧云制造平台技术架构如图10-6所示。

（1）数字化技术

数字化技术是智慧云制造平台技术架构的基础，主要是通过开发或者改造形成数字的监控/控制/管理接口（连同安装守护进程和智能代理），将各类异构的制造资源、产品与能力的数据进行采集、信息进行表征、模型进行抽取，实现属性、行为和状态等可描述、可接入、可管理。

（2）物联化技术

物联化技术是智慧云制造平台技术架构的连接器，主要是通过5G等各类新互联网络将地理位置分布或者资源管理系统分布的制造资源、产品与能力进行泛在连接，在赋予标志的基础之上借助信息终端、IoT网关/SCADA以及服务总线，实现主动/被动、周期性/事件触发的感知与执行。

（3）虚拟化技术

虚拟化技术是智慧云制造平台技术架构的重要特征，相对于云计算相关的虚拟化技术，广义的虚拟化技术屏蔽了制造资源、产品与能力的异构性，对核心功能进行了统一的抽象和表示——定义制造资源、产品与能力模板，并可以对制造资源、产品与能力进行实例化以及逻辑的组织与管理。

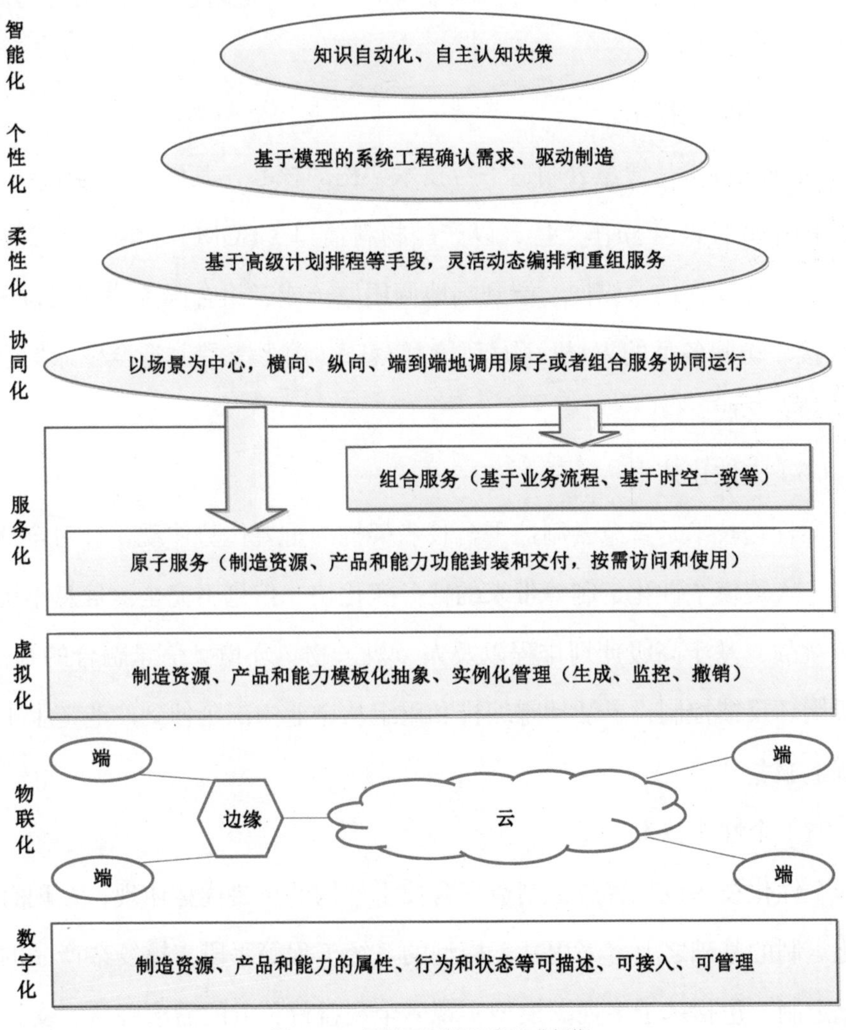

图10-6 智慧云制造平台技术架构

（4）服务化技术

服务化技术是智慧云制造平台技术架构的重要特征，主要面向制造资源、产品与能力的按需访问和使用，通过进一步对制造资源、产品与能力的实例进行封装和组合，形成制造过程全生命周期按需提供的原子服务，并支持多个原子服务基于业务流程或者时空一致同步提供某种功能的复合服务。

（5）协同化技术

协同化技术是智慧云制造平台技术架构的核心，其以场景为中心，通过协同中间件的互操作支持，以产品物料清单（BOM）和制造计划为桥梁，向下实现横向、纵向、端到端地调用原子或者组合服务协同运行（按需链接、访问各类的人/机/物/环境/信息），向上支持制造全生命周期业务的动态集成。

（6）柔性化技术

柔性化技术是智慧云制造平台技术架构的重要优势体现，针对全球化创新、大规模个性化定制等带来的任务变化快、信息不完全、信息不确定性强挑战，基于高级计划排程以及人 / 机 / 物 / 环境 / 信息融合的赛博-物理闭环反馈控制，灵活动态编排和重组从企业内部延伸到产业链上下游的制造服务。

（7）个性化技术

个性化技术也是智慧云制造平台技术架构的重要优势体现，在现有个性化定制的基础之上，采用基于模型的系统工程等手段支撑复杂产品的个性化定制，包括基于多视图模型实现多个利益攸关方的需求确认，支持需求的逐级传递驱动设计、生产、试验等制造活动，同时还能为利益攸关方提供信息支持。

（8）智能化技术

智能化技术是智慧云制造平台技术架构的智慧实现的重要使能，具体包括：知识自动化——在知识图谱等手段的支持下，实现数据、知识按需精准推送，辅助产品优化和经营管理；自主认知决策——变以人的智能为主、机器为辅为以机器智能为主、人为辅，实现产品和制造过程自学习、自适应、自优化。

（9）安全技术

安全技术是智慧云制造平台技术架构的重要保障，主要包括传统IT中的信息安全技术，云计算、大数据、物联网、移动互联网、赛博-物理系统等新IT中的信息安全技术。除此之外，还需要保障智慧云制造平台这样的复杂系统可信、可靠运行，保障智慧云制造平台中对接、交易、协作等业务的商业安全。

（10）应用技术

应用技术也是智慧云制造平台技术架构的重要保障，涵盖了云论证、云设计、云仿真、云生产加工、云实（试）验、云经营管理、云维修、云集成等各个阶段智慧云制造全生命周期新模式、新流程、新手段（硬/软）、新业态的实施方法和标准规范，以及以数据运营和增值为手段的智慧云制造运营的相关技术。

10.7 小结

通过对主流的基于云的智能制造平台进行了比较，发现了Predix和

MindSphere都能够较好地结合美国和德国工业制造业的特点，可以得出我国的智慧云制造平台也要充分结合中国制造业特点的结论。为了更好地阐述如何适应中国制造的发展阶段，如何牵引处于工业2.0/3.0/4.0不同阶段的企业都能运用智慧云制造平台，本章借鉴了DoDAF、TOGAF等体系架构设计方法，从业务架构、系统架构、数据架构和技术架构的视角对智慧云制造平台进行了深入的论述，为本书的读者奉献了笔者团队的一种整体解决方案。

第11章 CHAPTER 11 展望

本书作者根据文献[24]的观点整理得出：所有技术都是从已存在的技术中被创造出来的，技术的进化机制就是“组合进化”。数字化、智能化时代的到来，实际上拓宽了组合的可能性。如果新的技术会带来更多的新技术，那么一旦元素的数目超过一定的阈值，可能的组合进化的数量就会爆炸性地增长，有些技术甚至以指数模式增长。

引申开来，以工业4.0为代表的第四次工业革命绝不仅限于智能互联的机器和系统，其内涵更为广泛。从基因测序到纳米技术，从可再生能源到量子计算，各领域的技术突破风起云涌。这些技术之间的融合，以及它们横跨物理、数字和生物几大领域的互动，决定了此次工业革命与前几次革命有着本质不同。在这场革命当中，新兴技术和各领域的创新成果传播的速度和广度要远远超过前几次革命。不远的将来，制造业的生态将发展为怎样一番情景呢？让我们拭目以待。

11.1 技术的未来：一种推测

未来几十年间，我们很可能会看到更多类似互联网的革命。人工智能和生物科技可能即将彻底变革人类社会和经济，甚至是人类的身体和心智。虽然基因工程、纳米、人工智能（含机器人）等技术肯定能改变世界，但这并不代表只会有一种结局。我们无法真正预测未来，因为科学技术并不会带来确定的结果。

（1）高效算力持续提升

专家预测，计算能力按照指数级数增长还将持续一段时间，即摩尔定律在一定时期内依旧有效。随着处理器的制造技术日新月异，它将使用原子、光子甚至DNA等更小的元件来完成计算，摩尔定律所描述的翻倍速度会更快。例如：瑞士洛桑联邦理工学院开发的3D处理芯片，采用了垂直堆叠的方式，比传统水平堆叠的芯片速度更快更高效，更适合并行处理。随着第一批3D晶体管的问世，英特尔公司或许能让摩尔定律延续更长时间。英特尔最新的三栅极晶体管能在三个维度上引导电流，速度提高30%，节省功率50%。英特尔下一代的处理器芯片上将承载10亿个三栅极晶体管。

（2）智能算法仍为主角

依靠性能不断提升的计算机，科学家们在AI（Artificial Intelligence）的征途上继续前进，而整个过程也依靠计算机在不断加速。部分人工智能已经安装在了你的计算机、家用电器、智能手机和汽车里。还有一部分用在了像“沃森”那样强大的问答系统里。另一些，在Cycorp、Google、Numenta、Self-Aware Systems、Vicarious Systems和达帕（DARPA，美国国防部高级研究计划署）等积极推动下，置入了“认知结构”，制造者们期望它们能很快达到人类的智力水平，一些人还相信未来十多年就能实现。不久的将来，或许就在你这一辈子，有些团体和个人就将创造出人类水平的人工智能，即通用人工智能（Artificial General Intelligence，AGI）。

伴随着机器学习和人工神经网络的进步，有越来越多的算法会独立进化、自我改进、从自己的错误中学习。这些算法分析的数据是天文数字，绝非人类可及，而且它们也能找出人类找不出的模式，采用人类想不到的策略。在那之后不久，有人（或有某种东西）会创造出比人类还聪明的AI，通常叫作超级人工智能（Artificial SuperIntelligence，ASI）。专家认为，2028年前实现AGI的概率略高于10%，2050年的概率高于50%。到21世纪末概率则为90%。雷·库兹韦尔相信，实现AGI最短的路线就是对大脑的逆向工程——扫描大脑，生成以大脑为基础的回路集合。用算法或硬件网络再现这些回路，再在计算机里以统一的合成大脑形式启动，之后再教给它需要知道的一切。库兹韦尔预测AGI将在2029年出现，而ASI则要等到2045年[25，26]。

目前，虽然超级人工智能尚未存在，通用人工智能（也就是能向我们一样学习、在很多方面与大多数人的智力匹敌甚至超过我们）也还没实现。但是，普通的旧式人工智能却包围着我们，执行着人类希望它们执行的数百种任务。它也称弱AI或窄AI，如搜索、语音识别、自然语言处理、视觉感知、数据挖掘等。随着计算机速度成倍增长，AI研究人员的工作就可以进展更快。这意味着编写更复杂的算法、处理更密集型的算法、处理更艰巨的计算问题，以及进行更多的实验。云计算允许用户租用互联网上的计算能力和容量。只要用户拥有一张信用卡，知道一些技术诀窍，就能租用虚拟超级计算机，进行大规模并行计算，支持任何组织和个人从事或参与AGI项目的计算任务。计算机科学家，特别是为国防和情报机构效力的人，迫切地希望加速AGI的发展，因为对他们而言，如果其他国家或组织抢先开发出了AGI会更加可怕。

（3）云端协同成为常态

未来几十年里，云端崛起的下一步就是将不同的云端结合成一个“互联云”，即大云端。全球的计算资源都可以连在一起（理想化），根据客户需求提供按需的计算服务。智能增强的下一步，是把智能手机里包含的所有功能与我们的大脑连接起来。现在，我们用眼睛和耳朵连接计算机，但在未来的设想里，植入装置能让我们从任何地方以无限方式接入云。在未来，减物质化、去中心化、即时性、平台协同和云端的发展将继续强势发展。当减物质化、去中心化、即时性、协同平台化和云端等所有发展时，使用权将逐步取代所有权，对事物的使用将会胜过对其拥有。

美国《2016—2045年新兴科技趋势报告》中预计在2045年，最保守的预测也认为将会有超过1000亿的设备连在互联网上。除了日益发展壮大的互联网之外，制造业将继续建立全球化的工业互联网络，企业通过工业互联网平台，把越来越多的智能机器、存储系统和生产设施连入赛博-物理系统（CPS）中，各层级智能化子系统在集成环境中相互作用，自动交换信息、触发动作和执行控制，从而从根本上改善涉及制造、工程、物料使用、供应链和生命周期管理的工业过程，把消费者、制造企业、供应商、产品和服务更紧密地连接和融合起来。随着计算机甚至机器人更加紧密地参与需求分析、产品设计、制造和销售的方方面面，更多的技术将变成信息技术，工业互联网必将持续不断、茁壮生长。智能制造技术与系统一定能支撑制造企业为我们创造完美的价值体验空间，制造企业将和我们一起为社会创造更大的价值。

11.2 亟待深入开展的工作

今天，生命科学、纳米技术、人工智能等融合发展十分迅猛，但是其成果转化为可用于制造业的通用智能产品和服务，仍然需要经历一段实用化过程。通用人工智能的研究引发了许多专家、学者的关注和焦虑，我们既担心又充满了对这种能达到人类水平的智能机器的渴望。

为应对21世纪制造业面临的挑战，扎实推进制造业向智能化转型升级，科研机构、高等院校、制造企业除了密切关注这些高科技的发展之外，应立足当下，深入开展以下几个方面的研究与应用。

（1）商业模式

21世纪的商业目的是在赚取更多价值的同时产生更少的损害，而不是陷入利益的旋涡而不择手段。随着互联网，特别是工业互联网的飞速发展，先进材料、先进制造、人工智能、机器人等技术的突破，共享与高效利用有限制造资源迫在眉睫，制造企业的生态环境发生了巨大变化，需要有新的商业模式与先进的智能制造模式配套，以便满足先进生产力发展的需求。围绕全球经济可持续增长的目标，制造企业的商业模式研究与实践是一个值得深入研究与实践的重要课题。

（2）企业组织

21世纪，除了传统的规模、角色定义、专业化以及控制等因素之外，成功的因素还包括速度、灵活性、整合以及创新。工业互联网的迅猛发展，为实现制造全球化奠定了坚实的基础。制造企业在CPS中快速响应消费者的需求，快速组建产品、项目团队，快速调度制造资源，并根据实际进展优化资源配置，及时为消费者创造良好的体验和价值。未来制造企业的组织将是无边界的组织，即组织的每一种边界都被打破，或至少具有适当的渗透性和灵活性。如何构建、管理这样组织，以及制造企业如何转型以便适应这种需求，是摆在我们面前的又一个问题。

（3）价值创造

未来的制造企业，其边界越来越模糊。来自全球的消费者、供应商、经销商都可以与核心企业紧密联系在一起，形成全球化的动态企业联盟。从价值链视角来看，研发、设计、生产等多个环节都出现了一种突破企业边界、展开社会化协作的大趋势。产业价值链已经不是简单的线性链条，已形成错综复杂的价值网络。未来的价值创造已从价值链转向价值网络，并通过资源循环利用，实现价值循环。

（4）建模仿真

面向未来，应进一步强化复杂产品全生命周期智能化、网络化、协同化设计、仿真、生产、管理建模与仿真工作，开展制造过程的机理研究，开发具有自主版权的建模仿真工具，建立服务于制造业全生命周期的各类模型，支持复杂产品全系统、全过程、全方位（三全）的自适应管控，自主决策管理，以及智能制造系统（设备）的健康诊断与预测，对企业产品体系、产品（系统）的品质、性能进行自我评价与优化，以及确保系统、信息安全与快速应急响应等，并持续改进、丰富和完善智能化的工业APP。

（5）智能制造系统

随着工业互联网架构技术的发展，未来智能制造系统的体系架构并不是一成不变的。一方面，它是开放的，可随企业需求变化动态重构；另一方面，利用通用化、模块化开发，可根据企业内外部环境、市场需求的变化，对构建在基础设施之上的APP群组进行适应性调整，即制造企业可根据需求配置定制自己的智能制造系统，并进一步根据任务进展及时进行柔性、优化组合。整个智能制造系统能够使消费者、企业、供应商、社区紧密联系在一起，使消费者不仅能够在该系统中体验企业提供的产品和服务，而且可以在价值共创空间中积极参与产品和服务的创新。新型体系架构的研究开发、工业过程机理建模与工业APP的开发是未来智能制造系统构建的基础。

（6）安全与可靠性

制造企业的生态环境和价值创造空间与工业互联网紧密相关。工业互联网接入大量智能设备、智能算法软件，作为复杂自适应系统，本身必然存在系统内部脆弱性的“内忧”和外部黑客攻击的“外患”。在研究、开发防止外部黑客入侵的技术、产品的同时，必须花大力气开展复杂系统内部安全与可靠性性设计方法研究，大力推进脆弱性等级分类、脆弱性识别、脆弱性评价、脆弱性防护、灾难应急响应等技术的研究与应用，为制造业转型升级、能力提升、利润增厚等保驾护航。

****

展望未来，我国制造业向中高端迈进是历史趋势，也是发展的必然。围绕提高制造企业市场竞争力的目标，基于中国制造业智能化转型升级工作。

（1）技术上，应该突出新兴信息技术（云计算，互联网、物联网，大数据，电子商务技术等）、新兴制造技术（建模与仿真、3D打印、智能机器人、智能装备等）、智能科学技术和产品专业技术的深度融合；特别强调突出现实世界中亟待解决的制造问题的机理研究；突出安全技术及相关标准和评估指标体系技术研究。

（2）产业上，加强工具集和平台的研发与产业转化；加强行业、企业、车间等纵向各层面，设计、生产、管理、试验、保障服务等横向各阶段的系统构建与运行产业；加强智慧云制造运营中心的运营服务产业。

（3）模式、手段和业态上，要重视符合智能互联时代“价值共创”商业模式的研究；重视持续建设以产业价值创造为中心的“政、产、学、研、金、用”结合的创新体系；重视工业2.0/3.0/4.0同步、协调发展；通过在智慧制造云中架设工业4.0级别的基础设施，带动国内大量还处于工业2.0/3.0的企业技术升级和飞跃，实现复杂产品的智能制造，助力中国从制造大国走向制造强国。

参考文献

[1] [以色列]尤瓦尔·赫拉利. 人类简史: 从动物到上帝[M]. 林俊宏, 译. 北京: 中信出版社, 2017.

[2] [美]斯塔夫里阿诺斯. 全球通史: 从史前史到21世纪（上、下册）[M]. 吴象婴, 梁赤民, 董书慧, 王昶, 译. 北京: 北京大学出版社, 2012.

[3] [美]伊恩·莫里斯. 人类的演变: 采集者、农夫与大工业时代[M]. 马睿, 译. 北京: 中信出版社, 2016.

[4] [美]贾雷德·戴蒙德. 枪炮、病菌与钢铁[M]. 谢挺光, 译. 上海: 上海译文出版社, 2017.

[5] 吴军. 文明之光（第一册）[M]. 北京: 人民邮电出版社, 2014.

[6] [英]戴维·伍顿. 科学的诞生: 科学革命新史（全2册）[M]. 刘国伟, 译. 北京: 中信出版社, 2018.

[7] [美]苏珊·怀斯·鲍尔. 极简科学史: 人类探索世界和自我的2500年[M]. 徐彬, 王小琛, 译. 北京: 中信出版社, 2016.

[8] 吴军 著. 全球科技通史[M]. 北京: 中信出版社, 2019.

[9] [以色列]尤瓦尔·赫拉利. 未来简史: 从智人到智神[M]. 林俊宏, 译. 北京: 中信出版社, 2017.

[10] [美]阿尔温·托夫勒. 第三次浪潮[M]. 朱志焱, 潘琪, 张焱, 译. 北京: 生活·读书·新知三联书店出版, 1984.

[11] [美]费得里克·温斯罗·泰勒. 科学管理原理[M]. 马风才, 译. 北京: 机械工业出版社, 2018.

[12] [英]亚当·斯密. 国富论[M]. 高格, 译. 北京: 中国华侨出版社, 2013.

[13] 康金成. 把握德国工业的未来: 实施“工业4.0”的建议[R]. 中国工程院咨询服务中心, 2013.

[14] [美]李杰(Jay Lee), 邱伯华, 刘宗长, 魏慕恒. CPS: 新一代工业智能[M]. 上海: 上海交通大学出版社, 2017.

[15] [德]克劳斯·施瓦布. 第四次工业革命 转型的力量[M]. 李菁, 译. 北京: 中信出版社, 2016.

[16] [德]乌尔里希·森德勒. 工业4.0: 即将来袭的第四次工业革命INDSTRIE4. 0[M]. 邓敏, 李现民, 译. 北京: 机械工业出版社, 2016.

[17] [美]伊恩·莫里斯. 文明的度量: 社会发展如何决定国家命运[M]. 李阳, 译. 北京: 中信出版社, 2014.

[18] [美]伊恩·莫里斯. 西方将主宰多久[M]. 钱峰, 译. 北京: 中信出版社, 2014.

[19] [美]埃里克·布莱恩约弗森, 安德鲁·麦卡菲. 第二次机器革命: 数字化技术将如何改变我们的经济与社会[M]. 蒋永军, 译. 北京: 中信出版社, 2014.

[20] [美]雷·库兹韦尔. 机器之心: 当计算机超越人类, 机器拥有了心灵[M]. 胡晓姣, 张温卓玛, 吴纯洁, 译. 北京: 中信出版社, 2016.

[21] 吴军 著. 文明之光（第二册）[M]. 北京: 人民邮电出版社, 2014.

[22] 吴军 著. 文明之光（第三册）[M]. 北京: 人民邮电出版社, 2015.

[23] 吴军 著. 文明之光（第四册）[M]. 北京: 人民邮电出版社, 2017.

[24] [美]布莱恩·阿瑟. 技术的本质[M]. 曹东溟, 王健, 译. 杭州: 浙江人民出版社, 2018.

[25] [美]Ray Kurzweil. 奇点临近[M]. 李庆诚, 董华, 田源, 译. 北京: 机械工业出版社, 2018.

[26] [美]詹姆斯·巴拉特. 我们最后的发明: 人工智能与人类时代的终结[M]. 闾佳, 译. 北京: 电子工业出版社, 2016.

[27] 曲立. 试析生产方式的演进与变革[J]. 北京机械工业学院学报, 1999, 14(3): 52-55.

[28] 赵涛, 齐二石. 生产方式的发展演变历程[J]. 工业工程, 1998, 1(3): 22-27.

[29] 陈敬东, 刘晨光. 生产方式演进的动力学模型与机理[J]. 数量经济技术经济研究, 2002, (11): 81-84.

[30] 刘晓伟, 王铁. 企业生产方式变革的规律性[J]. 辽宁工学院学报, 1998, 18(4): 26-28.

[31] [美]詹姆斯·P. 沃麦克, [英]丹尼尔·T. 琼斯, [美]丹尼尔·鲁斯 著. 改变世界的机器: 精益生产之道[M]. 余锋, 张冬, 陶建刚, 译. 北京: 机械工业出版社, 2018.

[32] 乌麦尔·哈克. 新商业文明: 从利润到价值[M]. 吕莉, 译. 北京: 中国人民大学出版社, 2016.

[33] 张杨, 臧维. 产业竞争中的核心竞争力战略[J]. 商业时代, 2006(28): 11-13.

[34] 张华. 企业跨国经营中的核心竞争力培育[J]. 商业时代, 2006(28): 70-73.

[35] 公斌. 企业打造核心竞争力的动力来源及途径分析[J]. 科技与管理, 2008, 10(2): 52-54.

[36] 张建民. 对企业核心竞争力的再认识[J]. 技术经济与管理研究, 2011, 1: 55-59.

[37] 赵龙. 核心竞争力——企业生存和发展的根本[J]. 机械管理开发, 2003, 2: 83-84, 86.

[38] 张继焦. 价值链管理[M]. 北京: 中国物价出版社, 2001.

[39] 迈克尔·波特. 竞争优势[M]. 陈小悦, 译. 北京: 华夏出版社, 2001.

[40] 顾骅珊. 价值链管理理论及在战略联盟实践中的运用[J]. 科技管理研究, 2005, 9: 162-164.

[41] 陈春花, 赵海然. 争夺价值链[M]. 北京: 机械工业出版社, 2018.

[42] 何盛明. 财经大辞典[M]. 北京: 中国财政经济出版社, 1990.

[43] 凌云, 梁武泉. 生产力要素新论[J]. 上海大学学报(社科版), 1989, 3: 10-14.

[44] 侯红串, 王剑锐. 现代生产力要素浅析[J]. 太原科技, 2006(6): 19-20.

[45] 朱文海, 张维刚, 倪阳咏, 林廷宇等. 从计算机集成制造到"工业4.0"[J]. 现代制造工程, 2018(1): 140, 151-159.

[46] [美]比尔·奎恩. 生产消费者力量[M]. 赖伟雄, 译. 北京: 四川大学出版社, 2004.

[47] [美] C. K. 普拉哈拉德, 文卡特·拉马斯瓦米. 自由竞争的未来: 从用户参与价值共创到企业核心竞争力的跃进[M]. 于梦瑄, 译. 北京: 机械工业出版社, 2018.

[48] [美]罗恩·阿什肯纳斯, 戴维·尤里奇, 托德·吉克, 史蒂夫·克尔.

无边界组织：移动互联时代企业如何运行[M]. 姜文波，刘丽君，康至军，译. 北京：机械工业出版社，2018.

[49] 孙林岩，汪建. 先进制造模式的概念、特征及分类集成[J]. 西安交通大学学报（社会科学版），2001, 21(2): 28-30.

[50] 蔚鹏，李廉水. 我国离散制造业发展的障碍与对策分析[J]. 现代管理科学，2005, 9: 16-17.

[51] Rehg J. A., Kracbber H. W.. Computer Integrated Manufacturing[M]. New Jersey: Prentice Hall, 2005.

[52] 曾庆宏. 计算机集成制造的发展[J]. 机械与电子，1993(2): 40-42.

[53] 李伯虎. CIM-信息时代的先进制造模式[C]. 计算机集成制造系统(CIMS)与现代企业制度研讨会论文集，北京，1996, 12.

[54] 李伯虎，全春来，朱文海等. 并行工程与拟实制造[M]. 北京：中国经济出版社，1999.

[55] 朱文海，李伯虎等. 并行工程初步实践[C]. 第四届中国计算机集成制造系统(CIMS)学术会议论文集，哈尔滨，1996.

[56] 朱文海. 并行工程关键使能技术及其发展趋势[J]. 现代防御技术，2001, 29(2): 56-62, 64.

[57] [美]詹姆斯・P. 沃麦克，[英]丹尼尔・T. 琼斯. 精益思想[M]. 沈希瑾，张文杰，李京生，译. 北京：机械工业出版社，2018.

[58] [美]詹姆斯・P. 沃麦克，[英]丹尼尔・T. 琼斯. 精益服务解决方案：公司与顾客共共创价值与财富[M]. 陶建刚，罗伟，陆明明，译. 北京：机械工业出版社，2018.

[59] 朱晶，方皓. 动态联盟—敏捷制造企业的一种组织形式[J]. 鞍山师范学

院学报, 2004, 6(6): 19-21.

[60] 陈庄, 刘飞, 邓琳. 敏捷制造的实质探讨[J]. 机械科学与技术, 1999, 18(1): 102-104, 157.

[61] [德]施普尔, 克劳舍. 虚拟产品开发技术[M]. 宁汝新等译. 北京: 机械工业出版社, 2000.

[62] 蒋贵川, 杨建华, 吴澄. 先进制造关键技术: 敏捷制造、并行工程与供应链[J]. 中国机械工程, 12(6): 637-642.

[63] 赵亚波. 智能制造[J]. 工业控制与计算机, 2002, 15(3): 1-4.

[64] 赵东标, 朱剑英. 智能制造技术与系统的发展与研究[J]. 中国机械工程, 1999, 10(8): 927-931.

[65] 荣烈润. 面向21世纪的智能制造[J]. 机电一体化, 2006, 4: 6-10.

[66] 赵亚波. 智能制造[J]. 工业控制计算机, 2002, 15(3): 1-4.

[67] 周晓东, 邹国胜, 谢洁飞, 张双杰. 大规模定制研究综述[J]. 计算机集成制造系统—CIMS, 2003, 9(12): 1045-1052, 1056.

[68] 葛江华, 王亚萍. 大批量定制产品设计规划技术及其应用[M]. 北京: 科学出版社, 2016.

[69] 张华, 刘飞, 梁洁. 绿色制造的体系结构及其实施中的几个战略问题[J]. 计算机集成制造系统. 1997, 3(2): 11-14.

[70] 刘飞, 曹华军, 何乃军. 绿色制造的研究现状与发展趋势[J]. 中国机械工程, 2000, 11(1-2): 105-110.

[71] 国家制造强国建设战略咨询委员会, 中国工程院战略咨询中心. 绿色制造[M]. 北京: 电子工业出版社, 2016.

[72] 李权, 李菊芳, 王维平. SBA: 基于仿真的采办[J]. 国防科技, 2001, 1:

66-67.

[73] 李伯虎, 柴旭东, 朱文海等. SBA 支撑环境技术的研究[J]. 系统仿真学报, 2004, 16(2): 181: 185.

[74] 黄柯棣, 段红, 姚新宇. 我国“基于仿真的采办”现状和期望[C]. 2005 全国仿真技术学术会议论文集, 1-6.

[75] 刘同 吕彬. 美军武器装备采办绩效评估研究[M]. 北京: 国防工业出版社, 2017.

[76] Robin Frost. Simulation Based Acquisition An Ongoing Look [EB/OL]. [2011-10-15]. http://www.siw. org, 1998.

[77] 李伯虎, 张霖, 王时龙等. 云制造——面向服务的网络化制造新模式[J]. 计算机集成制造系统, 2010, 16(1): 1-7, 16.

[78] 李伯虎, 张霖, 任磊等. 再论云制造[J]. 计算机集成制造系统, 2011, 17(3): 449-457.

[79] 李伯虎, 张霖, 任磊等. 云制造典型特征、关键技术与应用[J]. 计算机集成制造系统, 2012, 18(7): 1345-1356.

[80] Armbrust M., Fox A., Griffith R., et al. A view of cloud computing[J]. Communications of the ACM, 2010, 53(4): 50-58.

[81] Velte T., Velte A., Elsenpeter R., Cloud Computing, A Practical Approach[M]. New York: McGraw-Hill, Inc., 2010.

[82] 李伯虎, 张霖等. 云制造[M]. 北京: 清华大学出版社, 2015.

[83] 吴伟仁. 军工制造业数字化[M]. 北京: 原子能出版社, 2005.

[84] 赵沂蒙. 制造系统发展观与先进制造方式的维度比较[J]. 科研管理, 2004, 25(4): 78-82.

[85] [美]尼古拉·尼葛洛庞帝. 数字化生存[M]. 胡泳, 范海燕, 译. 北京: 电子工业出版社, 2017.

[86] [美]朱迪亚·珀尔, 达纳·麦肯齐. 为什么: 关于因果关系的新科学[M]. 江生, 于华, 译. 北京: 中信出版社, 2019.

[87] 吴军. 智能时代: 大数据与智能革命重新定义未来[M]. 北京: 中信出版社, 2016.

[88] 东方新闻. 为什么说人工智能成功需具备这五个条件[EB/OL]. https://mini. eastday. com/mobile/170417005716092.html, 2017-04-17 00: 57.

[89] [美]凯文·凯利. 技术元素 [M]. 张行舟, 译. 电子工业出版社, 2012.

[90] [英]维克托·迈尔–舍恩伯格, 肯尼思·库克耶. 大数据时代: 生活、工作与思维的大变革[M]. 盛杨燕, 周涛, 译. 杭州: 浙江人民出版社, 2013.

[91] 李建中, 刘显敏. 大数据的一个重要方面: 数据可用性[J]. 计算机研究与发展, 2013, 50(6): 1147-1162.

[92] [德]Kai Velten著. 数学建模与仿真: 科学与工程导论[M]. 周旭 译. 北京: 国防工业出版社, 2012.

[93] [美]克利福德·格尔茨 著. 文化的解释 [M]. 韩莉, 译. 北京: 译林出版社, 2014.

[94] 王喜文. 工业大数据的四种用途和两大价值[J]. 物联网技术, 2016, 6(4): 7.

[95] 范学军. 工业大数据发展现状及前景展望[J]. 现代电信科技, 2017, 47(4): 30-33.

[96] 王建民. 探索走出符合国情的工业大数据自主之路——工业大数据的

范畴、关键问题与实践[J]. 中国设备工程, 2015(9): 36-37.
[97] 工业互联网产业联盟工业大数据特设组. 工业大数据技术与应用实践(2017)[M]. 北京: 电子工业出版社, 2017.
[98] [美]李杰(Jay Lee) 著. 工业大数据: 工业4.0时代的工业转型与价值创造 [M]. 邱伯华等译. 北京: 机械工业出版社, 2015.
[99] [美]李杰(Jay Lee), 倪军, 王安正. 从大数据到智能制造[M]. 上海: 上海交通大学出版社, 2016.
[100] 李伯虎, 柴旭东, 朱文海等. 现代建模与仿真技术发展中的几个焦点[J]. 系统仿真学报, 2004, 16(9): 71-78.
[101] 毕长剑. 大数据时代建模与仿真面临的挑战[J]. 计算机仿真, 2014, 31(1): 1-3, 17.
[102] [美]梅拉尼・米歇尔. 复杂[M]. 唐璐, 译. 长沙: 湖南科学技术出版社, 2018.
[103] Golomb, S. W. “Mathematical models-usesand limitation”[J]. Simulation, 1970, 4(14), 197-98.
[104] 阿里研究院. 互联网+: 从IT到DT[M]. 北京: 机械工业出版社, 2015.
[105] [德]阿尔冯斯・波特霍夫, 恩斯特・安德雷亚斯・哈特曼. 工业4.0: 开启未来工业的新模式、新策略和新思维[M]. 刘欣, 译. 北京: 机械工业出版社, 2015.
[106] Marwedel P. Embedded System Design: Embedded Systems Foundations of Cyber-physical Systems[M]. Berlin: Springer-Verlag, 2011.
[107] 中国电子报. 工信部部长苗圩解读《中国制造2025》[EB/OL]. http://auto.sohu.com/20150520/n413427391.shtml, 2015-05-20.

[108] 王喜文. 中国制造2025解读：从工业大国到工业强国[M]. 北京：机械工业出版社，2016.

[109] 中国电子报. 我国制造业发展面临的形势和环境[N/OL]. http://epaper.cena.com.cn/content/2015-05/26/content_407659.htm, 2015-05-26.

Ian W.. A Third Industrial Revolution[N]. The Economist, 2012.

[110] 制造强国战略研究项目组. 制造强国战略研究 综合卷[M]. 北京：中国工信出版集团，2015.

[111] 国务院. 国务院关于印发《中国制造2025》的通知[EB/OL]. http://www.gov.cn/zhengce/content/2015-05/19/content_9784.htm, 2015-05-19.

[112] 国务院. 国务院关于积极推进“互联网+”行动的指导意见[EB/OL]. http://www.gov.cn/zhengce/content/2015-07/04/content_10002.htm, 2015-07-04.

[113] 国务院. 国务院关于深化制造业与互联网融合发展的指导意见[EB/OL]. http://www.gov.cn/zhengce/content/2016-05/20/content_5075099.htm, 2015-05-20.

[114] 宋慧欣. “工业4.0”，制造业的未来之路[J]. 自动化博览，2013(10): 26-27.

[115] 刘莉霞. 德国工业4.0对中国制造的启示[J]. 企业天地，2015(6): 60.

[116] 蔡波，张昌盛，马琪. 即将到来的“工业4.0”[J]. 导航与控制，2015, 14(1): 8-12, 40.

[117] 杨帅. 工业4.0与工业互联网：比较、启示与应对策略[J]. 当代财经，2015(8): 99-107.

[118] 工业4.0[EB/OL]. [2015-04-25]http://baike.baidu.com.

[119] 美国通用电器公司(GE). 工业互联网：打破智慧与机器的边界[M]. 北京：机械工业出版社, 2015.

[120] 许正. 工业互联网—互联网+时代的产业转型[M]. 北京：机械工业出版社, 2015.

[121] 杨涛. 工业互联网：当智慧遇上机器[J]. 中国工业评论, 2015(6): 46-523.

[122] 尹超. 工业互联网的内涵及其发展[J]. 电信工程技术与标准化, 2017(6): 1-6.

[123] 中国证券报. 工业互联网的三层内涵及应用趋势[EB/OL]. http://gongkong.ofweek.com/2015-08/ART-310005-8470-28993814.html, 2015-08-17.

[124] 魏毅寅, 柴旭东. 工业互联网：技术与实践[M]. 北京：电子工业出版社, 2017.

[125] 工业互联网体系架构报告[R]. 北京：工业互联网产业联盟, 2016.

[126] 李培楠, 万劲波. 工业互联网发展与“两化”深度融合[J]. 中国科学院院刊, 2014, 29(2): 215-221.

[127] 李广乾. 工业互联网平台, 制造业下一个主攻方向[J]. 中国信息化, 2016, (12): 11-14.

[128] 工业互联网产业联盟. 工业互联网平台白皮书(2019). http://www.aii-alliance.org/index.php?m=content&c=index&a=show&catid=23&id=673, 2019-06-05.

[129] [美]威廉姆·戴维德. 过渡互联：互联网的奇迹与威胁[M]. 李利军, 译. 北京：中信出版社, 2012.

[130] Hall, A. D. III(1989) Metesystems Methodology, Pergamon Press, Oxford, Englang.

[131] [美]克里斯・克利菲尔德, 安德拉什・希尔克斯. 崩溃[M]. 李永学, 译. 成都, 四川人民出版社, 2019.

[132] [美]约翰・E. 梅菲尔德. 复杂的引擎[M]. 唐璐, 译. 长沙: 湖南科学技术出版社, 2018.

[133] [美]约翰・H. 霍兰. 隐秩序: 适应性创造复杂性[M]. 周晓牧, 韩晖, 译. 上海: 上海科技教育出版社, 2019.

[134] [德]迪特里希・德尔纳. 失败的逻辑: 事情因何出错, 世间有误妙策[M]. 王志刚, 译. 上海: 上海科技教育出版社, 2018.

[135] [德]斯特凡尼・博格特. 适应复杂[M]. 寿雯超, 译. 南昌: 江西人民出版社, 2018.

[136] [美]戴维・明德尔. 智能机器的未来: 人机协作对人类工作、生活及知识技能的影响[M]. 胡小锐, 译. 北京: 中信出版社, 2017.

[137] 李强, 田慧蓉, 杜霖, 等. 工业互联网安全发展策略研究[J]. 世界电信, 2016(4): 16-19.

[138] 邢黎闻. 何积丰院士: 工业互联网安全发展趋势与关键技术[J]. 信息化建设, 2016(11): 38-40.

[139] [英]戴瑞克・希金斯. 系统工程: 21世纪的系统方法论[M]. 朱一凡, 王涛, 杨峰, 译. 北京: 电子工业出版社, 2017.

[140] 朱一凡. NASA系统工程手册[M]. 北京: 电子工业出版社, 2012.

[141] POGGIO T, VETTER T. Recognition and structure from one 2D model view: observations on prototypes, object classes and symmetries [J].

Laboratory Massachusetts Institute of Technology, 1992, 1347: 1-25.

[142] 李伯虎，柴旭东，张霖. 智慧云制造——一种互联网与制造业深度融合的新模式深度融合的新模式、新手段和新业态[J]. 中兴通讯技术，2016, 2(5): 2-6.

[143] 陈禹. 复杂适应系统(CAS)理论及其应用——由来、内容与启示[J]. 系统科学学报，2001, 9(4): 35-39.

[144] 魏毅寅. 航天科工：打造企业有组织、资源无边界的深度融合[J]. 军工文化，2015(7): 25-25.

[145] 李君，邱君降，窦克勤. 工业互联网平台参考架构、核心功能与应用价值研究[J]. 制造业自动化，2018, v.40(6): 109-112, 132.

[146] 顾硕. 西门子MindSphere推进数字化进程[J]. 自动化博览，2017(7): 20-22.

[147] 陆敏，黄湘鹏，施未来等. 军事信息系统体系结构框架研究进展[J]. 通信技术，2011, 44(3): 77-79.

[148] 徐斌，许建峰，沈艳丽等. 美国国防部体系结构框架新发展[J]. 兵工自动化，2010, 29(6): 54-56.

[149] Perks C. Guide to Enterprise IT Architecture[M]. 2003.

[150] Giachetti R E. A Flexible Approach to Realize an Enterprise Architecture[J]. Procedia Computer Science, 2012, 1(1): 147-152.